U0009882

人類怎樣質問大自然

西方自然哲學與科學史，
從古代到文藝復興

陳瑞麟

目錄

4

從「起始值」開始的「連續」科學史
——理工人的科學哲學鷹架

洪文玲（台灣 STS 理事長、高雄科技大學造船及海洋工程系副教授）

　　小時候，我一直認為，書上寫的偉大的科學家們一定都是上方使者，可以單獨發現這麼偉大的科學定律！漸漸成長之後，我作為理工領域的好學生，感覺似乎只要學會數學、物理、化學教科書上的個別理論知識，就可以成為出色的工程師和科學家。但是這樣的「斷裂」學習，缺少提出「為什麼科學會這樣發展」問題的經驗，到了研究所階段，學習就逐漸發生困難，至於到所謂「Doctor of Philosophy, PhD」（哲學）博士階段卡關的辛苦，不在話下。

　　之後在工學院任教，我檢視理工領域常面對包含兩個重要概念的方程式或理論，一為起始狀態（initial value），一為「連續」（continuous）概念，例如隨時間變化的流場等。但是縱觀理工領域的教學與學習，卻恰恰缺少認識古早人類對於世界和物質的論述，以及它們如何發展轉變成今日我們所認識的學問。

　　欣見有理工背景的瑞麟，將二十年對於科學史與科學哲學的教學／研究本事，撰寫成《人類怎樣質問大自然？西方自然哲學與科學史，從古代到文藝復興》一書；同時也是證明他發展的哲學理論可以用以編寫科學歷史的框架，這呼應他對於「實作」的研究與力行，更是呼應理工類科重視「實作」的特性。

　　本書第一問從史前時期開始提問，有重大的意義。我們在自然科學博物館中常看到關於史前人類的生活展示，知道獵捕器具、生活器皿及儀式物件等等，但是難以想像他們生活在自然中對環境挑戰的種種觀點。這一問呼應現代人對於人類思考周圍環境（大自然）的「起始狀態」，讓這個提問可以延續地發展至今。想到我常引用「世紀帝國」電子遊戲，作為跟學生介紹人類文明與流體力學發展的互動，不禁莞爾。本問最後精闢總結「工具、技術、藝術、自然知識與科學」的關係，洽也適用於對今日世界中相對應的提問。

　　瑞麟的寫作架構有理工類熟悉的味道，在第二問談到自然哲學與科學史的定義，第三問接著闡述方法學，之後約略沿著時間序聚焦含天文學的宇宙論和物質（含化學）的發展，對於理工學科的學習者，可以一溯規律（pattern）、結構（structure）、形式（form）、模型（model）等常用詞彙如何在科學發展的演進中展現，進而深刻瞭解它們的意涵，運用到專業的認知中。

　　很高興推薦本書給對於科學知識的起源與發展有興趣的讀者，特別是在理工領域學習與研究的師生。本書不只適合作為學習科學時的延伸和補充閱讀，建構起對於科學較全面性的學科知識架構，也可以啟發讀者對於「問科學問題」的哲學思考。我也非常期待作者的下一部著作，帶領讀者從洪荒時代，擺渡到近代世界。

一本開啟新路徑的科學史著作

楊倍昌（國立成功大學醫學院微生物暨免疫學研究所教授）

《人類怎樣質問大自然？西方自然哲學與科學史，從古代到文藝復興》這本書的氣魄很大。大，不在於書厚，而是企圖。

1970 年間，不管是不是故意裝文青，台灣醫、農、理、工科的大學生手上常常拿著外文教科書。那時也有人不滿意，嚷嚷著要寫自己的書。多年過去了，當我自己站上了大學講堂，才知道寫教科書這事不容易。最尷尬的是，惋惜自己說不了自家的科學故事之餘，找不到解決策略，只是跟鸚鵡一樣學人語彙。其中有三個讓人卻步的難題：第一，提出自己的判斷標準。第二，問自己切身的問題。第三，組織合宜的資料。前者是信心的問題；後者是見識與廣度的問題。

陳瑞麟教授這本書展示一種有趣的書寫方式，直接挑戰這些困難。

書中的第二問，自然哲學與科學是什麼？在歸納既有的科學史著作之後，提出五個對「科學性」的判準；第三問，如何寫自然哲學與科學史？討論編寫自然哲學與科學史的方法，說明依賴框架。基本上，這些內容是陳瑞麟教授建立自己的判斷標準的企圖。以十則問題為書寫結構，由簡單的直觀問題逐步發展出帶有哲學思辨的複雜問題，是他自己對於知識歷程的叩問。至於組織資料的功力，

則呈現在他對習以為常的移植知識的犀利批判。例如他對科學知識社會學（sociology of scientific knowledge，SSK）的評論：「SSK 式的科學史可以跨越內在史和外在史的分界是一種錯覺 ——SSK 式的科學史仍然應被歸為外在史，是一種『知識的外在社會史』，而不是『知識的（內在）演變史』」；以徵象主義與化合哲學重建帕拉塞瑟斯學派（Paracelsus）說明人體器官運作的哲學基礎等，見解獨到，讓人耳目一新。

　　這本書應該歸類在科學史，但是它的寫法跟常見的史學著作不同。雖然他自述的理想是「建立一個歷史變動的理論框架來編寫科學歷史」來自於拉卡托斯（Imre Lakatos），書的內容並沒有拉卡托斯的影子。以十則提問來代替章節的安排，因疑問而找尋答案，帶有十足自然科學研究的旨趣。至於回應每一問的史料時間交錯，與史學家依事件發生的時間序而爬梳資料、形成詮釋的研究取向不同。一如在書中第三問，討論科學變遷的理論與理論化歷史時的聲明：「科史哲的理論歷史可以是多元的，一種理論化歷史與其他理論化歷史、還有專業歷史學的經驗歷史（empirical history）可以是互補的。……如果專業的歷史學家不想涉入理論太深，看待專業科學史與科學哲學關係最好的方式就是分工合作」，多元分工是擴張與深化學問內容很重要的動力。我相信，多一些人各依專業的合作，將可以寫出更多細緻、具啟發性的科學史。

　　2020 年，這本開啟新路徑的科學史出版，錯過不讀，那就可惜了。

天問 2

陳恒安（ 國立成功大學歷史系副教授 ）

閱讀瑞麟的新書帶給我極大的樂趣與挑戰。瑞麟的大哉問「人類怎樣質問大自然」，讓人不禁想起古老東方屈原的《天問》。屈原問天，不只是靈光詩意，而是連串探索後的階段性成果。全書的十問十答與實問實答，又讓我想起近代西方達爾文的《物種原始》，以「長長的故事」來辯護自己的立場。

《人類怎樣質問大自然》是瑞麟多年教學的累積。此類作品在國外大學實屬常見，但在台灣願意撩落去的學者卻不多。對我這個科學史研究者來說，這本書帶來的挑戰不只是意願的落實，更因為它是華文世界中少有的科學通史類書籍。畢竟以一己之力「通」史，動輒得咎，談何容易。不過，瑞麟大膽卻明白示範了「通」的可能路徑，即：以問題發展框架來談科學知識的歷史發展歷程。

此書雖具作者風格，但無論取材與方法，都頗有承繼傳統的感覺。當瑞麟選擇物質科學作為討論對象時，我便聯想起史蒂芬・杜爾明（Stephen Toulmin）與朱恩・古菲爾德（June Goodfield）於 1960 年代初版的科學史書 *The Fabric of the Havens. The Development of Astronomy and Dynamics (1961), The Architecture of Matter (1962)* 以及 *The Discovery of Time (1965)*。當他主張以問題框架發展撰寫科學歷史時，又讓我回想起恩斯特・邁爾（Ernst Mayr）在 *The Growth of Biological Thought (1982)* 中，排除百科全書、編年、人物、文化、社會視角，為問題史立場辯護的章節。

　　書寫歷史者喜歡談論問題與事件的脈絡 (context)。脈絡與框架、背景、環境、系統，甚至信念之網等說法有些類似。但即便是歷史學者常用的脈絡，也要留意更細緻的意義區分。至少，我們面對歷史時就有三種脈絡。首先，是「被經歷過的過去」的脈絡。譬如親歷者或見證者所體驗到的環境。其次，則是書寫者回憶過去時所處的現時脈絡。歷史學強調神入（empathy），就是要提醒書寫者應該要抽離後者嘗試進入前者。最後，當書寫者回想與敘說過去時，將特定內容設置在特定場景中呈現。那個被設置出來的場景，更是一種呈現特殊氣氛與立場的脈絡。

　　正是有如此細緻的脈絡差異，科學哲學與科學歷史之間的關係，就不可能只是科學哲學家運用科學史材料，而需要相互對話與補充。其實，我私心期待科學哲學與科學史的這類互動，可以帶給歷史哲學與歷史一些刺激與啟發。歷史哲學與歷史理論的探討在台灣並不受青睞，部分歷史人甚至譏其為「空軍」，不好腳踏實地。其實，歷史書寫中充滿各種隱藏的知識預設與倫理立場，不能不嚴肅面對。

　　瑞麟很清楚知道自己要做什麼，他用一本書展示了如何以扎實的領域知識跨界提問並建構冗長論證。讀者是否買單我不知道，但是瑞麟一向歡迎有理據的論辯。不信？各位大可試試讀者回應。或許，透過回應，瑞麟的下一本書還能提早與讀者見面呢！

有語問蒼天：
順著《人類怎樣質問大自然？》看科學史

郭文華（陽明大學科技與社會研究所教授）

> 遂古之初，誰傳道之？上下未形，何由考之？
> 冥昭瞢闇，誰能極之？馮翼惟像，何以識之？
> 明明闇闇，惟時何爲？陰陽三合，何本何化？
> ——屈原，《天問》

　　這是約與哲學家亞里斯多德（Aristoteles，384~322BC）同時期的文人屈原，他所發抒對天的疑惑。對中文世界的讀者不用特別介紹屈原，我也不打算列出《天問》問出的一百七十餘個對天地人事的質疑與想法。從這個引文開始，我想邀請大家思考「問天」這個看似不經意但絕非偶然的動作：它不是西方人的專利，而是關注周遭人時地物，試圖理解探究，以至於思索如何互動的共同起點。

　　這是《人類怎樣質問大自然？西方自然哲學與科學史，從古代到文藝復興》（以下稱《人類怎樣質問大自然？》）的起心動念，而這個跨越一千五百年的大論述，是由受過科技與哲學訓練、任教於國立中正大學的陳瑞麟教授所撰寫。瑞麟與我相交近二十年，是學術的諍友與益友。我們同為五年級生，經歷台灣的民主轉型，對本土學術與國際化理念相投。我們也都算「轉行」，共同見證科技

與社會研究（science, technology and society studies，STS）這個新興領域在台灣的興起與成長，在學會，他擔任主編的《科技醫療與社會》與我承乏服務的《東亞科技與社會》國際期刊（*East Asian Science, Technology and Society: an International Journal*）都有共事經驗。因此，當瑞麟寄來《人類怎樣質問大自然？》書稿時我馬上展閱，勾起不少回憶。

　　這樣說，「問天」說來容易，但問天的歷史不好寫，也不好教。即使如科學哲學專家，著作等身的瑞麟，也承認本書是他寫得最久的專書，「從 1999 年進入東吳大學哲系教書的第一年起，直到今年完成，總共花了二十年」（序）。這段時間與我留學與服務的時間重疊，讓我回憶起與科學史的一段因緣。我的專長並非歷史，但因所在的麻省理工學院重視科學史，將之放入大學部核心教育，我也因此擔任「現代科學的興起」課程的帶課助教，準備過《人類怎樣質問大自然？》的部分書目。回台後，我也後將這門課轉換成生醫專業的版本，開在國立陽明大學「科際整合」領域的通識課程裡，前後教了十來年，經驗可說不少。

　　雖然作為學術領域科學史在台灣有滿長的歷史，但以我的經驗來說，《人類怎樣質問大自然？》面對兩個定位上的挑戰。第一也是最常見的是將這類論述當作「外國史」或者是「西洋史」。如我在文首所言，問天不是西方的專利，但天如何問下去，從自然哲學轉變成目前所認知的科學，反映出以歐洲為中心，逐漸累積與壯大的知識傳統，對非西方讀者來說比較難以親近。當然，在科學史與科學哲學專業化的過程中我躬逢其盛，受教於林正弘老師與徐光台

老師，回國後也有賴於科學史學者引進的通俗著作，如陳恒安教授翻譯的恩斯特・費雪（Ernst Fisher）的《從亞里斯多德以後：古希臘到 19 世紀的科學簡史》與《在費曼之前：20 世紀的科學簡史》等做為教學之用。但整體來說，說明科學是普遍性的求知活動並非易事，要同學熟悉繞口的人名、地名，同理不再使用的科學解釋更加困難。

對此，瑞麟採取掌握思想演變的「內在史」手法，透過後設的哲學分析，串接自古以來此起彼落對宇宙的解釋。這樣的處理某種程度上可解釋成是用世界史或文明史的角度，消解自然知識體系的西方特殊性，但也產生出另一種「非歷史」的質疑。對此，瑞麟確實在意。在《人類怎樣質問大自然？》中他以頗長篇幅（第三問）強調他不滿意「內外史」的二分框架，並論及 STS 研究裡的幾個主流想法，特別是科學知識的社會學（sociology of scientific knowledge）與科學事實的社會建構（social construction of scientific facts）等，釐清他的書寫立場。

在此我不深入這些討論，而想指出對《人類怎樣質問大自然？》的使用對象，即對科學與科學哲學有興趣的讀者，本書有什麼歷史啟發。我認為相較於一般的哲學或者是科學史著作，本書的最大特色是知識的融會貫通，也就是作者所謂的「通史」。在我教授科學史，面對科學專業的學生時，我發現他們往往不認為科學知識有「發展」（他們更關心目前操作的科學），或認為科學即使有發展，也只往「正確」的方向發展（也就是所謂的「輝格式」的進步歷史，Whig history of science）。對於這樣的讀者，光批判科學沒有根據並

無說服力，他們也不覺得這有什麼了不起。但如能點出概念的線索、讓同學以科學家立場去同理科學發現與解釋的邏輯，不但把科學拉出時間縱深，也培養他們探索未知的能力。我服務的國立陽明大學過去便有這樣的課程，比方說陳慶鏗教授的「台灣藥理學史」與陳文盛教授的「生命科學史」。我相信對預備投身科學事業，或已身在其中的讀者而言，《人類怎樣質問大自然？》可以帶領他們回到過去，給他們歷史的臨場感。

　　此外，瑞麟的「通史」蘊含對知識流變的理解方式。科學需要通盤理解，但不是漫無目的地收集素材，而是理出有意義的論述。因此，雖然《人類怎樣質問大自然？》介紹「讀者該要認識、知道的西方科學史上重觀念理論與思想，盡可能提供完整的背景，也努力在可讀性與學術之間取得平衡」，但這本書不同於知識社會取向的科學史，而瑞麟「也很難理解那種偏重並強調社會原因的科學史對我們理解學知識的發展演變有什麼助益」（跋）。有些讀者或許會認為這個主張過於「科學」，但如果我們回想早期科學家撰寫的科學史，比方說哈佛大學校長，知名化學家康南特（James Conant）在 1950 年代策畫的《哈佛實驗史例》（*Harvard Case Histories In Experimental Science*），會發現《人類怎樣質問大自然？》企圖在個別發現之上提供兼顧科學問題、科學理論、科學操作與驗證，科學演變的解釋模型。這是瑞麟「只此一家別無分號」的創見，也是他認為探究科學的「歷史本質」的論述基礎。

　　這個基礎在《人類怎樣質問大自然？》的第三問或者在瑞麟的專著《科學理論版本的結構與發展》（台大出版中心，2004）中有

更多討論，於此不贅述。我的粗淺理解是：科學發展可以用類似孔恩（Thomas S. Kuhn）所提出的「典範」（paradigm）與其轉移來理解與說明。但所謂轉移，不是一個典範換過一個這樣單純；不同典範之間也不是零和遊戲的競爭，而是在歷史中浮現的各種解釋版本如何接觸、混生，開展出科學知識的滔滔長流。這樣說，《人類怎樣質問大自然？》的科學史並非對過去鉅細靡遺的介紹或是對科學細節的字斟句酌，而是透過對科學發現的同情理解與投射、統整出來由科學演變模式（patterns）所成就的「理論化歷史」（theorized history）。

　　這樣的立場並非孤例。科學史泰斗，也是孔恩的高徒與《科學革命的結構》（*The Structure of Scientific Revolutions*）翻譯者的中山茂教授，生平便提倡「順著典範看科學史」（パラダイムでたどる科学の歴史）。作為日本科學史的奠基者之一的他與瑞麟相同，撰寫許多科學史通俗作品，特別是與本書課題相當的《天的科學史》（天の科学史，講談社 2011 [1984]）。因為篇幅限制，我不擬全面比較中山茂教授與瑞麟對典範的用法，在此僅列出兩點：第一、中山教授大致遵循孔恩，注重學科典範的發展與遞嬗。雖然使用上比較寬泛（比方說生命科學），但解釋範圍較廣。第二、中山教授出身東亞，師事孔恩的同時也與李約瑟與藪內清等學者親近，影響他對知識演變的想法。早年在《作為歷史的學問》（歴史としての学問，中央公論 1974）一書中，中山教授已用典範概念分析東西方知識傳統，晚年改版的《典範與科學革命的歷史》（パラダイムと科学革命の歴史，講談社 2013）更加入學科專業化的反省與市民科學，

將典範推向具有社會意義的體制批判。這裡無意評斷中山教授或瑞麟何者闡述的典範更為「正宗」，而是呈現理論化歷史在操作上的多元可能。確實，在貼近科學，但不盲從科學的立場上，STS 研究與科學史與科學哲學是盟友，也是戰友。瑞麟有機會翻閱《中山茂著作集》（預定 15 卷，編集工房 球 2014 年起陸續出版），知道中山教授針貶時政與批判高等教育的力道，必然有知音之感。

回到科學史。《人類怎樣質問大自然？》用教科書體例撰寫，而科學史課堂如果有所謂「斷代」，多半停在科學革命或在此之前，本書也不例外。有別於日心說與地心說的討論，《人類怎樣質問大自然？》以宇宙觀的變革作結，頗有向科學史先驅夸黑（Alexandre Koyré）的名著《從封閉世界到無限宇宙》（*From the Closed World to the Infinite Universe*，陳瑞麟譯，商周 2018 第二版）致敬之意。科學革命是大課題，市面上不乏內容深刻的著作，如史蒂文・謝平（Steven Shapin）的《科學革命：一段不存在的歷史》（*The Scientific Revolution*，許宏彬、林巧玲譯，左岸 2010）。要將這個關鍵轉折放入，便要交代「是否有科學革命」或者「什麼是科學革命」的大哉問。對此，《人類怎樣質問大自然？》援用夸黑的分析，點到為止，並預告會在其姊妹作《大科學革命：近代西方世界觀的形成》處理，巧妙地為這些討論賣個關了。

「之後呢？」行筆至此不禁莞爾，回想教到這裡時學生常問的問題。人類之所以為人，是好奇與究理，是論辯與融通。畢竟，我們活在同一個天空下，與書裡描述的自然哲學家，甚至與屈原看到的相同。《人類怎樣質問大自然？》是一本有哲學密度，說理連貫、

立論清晰的好書。雖然不知道它會不會成為中文世界的「順著典範看科學史」，但就讓我們一同期待，繼續看下去。

自 序

　　《人類怎樣質問大自然？西方自然哲學與科學史，從古代到文藝復興》，誠如書名，探討古代到近代西方自然哲學與科學的發展歷史，這是到目前為止我寫得最久的專書，從 1999 年進入東吳大學哲學系教書的第一年起，直到今年完成，總共花了二十年。當年我開設「西方自然哲學與科學史」課程，開始編輯上課講義，之後又陸續在東吳大學和中正大學開過幾次相同的課程，慢慢累積本書的內容，也開始感到有必要將我的自然哲學與科學史教學研究成果寫下來。

　　過去二十年來，我的研究很大的比重落在「科學史與科學哲學」（history and philosophy of science）領域，焦點在於「科學變遷」，包括概念變遷、理論變遷、實作型態（如實驗）變遷等。我的目標在於建立變遷理論模型，以便模釋（modeling）科學在歷史上的發展與演變，甚至希望能達到拉卡托斯的理想：建立一個歷史變動的理論框架來編寫科學歷史。這樣的工作與研究目標讓我閱讀了大量的科學史著與科學家所寫的科學原著，並努力從科學史著所記載的史實當中，找出科學演變的模式（patterns）。

　　由於我的研究是探索各種模式、建立理論模型，主題和內容都是科學哲學，也以科學哲學專著形式發表，如《科學理論版本的結構與發展》、《認知與評價：科學理論與實驗的動力學》和許多單篇論文。科學史實在這些著作中扮演著印證或否證理論模型的角色，

它們依附在科哲的議題上 —— 只能算是分散的個別案例（cases），而不算是連貫的歷史 —— 因為我並沒有把連續時期的案例串連起來。可是，如果想證明我所發展的哲學理論模型可用作編寫科學歷史的框架，我就應該寫一本科學史著 —— 這本書是第一個成果，寫作中續冊《大科學革命：近代科學世界觀的形成》將是第二個。

　　不少專業科學史家似乎排斥「以科哲的理論模型來編寫科學歷史」這種想法與作法，認為這種作法可能牴觸歷史的特性，把史實強塞入一個固定的框架內會扭曲歷史的本質。他們的理由不外乎歷史沒有模式、歷史應專注於特殊事實、歷史是行動者在特定脈絡下的行動、抽象的理論觀念沒有歷史等等。對於這類抗拒心理，我想除了寫出一本書來回應之外，沒有其他辦法。本書第三問專為「以理論模型來寫作科學歷史」的主張辯護，並回應那些反對的論點。不管可能的反應如何，一本以根據理論模型寫作的自然哲學與科學史，現在就在眼前了。

　　本書是一本科學通史（general history of science），討論的時間貫穿兩千年。然而，限於筆者的學力、涉獵領域與時間因素，將主題聚焦在西方自然哲學家對天（heaven）、地（earth）與物質（matter）的各種理論與觀念的發展上；換言之，本書內容以宇宙論（含天文學）和物質理論（含化學）為主，而沒有涉及其他像數學、光、磁、熱、動植物（自然史和分類學）、人體（醫學）等一般科學通史常有的主題。在時間幅度上，本書從前科學時代談起，直到 16 世紀末（即 1600 年）止。17 世紀和 18 世紀的近代自然哲學與科學史，筆者將繼續書寫暫名為《大科學革命：近代科學世界觀的形成》的續冊。

　　在我看來，這個闕如不會造什麼重大缺陷，因為 17 世紀前的自然哲學家關注的焦點，就是宇宙論和物質的本性。光、磁、熱的科學研究起源較晚，直到 17 世紀才有更多系統性的研究，將會在續冊中被討論。當然，動植物和人體的研究（自然史、分類學、醫療等）幾乎和宇宙論一樣古老，因為它們也是「自然物」、是大自然重要的一部分。不過，本書與《大科學革命》都不會涉及，理由有四：一是篇幅考量；二是生命與醫療主題的科學史可以獨立成冊，如果納入兩書當中，可能會分散焦點；第三，過去我的研究大多著重在物質科學史上，因此有更好的掌握；第四，比起物質科學史的專業研究者，台灣的專業生命與醫療科學史研究者眾，既然我的目的在於補足台灣的缺乏，集中在天地物質也就是十分合理的選擇了。

　　我相信也自信，本書內容在華文世界是少見的，形式、風格與理論架構更是只此一家，別無分號。我花了很大的心力，串連與組織科學問題與解答（觀念、假設、理論與思想）的發展與演變，希望能為對西方科學感興趣的讀者（可能是科學學生、哲學學生、社會人士、專業學者等等）提供一扇理解西方科學的「歷史本質」窗口：真正理解到科學是起於為了解決某些抽象問題，為了回應人類天生的好奇心與想知道的驚異心理，也為了滿足某些特定的價值標準，在歷史的變動中因為文化與社會的變遷，而對過去的答案感到不滿，從而追求新的答案。這個「問題—解答」的歷程，是歷史上自然哲學家與科學家的求知歷程，重現這個歷程則是我寫作本書的「理論架構」，更多細節討論請看本書第三問。

　　我自認為，本書內容有如下幾個特色：

　　第一，本書是國內第一本結合自然哲學的西方科學史著作，在本書中，「自然哲學」與「科學」不過是同一種人類活動的不同名稱，本書呈現了它們在歷史上的互相替代與發展的狀況。

　　第二，本書為西方自然哲學與科學史從古希臘到文藝復興的知識內容演變，提供一個宏觀的圖像。所呈現的不僅是不同時期人類對自然的不同哲學與科學觀點和理論，也包含對於「自然哲學」和「科學」本身是什麼、應該如何「質問」和「理解」自然的方法觀點的變動。

　　第三，本書第四問、第五問、第七問和第十問探討從古巴比倫時代起、經古希臘到文藝復興的哥白尼為止的天文學和宇宙論發展。詳細讀完可使讀者對於天文學和宇宙論模型如何形成與演變，產生一個完整的圖像。

　　第四，本書第五問、第六問和第八問詳細探討先蘇自然哲學家、柏拉圖與亞里斯多德到中世紀的自然哲學理論，可補足當前「西方哲學史」中對於「自然哲學」這一面向的闕如，並使哲學讀者理解到西方哲學史中的形上學，其實與天文學、宇宙論和自然哲學渾然一體、密不可分。

　　第五，對於文藝復興時期的西方自然哲學和科學內容，國內讀者較熟悉的大概是傅柯（Michel Foucault）在《事物的秩序》一書的描繪。本書透過原典的英譯本，對「徵象主義」提供更詳細的思想內容，也對主流科學史描繪的文藝復興形象提出修正。

　　第六，古代的占星學（星理學）和煉金術在「西方科學」中占

有什麼樣的地位？這些帶有神秘色彩的「自然哲學」總是吸引人們的好奇心。本書對於這些「特殊科學」也作了詳細的解說，並且公平地定位它們在歷史上的貢獻。

　　本書的內容與寫作態度是學術的，它使用一個全新的理論框架（見第二問和第三問），根據框架來組織歷史材料，重視言之有據與文獻引證，也與一些現有的相關科學史著的觀點對話。但是我也希望它能具有「普及性」，能讓更多讀者願意閱讀，甚至也能作為「西方自然哲學與科學史」的教科書之用。所以在寫作上盡可能做到概念解釋清楚具體、文筆流暢可讀，並在每章末設計問題以供讀者思考。然而，限於時間、精力與能力，必有不盡完美之處，只能祈求讀者見諒。

致 謝

本書是我與很多專業的科學史家朋友長期對話下的產物，這些專業的科學史家朋友，包括徐光台、傅大為、祝平一、李尚仁、張谷銘、郭文華、陳恒安、王秀雲、雷祥麟等等。在過去二十年間，我常與他們討論或爭辯關於科學史的各種議題。他們可能對本書的基本觀點有所意見，但是沒有他們或隱或顯的刺激，我也不會下定決心完成本書。因此，他們在催生本書上有最大的貢獻，我在此衷心感謝他們在學術與思想上的長期對話。

我也感謝近年來加入台灣哲學界的嚴偉哲（Jonathon Hricko），他與我觀點一致、志趣相投，我們一起合作探討科學實在論的問題，對我在科學史上的思考有很大的幫助。感謝長期合作推動科學哲學研究的戰友們趙相科、楊倍昌、嚴如玉、葉筱凡等，與他們的合作對話對本書的產生有相當的貢獻。

感謝中正哲學系的同事謝世民與王一奇，他們策畫與主編華文哲學線上百科，驅策我寫下〈科學革命與典範轉移〉和〈科學編史方法學〉這些與科學史相關的文章，其部分內容成為本書的一部分。也感謝我的研究助理林窈如、陳立昇和曾雅榮在各種雜務處理上的協助。

本書完稿於在中研究台灣史研究所擔任訪問學人期間（受科技部補助），雖然本書並非研究計畫的主題，但仍然感謝科技部的資助，以及中研院與台史所提供舒適的研究空間與豐富的研究資源。

最後，十分感謝八旗文化的總編輯富察願意接受出版本書，並感謝編輯成怡夏的編輯洞見與盡心協助，讓本書得以順利出版。

【第一問】

對史前人類，大自然是什麼？
人類文明的起源

　　兩群猿人對峙，互相咆哮威嚇對方，僵持不下，有些倏忽衝上前去，又倏忽往後撤逃，偶而一個猿人抓起一根獸骨，往對手的腦袋敲下去，對方應聲而倒，其餘猿人驚嚇得四散奔逃。得意的猿人高高舉起獸骨，張嘴吼出勝利的愉悅！接著，畫面轉向一艘在黝暗太空中航行的太空船 —— 這是科幻經典名片《2001 太空漫遊》的經典畫面，裡面有許多深刻卻簡明的象徵意義。

　　想像另一幅畫面：一棵樹如何長成現在繁茂的樣子？首先，它必須先是一顆種子，抽芽、張開嫩葉，從小枝梗慢慢變得粗壯，竄出許多分枝，長出繁茂的枝葉。除此之外，沒有其他了嗎？種子不是需要被種在土裡？土壤的養分、環境的水源、氣候不也都影響了種子的生長過程？進一步，某些種子只能被種在高海拔地區，某些種子則必須種在水量充沛的雨林區。換言之，不同環境的土壤會左右這個種子成長與否。

　　現代科學就像一棵大樹，它的種子是希臘科學。什麼樣的土壤、環境讓希臘科學發展成現代的科學大樹？答案是作為土壤的希臘文明本身，以及希臘文明所處的環境 —— 小亞細亞區域的文明，以及美索不達米亞和古埃及。然而，不管這些文明有多特殊，它們畢竟都曾走過遠古人類的階段；就好像環境不管多麼特殊，畢竟都是地球上的環境一樣。所以，對孕育科學的環境之考察，最遠總是可以回溯到遠古人類的生活方式。

　　遠古人類的生活和科學有什麼關係？考古證據顯示，史前人類已運用他們的智能來認知自然，以便存活在大自然的嚴苛環境中，他們甚至形成了某些「自然信念系統」（systems of beliefs about nature）；

換言之，即他們對「**大自然是什麼？**」「**大自然有什麼東西？**」這些問題的系統性答案。這些答案當然與我們今天所理解的自然大不相同。

使用「信念系統」這個詞，代表他們對於自然的信念已構成一個具內在相關、融貫、甚至具某種合理程度的系統。這些信念系統可以稱作「自然知識」嗎？要回答這個問題，得討論下列幾個歷史問題：史前人類如何建立自然信念系統？什麼樣的生存資源使他們建立起自己的自然信念系統？前科學時代，人類有什麼樣的自然信念系統？史前人類對自然的信念系統顯然不同於今日的科學知識，該如何定位（localize）它們呢？這幾個問題的答案有助於我們理解孕育出科學認知與實作的土壤，同時也理解史前人類如何回答「**大自然是什麼**」的問題。

原始生活：石器與史前人類的日常生活 [1]

在人類開始動腦之前，就已經先動手了。根據古人類學家的研究，人類的直立姿勢和大腦容量的劇增，乃人類與猿猴分道揚鑣的主要因素。直立姿勢意謂人類可以空出雙手來把弄石塊、樹枝，並開始嘗試用來幫助自己的生存。在這樣的目的下，這些天然石塊和樹枝已不再是處在自然狀態中，而是有了新的狀態 —— 作為人類的工具，雖然僅是最原始的工具。當然，很多猿猴類都懂得操弄這種最原始的工具，但唯有人類能進一步透過敲擊、琢磨來改良自然物。

這種改良工具的方式慢慢演變成技術，或者說這些技巧本身就是最原始的技術。

依據人類所使用工具的主要構成材質，考古學家將人類社會的演變分成以下幾個階段：

舊石器時代	早期	距今三百萬年到三十萬年
	中期	距今三十萬到五萬年前
	晚期	距今五萬到西元前一萬年
新石器時代		西元前一萬年到西元前四千年
青銅時代		西元前四千年到西元前一千年
鐵器時代		西元前一千年迄今

從舊石器時代開始，原始人類即能應用敲擊（chipping）手法來改變石塊的原始外型，製造成用來搗碎植物的鎚石，甚至後期發展出用來切割肉類或皮毛的薄片石刀。這些石器相較於今天的機械，當然是原始得無以復加，但其實並不容易製作。考古學家認為：「原始人對於石器製造有良好的直覺。」而且「製造石器需要傑出的動作能力及認知技巧相互協調才行。」[2] 在一百四十萬年之前的石器時代，原始人並未有意識地思考石器的形狀，只著重於功能。原始人在自然環境中隨機地尋找石塊，然後循著其自然外型進行敲擊，以製作出可用的石器。換言之，他們並未先在心裡形成模型（model）或理念（idea），再據以製作石器。但是約在一百四十萬年前開始，首度出現一種淚滴狀的石斧（見圖 1.1），則是原始人心中先有了模

圖1.1 石斧。(台南市左鎮化石博物館展品)

型，再以驚人的技巧和耐心敲製而成的。[3] 這裡標誌了人類心智能力的突進，可說是科學模型與實驗方法的雛型，同時也昭告人類的設計與計畫能力的誕生。這種能力使得人類擺脫「做錯了再重來」的行為模式。

另一方面，從此時開始，石器開始出現固定的形狀，產生不同的類型。石器的種類和執行的功能也越來越多，例如敲擊、切割、搗磨、刮削、刺穿等等。這也標誌了人類的文化開始形成體制，只有在體制中固定且統一的形狀才會被傳衍下來。當然，統一性並非絕對的，必然會有不斷的改良、借鏡與組合。但是基本模式顯示了「標準」（standard）觀念的存在。標準是一種社會條件，使得人類得以擁有可再生產的工具。從原始人時代即開始形成了標準的工具組，並且一直持續到今日，這乃是人類技術文化得以持續的主要因素。

從舊石器時代時期起，除了石器之外，人類也使用獸骨、鹿角來製作工具，偶而開始製作並雕刻裝飾品，並懂得將石器裝上木頭

或獸骨把柄，增大石器的使用範圍和能力。考古證據顯示，在舊石器晚期結束之前，人類能夠製作的器物型式，包括茅屋、皮毛大衣、皮袋、吊桶、獨木舟、魚勾、魚叉等等。

　　早期人類是赤身露體的，但是衣著在舊石器時代也產生了。部分原因可能出於攜帶物件的需求，一開始是為了攜帶食物和器具，將它們綁附在身上以便能帶著移動。因此，原始人將羽毛、皮革、小獸骨等等小物件纏繞在身上，這種實用性需求慢慢演變成具裝飾性，衣著也由此出現。首先是小塊的皮製披風和短衫，接著是裁縫的皮大衣，繼而是能包裹全身的全套衣裝 —— 像生活在寒帶的愛斯基摩人（Eskimos）那種。另一方面，人類也逐漸走出天然岩洞，用樹枝和樹葉搭建人為的庇護物，茅屋和石屋於焉誕生。

　　大部分舊石器時代的人類成就，包括縫紉和編織，都可以在特別的動物物種上找到雛型，例如有些鳥類使用喙來編織乾草以構築鳥巢。但唯有一項發明 —— 火的使用，全然超出動物的能力所及。所有生物天性都怕火，因為火會破壞其生理組織；唯有人類克服這種恐懼，找到了利用火的方式。而且火的使用甚至比其他技術還要早得多。早期教科書曾告訴我們，五十萬年前在中國北京周口店發現的北京猿人已經懂得用火。晚近考古學的新發現則將開始用火的時間上溯到一百萬年到一百五十萬年之間。[4] 最初人類只會利用天然的野火，如火山鄰近地區會因為高熱而導致乾燥樹枝燃燒，或者天然氣口冒出的火焰。當然，天然火有很大的局限，如何將火帶出特定場所並加以保存，就成了原始人類的一大挑戰。這想必是一個驚險又有無數失敗和犧牲的過程，所以很多文化都產生了用火的神話

與傳奇。[5] 人首先將火使用來在寒夜中取暖，並用來驚嚇動物以保護自己。接著，人類偶而發現食物經火燒煮變得美味，以火烹煮食物逐漸成為一項習慣。可以說，石器和各種工具的使用是物理學的技術土壤；而火的使用則是化學的技術基礎。在新石器時代之後，火還被用來烘製容器，開啟了文明的先聲。

跨入新石器時代之後，磨製的（polished）（或「磨光的」）石器開始出現。人類在這個時期之初，發現了琢磨石器的技術。正是敲擊與琢磨的不同技術，讓我們區分出舊石器時代和新石器時代。

磨製石器是人類開始跨入新石器時代最早轉變的技術與工具特徵。但這不意味著在新石器時代，人類只進步了這麼一點點。有許多新發明與新技術都是在新時器時代之後才產生的。最重要也最具革命性的一項是農耕的發明。伴隨農耕而來的有家畜畜養、人類的定居、群聚的擴大，以及村莊的出現。人類在此時普遍從山洞走出，大規模地在平地上蓋起足可庇護的茅屋石屋。陶製容器也是在新石器時代才出現的。最後一項出現在新石器時代晚期的偉大發明是文字。它使得知識首度能有效地儲存起來，也讓抽象思維的產生變得可能。

狩獵與農耕

農耕（agriculture）是新石器時代的發明，也是人類最偉大的發明之一。「用火」使人類脫離生食階段，開始和動物分道揚鑣；農

耕則標誌著文明的來臨。[6]

　　農耕起源於何時何地？目前有一些假設。第一個假設是地理條件假設。從人類的歷史推斷，農耕應該起於沙漠邊緣的河流沖積扇，例如埃及的尼羅河三角洲、美索不達米亞的兩河流域，這兩個地區也是公認最早文明的發源地。該處地理環境雖因河流經過而有農耕必要的水分，卻又面臨沙漠的威脅。植物在沙漠地帶成長的時間有限，不易養活人口，因此有必要大規模種植作物。要種植作物就必須有水源，而沙漠邊緣的河流沖積扇恰好滿足農耕興起的必要地理條件。另一個是「意外起源」假設，該假設主張一開始穀物栽植的興起，並非因為文化或自然條件的急劇改變而產生，因為在一些肥沃地帶，野生穀物多到人類只需採集即可維持生活，而且人類早已發明某種儲藏方法。然而，人們偶然在居家附近遺落一些野生穀物，不料日後發現它們抽芽成長、結成穀物。因此，他們發現可以把穀物種在居所附近，並澆灌人畜糞便，使它們易於成長結實。逐漸地，播種收成變為一種習慣，人們也開始思考如何去照顧這些播下的種子。第三種假設是社會心理的需求，定居在土地資源有限的森林地帶或較乾燥區域的人們，不能從採集上獲取足夠食物，為了日後的充足儲糧著想，人們開始思考如何不依靠野生穀物來獲得足夠糧食，這是「未雨綢繆」的心理動機假設。事實上，這三個假設並非互相排除，它們可以同時並存、共同構成農耕產生的完整假設，因為它們設定了不同的環境前提條件。

　　不管農業的起源是什麼，農業為人類與自然帶來了一組全新的關係。人們不再需要為了採集植物或狩獵動物而到處遷移，現在他

們可以在一個小區域內栽植植物來養活自己。透過從事農業，他們慢慢學會從植物再生的規律性中控制原先變幻莫測的自然，而讓人類更有能力不受到自然的外在條件影響。換言之，不必完全「看天吃飯」。

圖1.2 大地之母石雕像

　　兩三萬年前一些歌頌「大地之母」的石雕像（如圖 1.2），指明部分人類社會型態在舊石器時代晚期走向了母系社會（matrilinear society）。[7] 為什麼？這可能與食物的生產模式有關。就像採集穀物是女人的工作，農耕可能也是女人的發明，而且一開始都是透過女人的勞動來獲取。只要在農耕比起狩獵能提供更多食物的地方，女人的地位就能持續維持下去。然而，為什麼父權（patriarchy）與父系社會（patrilinear society）在新石器時代變成人類社會的普遍型態呢？父權社會如何崛起？人類又為什麼會從母系社會轉向父系社會？從生產模式來看，原因可能與男人投入農耕有關。一個猜測是：牛犁發明之後，為了控制力氣大的耕牛，男人開始投入農耕。第二個假設是因為暴力戰爭的關係，男人透過戰爭掌控了部落的權力，人類社會因而向父權和父系轉移，當然在這個過程中母系社會並未完全消失。父權體制興起後，人類社會朝著大規模方向發展，大型的國家隨著父權社會而崛起並反過來鞏固父權社會。[8] 這一切都是農耕帶來的全新社會型態，有些學者

以「農業革命」稱之。

　　農耕本身也代表一組新技術的發明：穀物的栽植和烹飪，像是播種、犁鋤、收割、打穀、磨粉、煮食、釀造等生活技術，都是伴隨農耕而發明的。此外，其他古代技術也因為農耕供應了大量草料而有了新的發展，例如大型草食動物的馴養等等。保有私有財產（private property）的觀念和行為也是在農耕之後才繼而產生，因為農耕伴隨著定居，定居則表示包括土地、牲口、茅屋、容器、穀物等等物品的保存和固定，因此人們開始聲張他們對自己生產事物的所有權。擁有財物的多寡，進一步造成了社會階級的形成。[9]

　　農耕與動物的馴養密切相關。雖然人類馴養動物的歷史比農耕還早，例如早在舊石器時代，狼就因為有助於狩獵而被馴養成狗，然而中大型草食動物的馴養仍依賴於農耕，故約莫與農耕同步發展。這些動物之所以被馴養，很可能是因為貪圖農人留下的多餘秣料。而且若沒有足夠的秣料，人類無法將大量的動物圈養在有限區域中，讓牠們變成「家畜」。

　　人類社會還有一種遊牧生活的型態。在草原地帶的遊牧民族會大規模飼養牛馬羊等家畜，但不會像農耕族群一樣「定居」，而是居無定所地四處為家。我們可能會好奇，遊牧是否會比農耕的家畜飼養還要早呢？遊牧民族讓家畜自由地在草原上覓食，「逐水草而居」，因此不需要透過農耕來栽植大量作物以供應家畜食料。但是，若遊牧生活比農耕飼養還早，那些中大型草食動物是如何被馴養的？若家畜的馴養比農耕還早，遊牧民族又是如何馴養牠們的？

　　「工作」（work）是農耕帶來的一項新觀念，特別是和狩獵文

化相較時。狩獵是一種謀生覓食的手段，狩獵之後緊接著就是吃；在狩獵過程中，獵人可能會感到樂趣甚至興奮，尤其是捕獲大型的困難目標時，會有很大的成就快感。換言之，狩獵是一種謀生手段、日常生活以及休閒娛樂完全結合在一起的活動。農耕的「工作」則完全不同，它是一項沉悶的活動，必須花費大量時間，等待穀物慢慢成長。要執行許多技術和步驟之後，穀物才能變成食物端上餐桌。這整個過程是例行性、重複性的「工作」。事實上，從狩獵到農耕的轉移，正是一幅「人的墮落」之圖像——人類離開狩獵的「樂園」或「伊甸園」，墜落於平原，必須依靠工作和流汗來填飽肚皮。

　　雖然農耕需要工作，但在穀物長成過程中也會空出一段閒暇時間和部分人力，這些閒暇時間和人力就轉移到精進技術上。素樸的科學觀念也許是在這種狀況下萌芽的，事實上，農耕本身也預示了許多科學觀念的出現。首先，農耕工作的多寡會有較能預期的相應報酬，不像狩獵的收穫是完全不可預測的（你可能忙得滿身大汗，卻徒勞無獲），這預示了因果觀念的出現。再者，農作的播種、成長與收成與季節息息相關，這形成了古代人耐心觀察天象、以制訂節氣年曆的動力，天文學（astronomy）即基於這樣的社會需要而發展出來。伴隨農耕而來的家畜馴養，引發人類對生物生活史的興趣，觀察牠們如何繁殖與成長既是畜養技術的起源，也是生物學的土壤。製作竹籃的編織工作必須先預想形狀，再透過編織讓形狀成形，這種過程是幾何學的基礎。又者，形狀本身通常是幾何圖形，因此編織成為幾何學的技術養料。最後是新石器時代開始出現的陶罐烘製，它是用火和烹飪的擴張，使得日後的金屬冶煉和化學成為可能。

在狩獵時代，儘管人類已擁有許多技術，但基本上人類並未完全和自然分離——也就是尚未進入文明。在以狩獵為謀生主要手段的狀況下，如同其他非大型肉食動物般，人類獵食其他動物的同時也得提防被獵食者的掙扎和反撲，同時也要防備自己已暴露在其他更大型動物的捕食目光之下。狩獵因此處在一種特殊環境中，在這種環境下獵人必須總是提高警覺，因為危機隨時可能迫近眉睫。因此，獵人發展出一種對環境獨特的直覺能力，以應付瞬息萬變的突發狀況。狩獵所面對的情況總是獨特的，幾乎毫不重複，即使是共同狩獵，每位獵人所面臨的處境和感受都可能截然不同。同時，狩獵在勞力和收獲之間完全不可預測，也往往不成比例。因此，狩獵更像是一種「藝術」，而不是一種「技術」。「科學」似乎也很難在狩獵社會中產生。

史前信念系統的儲藏與傳播

在文字尚未發明之前，歷史記載是不可能產生的，所以在人類開始記載先人活動歷史之前的時期，被稱作「史前時代」（prehistoric era）。我們在上文中看到史前人類已經擁有許多應付自然環境的知識，也發明了許多技術來改造並控制他們的自然環境。但問題是，史前人類對自然環境的「知識」是什麼類型？史前人類知道種子在何種氣候下會發芽，但並不知道種子為什麼在那樣的氣候下會發芽；他們知道如何去蓋一棟堅固的茅屋，但不知道組合茅屋的木材承受

了多少應力（stress）；他們知道如何辨識有毒植物，但不知道為什麼這些植物會致人於死。他們可能「只知道如何去做某事，但不知道為什麼要這樣做」。換言之，「知其然，不知其所以然」。

「知道如何去做某件事」是關於「技術」的知識，而「知道為什麼要這做」則蘊涵了「知道為什麼事情會這樣發生」，是一種關於「理論」的知識。這是否表示史前人類只有「技術」知識，而沒有「理論」知識呢？或許史前人類並非完全沒有「理論知識」，而是他們以一種完全不同於現代科學的「理論知識」，來理解和解釋「事情為什麼會這樣發生」。

技術的知識有透過技術製造留下的物件可供考察。然而，若史前人類還有「另一種」理論知識，卻沒有文字記載可供研究，那麼我們該如何去考察這種理論知識呢？或許在進行這工作之前，應該先知道史前人類是如何進行知識的傳遞與儲藏的。很明顯地，他們依賴口說的語言。因此，我們將人類使用口說語言來傳遞與儲藏知識的時期稱作「口說傳統」（oral tradition）。

聲音的語言起源比文字要早非常多。但在整個舊石器時代，雖有技術卻十分少量，知識的進展緩慢停滯，甚至很難說他們擁有「知識」。可能要到舊石器時代晚期，我們才能有意義地說史前人類擁有知識。從舊石器時代晚期到文字發明之後，都是口說傳統的階段。在這段時期，想法和信念的傳遞只能依賴面對面的遭遇，並且透過一個「相關的說話長鏈」播散出去。至於知識的儲存，基本上是依賴於個人的記憶。個人記憶並不是一個非常可靠的儲存方式，這使得口說傳統的知識有很大的流動性：一個最初的觀念和想法，可能

在傳遞過程中出現許多相似卻不盡相同的版本。在口說傳統時期，人類對自然的「理論知識」理解，就是**巫術與神話**。巫術與神話這兩種「理論體系」，也因為誕生於口說傳統時期，而具有**流動性**的特徵。

一、巫術的本質

巫術（magic）至少有三種譯法和理解方式。當人們把 magic 對比於宗教時，會譯作「魔法」。「魔」有邪惡、害人的涵義，往往牴觸宗教教義，故為宗教（特別是基督教）所禁止。[10] 當人們把 magic 譯成「魔術」時，是指現代的障眼戲法。魔術的效果在於創造幻覺或假象，而非真實。此外，magic 的學術性譯法是「巫術」，但英文還有 witchcraft 也通譯成巫術或巫法（因為 witch 是女巫，而 craft 是技能）。另一個字 sorcery 則專指害人的巫術，或可譯為「妖法」。就中文而言，「巫」源自於巫者，而巫者是從事通鬼接神的職業人士。原本「巫」專指女性巫者；男性巫者則稱為「覡」，不過後來巫者也被用來指稱男性巫者。中國古代巫者是一種宗教祭司，主持祭禮，並以歌舞儀式來接通鬼神，具有與 magician 相似的性質，故用「巫術」翻譯 magic 一字是最適當的學術譯詞。

巫術是早期人類應付自然的一種思想與行為方式，與宗教密切相關，但因其特性往往為某些宗教所反對，因此有些宗教學者極力區分巫術和宗教的差異，認為它們是兩種不同的思想體系。人類學學者佛雷澤（James G. Fraser）認為在宗教誕生之前，人類先經過了巫術時代。我們也看到很多宗教（廣義上，包含各民族的民間信仰）

廣泛應用巫術,如此顯示巫術也可以是宗教利用的一個工具。不管巫術與宗教的差異為何,若對人類社會進行客觀觀察,就會發現兩者有極密切的關係,巫術往往與宗教結合成早期人類普遍用來應對自然的手段。

巫術行為總是為了達到某個特定目的而服務。其內容非常廣泛,大凡一切預期非人力可完成的目的和事務,人們就會使用巫術來通鬼接神,試圖藉助鬼神之力來達成目的。占卜吉凶、預言禍福、祈雨求福、驅鬼治邪、左道奇術、無所不包。甚至古代醫術都包含在巫術的範圍之內,因為古代人認為患病是某種鬼邪作祟,故醫療也採用了驅邪趕鬼的巫術活動。在中國古代典籍中,「巫」與「術」、「巫者」與「術士」其實沒什麼差別。《後漢書·伏諶傳》注「藝術」一詞曰:「藝謂書、數、射、御;術謂醫、方、卜、筮。」中國傳統所謂的五術即醫、筮、卜、星、相,也就是五種「巫術活動」。今天一般通俗流行的占星學、相人術、算命、塔羅牌、錢仙碟仙等等「遊戲」都是巫術的一種,這些活動的目的主要在「預知未來」,算是一種「小巫術」。

巫術在史前時代的醫療中扮演了重要角色。「醫者」都是「巫者」。史前時代的醫療有兩種模式,一種是直覺醫療,另一種就是巫術醫療。一般而言,屬於可見疾病或外傷的部分,如肉中有破片、皮肉割傷、皮膚出疹、腸胃消化不良、肢幹骨折等等,就會使用起於直覺的一般療法,以此除去破片、包紮傷口、緩和疹子、禁止某些飲食,或是以夾板固定骨折部位。但如果病者身體外觀沒有特別狀況,人卻陷入無力昏沉之中,史前人類往往相信那是某種精靈作

崇，因此必須求助於巫術，而會由族中合格的巫醫來施行治療。治療手段包括祓除（exorcism）、祈禱（divination）、淨化（purification）、歌詠（songs）、咒文（incantations）等等。在台灣原住民族中，族中長老往往就是巫者（而且通常是女性）同時也是巫醫，是族群中的主要治病力量，常有一些不可思議的事蹟流傳出來。今天很多民間的民俗療法，也仍然保存著一些巫術的作法。

　　巫術是人類社會的普遍現象，在各民族、各社會中不僅存在著巫術，而且都有某種類似性。這未免令人好奇：何以巫術如此普遍？何以差異極大的文化卻有相似的巫術觀念？

　　佛雷澤認為巫術都是一種「交感巫術」（sympathetic magic），是指一定方式的行為必然會產生一定的結果，而在行為和結果之間存在某種神奇的超自然感應，不受時間和空間的限制。當一個人施行巫術時，他希望藉由這種特定行為或儀式的操作，去操縱不可知的神靈或自然力量來幫助他達成目標和心願。因此在心態上，巫術對待這不可知的力量不是祈求等待的，而是施令與控制的。正因此，有種主張認為我們可以用「態度」來區分巫術和宗教：宗教是謙卑敬虔的態度，而巫術是傲慢支配的態度。但是，巫術施行者在面對神秘莫測的力量時，有可能抱持全然傲慢的態度嗎？巫者也必須崇敬他所祈求的力量，才能保證產生他想達到的效果。[11] 不管施行巫術者的心態如何，他們相信任何事物（包括神靈）都必定服膺於這冥冥中超自然力量的支配和運行。[12]

二、巫術的類型

　　佛雷澤依據巫術背後的思想原則，將巫術分成「模仿巫術」和「接觸巫術」兩大類。但這兩大類並不完整，至少還必須加上第三類「符號巫術」，即包括咒語、符咒、詛咒等需應用符號的巫術。

　　「模仿巫術」指其行為儀式會模仿其希求目標的產生過程。因為這種儀式行為的過程**類似**於產生目標的過程，被認為可以促成目標的產生和達成。例如透過模仿生產的過程，來催生或使不孕婦女受孕。這種模仿巫術根據的是人類心靈的「類似」聯想原則。人們發現類似的東西很容易聚在一起，人生出人、牛生出牛（所謂龍生龍，鳳生鳳，「同類相生」），那麼類似的行為應該也可以產生類似的結果。所以，人們以為透過模仿類似的行為可造成希冀目標的產生。

　　「接觸巫術」相信物體一經接觸，就互相感染了對方的所有性質，即使在中斷實體接觸之後，這種感染還是會繼續存在，而且相互影響對方的命運。因此一個人只要接觸過某個物體，這個物體便會留存他的一切（生命、命運等等），如果這個物體產生了某種變化，就會感應到這個人，讓他也變成那樣。接觸巫術根源於「接觸原理」或「鄰接原理」的思想法則，是指曾經接觸或相鄰的兩個事物將會互相感應，而擁有相同的性質。此外，它也利用了「全體－部分同質性」原理，這是說互相接觸的物體，不管其中之一只是另一個的一小部分，或是兩者體積上有相當的懸殊性，該小部分都會蘊藏整體的一切性質，並將局部的遭遇忠實地傳遞到整體上。

　　「符號巫術」是指利用符號或語言來達到支配目的的巫術，主

要包括符咒、詛咒、咒語等等。要把這一類巫術從先前兩類中獨立出來，是因為符號和目的之間可能沒有任何相似性，符號也未曾與目的有任何接觸，但卻能產生奇特的力量和效果。很多巫術在施行時都必須唸唸有詞，咒語因此是一種輔助或儀式的一部分，但也可以單獨由咒語來達成目的。例如道士畫的符令、抄寫或印刷的佛經和聖經，常被認為有驅魔避邪的力量；電影中法力高強的道士在對抗妖邪時，會唸「天清地靈，神鬼聽令」、「神兵急急如律令」等咒語，就能驅遣神將來對抗妖邪。中國傳統也認為語言或一個人的名字或生辰八字，與這人的命運禍福有必然關聯，因此對文字或名字有許多奇特的禁忌和聯想，例如「避諱」就是一種語言禁忌。西方也有類似的想法，最著名的例子是《聖經》的創世紀，上帝透過「說出名稱」來創造那個事物。天主教神父在驅魔時不斷頌唸經文，口稱「以聖父、聖子、聖靈之名，我命令你離開！」而產生驅魔的力量。

人類學家也根據巫術的行為特性，將巫術區分為**積極巫術**和**消極巫術**。前者指積極進行某種行為或儀式如模仿、歌舞、動作、唸咒等等，以達成想要的目標；消極巫術則是消極地不作為，以防止或避免不想要的結果發生的巫術，所以消極巫術有禁忌（taboo）的功能，或說禁忌就是一種消極巫術。我們先前所舉的例子多是積極巫術。積極巫術說：「這樣做就會發生什麼什麼事」；消極巫術和禁忌則說：「別這樣做，以免發生什麼什麼事。」[13]

三、巫術、技術和自然知識

佛雷澤認為巫術和科學因果原理有相近之處，兩者都相信存在某種一定的事件進程——從原因到結果的歷程，是人格主觀的願望或力量（包括人和神的）所無法改變的。差別只在於巫術錯誤理解其間的因果關係。可是，如果人類「能自由地根據意志使用它們，並期待它們左右自然的進程」，就表示巫術所欲達成的目的是人類主觀願望的投射。人類的主觀願望雖然不可能改變產生結果的過程，但「產生特定結果」這目的卻是人類主觀的願望，而大自然未必一定會滿足它們。相信巫術可以實現主觀願望的人們，儘管也相信巫術行為的因果過程不是任何主觀願望所能干預，卻仍一廂情願地尋求實現的法門，而漠視了自然本身真實的因果歷程。再者，巫術律則的發現往往出於偶然的聯想，以致讓人們錯誤地以為在行為和目的之間有一定的可操縱律則存在。就這兩方面來看，相信巫術因果會產生對科學因果的誤解，因為在巫術中的行為與結果之間的交互感應與科學因果不同，交互感應無法對自然的運行產生實際效果。然而，巫術強烈地相信「一定行為產生一定結果」，雖不是真正的因果法則，卻是一個明顯的「因果觀念」，就像農耕「投入的勞力和報酬之間可以有穩定的正比關係」一般。

與其說巫術和科學有相近之處，不如說巫術更近於「技術」。木匠需要某種技巧才能製造出桌子、椅子和家具，傳統建築師傅也需要某種技巧才能蓋好一棟房子，古代政府需要一批水利技術專家來開鑿溝渠、引水灌溉、防患洪澇等等。這些都是技術。當然今天應用大量科學來生產製造各種器物也是一種「科學技術」，即所謂

的科技。我們可以簡單定義技術為「以特別方式製造物質工具的能力，或者應用工具以某種技巧來控制或改變自然物質的狀態」。

技術是人類控制和改變自然物質的一種方式；「巫術」也是。技術企圖實現人們的主觀願望（蓋出想要的房子、器物，或防止自然災害的侵犯），巫術的目的也在於實現人們的主觀願望。而且在技術所不及之處，人們通常會想用巫術來補足。可以說，巫術是技術的延伸，而且對古代人來說，巫術可能是一種「力量更強大、更高級的技術」。我們也可以定義「巫術」為「應用某種特別的『非物質』手段，來控制或改變自然物質或人類社會的狀態」。顯然，技術和巫術的定義已透露它們不是完全相同的東西，不同之處可以從四個面向來討論：

第一，實行者的行動類型：技術大量應用身體技巧，而巫術主要是一種語言和心靈的力量。工匠應用技術來生產某種物品時，他必須有一雙靈巧的手，而且要先經過一段時間來磨練他的肢體技巧。巫師在施行巫術時，通常必須應用咒語，必須讓自己的心靈進入一種特殊狀態，雖然巫術需要身體的模仿動作或舞蹈姿勢，但這模仿動作和身體姿勢主要是由心靈狀態自然產生的。

第二，實行者的行動和所希望達成的結果之間的關係或規律：技術必須遵從物質的「物性律」，亦即物質互相作用（操作工具去改變物質）時所表現出的性質。因此，工匠必須仔細觀察物質的性質並加以試驗。例如，金屬必須加熱融解再加以鑄造成金屬器物，至於木材則不可以加熱燃燒；治水最好用疏導而非圍堵。巫術則運用「模仿律」、「接觸律」和「符號律」；巫師必須透過模仿結果、

掌握對方靈魂或神秘符號來實行巫術，以達成希求的目標。

第三，結果的實現過程：工匠在技術實行過程中，可以注視著物質的變化，從開始改變物質到結果的實現過程，基本上都是可觀察且透明的，工匠本身可以完全經歷整個過程。巫術則不然。巫術的實行動作如何干預和影響自然？如何實現所希望的結果？這個過程是看不見且神秘的。不管是巫師或委託人，沒有人能夠經歷巫術實現的整個過程，或是甚至一小部分的過程。

第四，結果的類型：技術的結果必然也是物質性的（小器物，或是大型建築如河道、河堤之類），巫術的結果則幾乎不可能有具體的物質產品，而是自然或人類社會中的事件。大部分巫術的結果跟人類社會有關，但也有那種想控制自然現象如氣候的巫術（祈雨術、止風術）。

儘管如此，由於巫術與宗教、占星學、煉金術和某些密契主義思想都共享一個能產生超距作用（無須接觸即可產生作用）的信念，差別在於透過不同的方式去發現、驅使或控制該作用和力量（假定它存在），所以在日後西方文化的發展中，某部分的巫術一直存在於上述思想與技術系統之內；或者說，占星學、煉金術也一直保有其巫術成分。可以說，占星學和煉金術在某些歷史時段，是介於科學與巫術之間的思想與技術系統，但這並不代表科學與巫術因此就不可區分。

巫術之所以會產生，除了主觀願望的心理外，還出於一種原初的**神話世界觀**。在這種世界觀中，人和自然渾然未分，人當然是這自然的一部分。而且自然具人格性，是一種「人化的自然」，到處

充滿了精靈、生命與精氣。所謂自然世界的一切變化是由這些生命
似的力量所支配，而這些生命似的力量又由某種規律所支配（模仿
律、接觸律、符號律等等），當人們發現自己可以透過心靈和行為
來掌握這些律則時，就產生了企圖控制自然和人類社會的巫術。

四、神話

　　「神話」從中文字面上看來，是「關於神的故事」，但神話的
西方同義字 myth，其原意並非關於神靈的，所涵蓋的也不只是神靈
的故事而已；世界的生成和起源、英雄的冒險傳奇都算是神話。英
文 myth 這個字源自希臘文的 mythos，原意是口頭傳說、在公共場
合中述說的話語。在希臘時代，有許多吟遊詩人到各處的露天公共
場合，吟唱並述說許多動人的故事，他們述說的故事就是 mythos；
而這些故事內容幾乎都是有關神靈的生活居所、神與人的互動往來、
英雄（神人）的傳奇冒險等等。英雄的英文 Hero 在希臘字源中是「神
人」、「半神半人」的意思。在希臘神話中，有許多人與神生下的
後代，他們多半是英雄，或者英雄多半是神與人所生下來的。

　　人類學家和宗教學家發現，不只是希臘人，世界各地各民族都
有類似口耳相傳的故事，不一定如希臘吟遊詩人般在公共場合遊唱，
而可能是族中長老向晚輩的陳述，或者部落祭儀時酋長或祭司公開
傳誦的內容。它們訴說自己民族的起源，描繪另一個世界的神靈，
想像世界的生成或創造等等內容。於是 mythos 就被用來指稱，這種
人類發展的某個階段所產生、各民族皆共有、口耳相傳卻又擁有各
民族獨特色彩的話語。而中文用「神話」來翻譯 mythos 和 myth，

則因為它們主要是關於「神靈」的故事，至於世界（物質世界）的生成和起源，往往也被擬人化為人格性的自然神祇，故用「神話」稱之堪稱合宜。Mythos 也可以精確地解釋成「傳說的諸神故事」。如上所述，神話可分成三大類型：世界的生成和創造、神靈的生活和譜系，以及英雄的冒險傳奇。

　　世界的生成和創造在神話中是很重要的一環，世界各民族幾乎都有世界生成或創造的神話，而且都有某種驚人的相似性。在希臘神話中，世界最初是一團混沌（chaos），從混沌中誕生了秩序（cosmos），也用來指稱宇宙。秩序是伴隨「蓋亞」女神（Gaea 或 Gaia，即「大地」）的誕生而來。蓋亞女神則生出烏拉諾斯（Uranus，即「天空」），再與烏拉諾斯結合生出了泰坦神族（Titan，巨人族）。泰坦神族生出奧林匹斯山諸神。另一方面，蓋亞女神不只生出了烏拉諾斯，也生了大洋（Ocean，泰坦族之一），還有一些巨大的食人族、百手巨人族等等。[14] 在中國神話中，則有盤古開天的創世故事。在開天闢地之初，天地未分，世界混沌一片，盤古就孕育在這一團混沌大卵之中，後來盤古睜開眼睛，順手抓來一隻大板斧鑿開混沌，混沌破裂開來，輕物質上升為天，重物質下沉為地。但盤古還是覺得空間太小，就以肩膀頂著天，腳踩著地，拚命撐開。有一天盤古累了，倒地而死，兩眼化成太陽與月亮、氣息呼出成風、身體變成山河大地等等。換言之，大地是盤古身軀變化而成的。在印度神話中，有類似盤古化身成天地的故事，《吠陀經》中有一首「原人歌」，即是說世界是原人布魯夏（Purusha）被分割而成。布魯夏的身軀比世界還大（這種想法又稱為「萬有在神論」），被諸神當作犧牲品

而「切割」成世界，諸神在它身上塗上油脂，油脂滴落成為各種牲畜，布魯夏的口變成婆羅門階級（祭司）、手臂變成王族（貴族）、腿部變成吠舍（平民階級）、腳則生出首陀羅（奴隸）。此外，它的眼睛生出太陽，心臟生出月亮，雷和火也從口而出，氣息則變成風。[15] 希伯來的創世神話是先存在一個無始無終的全能上帝，而由上帝創造（自無生有或像工匠般設計製造）了世界。

可以看到世界創造的神話有三種基本模式：第一種是男女生殖意象的投射，希臘的世界生成神話是典型代表。除了希臘神話外，在紐西蘭毛利人、古埃及人、蘇美人、古印度神話中我們都能看到相似的神話。[16] 第二種是巨人的形軀化身為世界，如盤古開天、印度的原人歌等。第三種則是神創世界觀，又包括兩種次類型，一是希伯來人的「無中生有」式創造——上帝在虛無中創造了物質；另一種是工匠神創造世界，工匠神從既有的物質材料中，創造出多樣的世界。印度《吠陀經》中有一條類似的「創造歌」，描述無中生有的過程，但沒有訴諸於「上帝」這樣的人格神。[17] 希臘哲學家柏拉圖在他的作品中記載工匠神「德米奧吉」（Demiurge）根據現成物質來設計和製作，並沒有創造物質；[18] 印度《吠陀經》中有一條類似的「造一切歌」。[19] 這種世界起源和生成之神話，往往成為日後宇宙論的靈感來源。

神話的主體也就是諸神的故事。除了希臘神話留給我們豐富瑰麗的遺產之外，在古埃及、中國、印度、世界各地的少數民族、台灣的原住民族也都留有十分豐富的神話故事。而英雄傳奇往往記載了各民族的祖先如何戰勝敵人，為子孫留下美好樂園的故事，這些

英雄祖先在口耳相傳中被「神化」成半人半神的「神人」。

　　有時人們會把 myth 音譯成「迷思」，蘊涵了迷思的意義，但這種譯法是站在科學啟蒙的觀點上，認為古代神話是一種「迷思」（迷信的、迷濛的、迷魅的、迷人的、迷失的思想），是幻想、虛構或想像出來的，是非理性且不可理喻的。可是，這種想法可能低估了古代人心中的理性秩序。對古代人而言，神話可能是一種真實的歷史，神話是他們面對世界的一個思想框架 —— 正如我們認為科學知識是真實的，科學搭建了我們面對世界的框架一般。

　　為什麼神話對古代人們而言是一種真實的歷史？神話其實是古代人解釋世界之所以如此、自然現象何以會發生、為什麼以這種方式發生、人類的起源為何、自己從何而來等等問題的一種解答。正像今天的科學讓我們理解自然和控制自然一般；神話則是古代人理解自然的方式，而巫術是他們控制自然的嘗試。

　　在世界生成或創造的神話當中，我們都可以看到「天」和「地」的神格，也會看到代表海洋、日和月、山河、風、雷電等等自然現象的神格。所有古代人類對他們生存的自然環境之認知都很相似，都同樣必須回答天、地、日、月、風、雷生成的問題。雖然各地區的民族對自然現象的生成秩序可能有不同的認知，但是這些自然神的產生順序和互動情況多半與自然秩序有關。從神話內容中，我們可以看出各民族對自然秩序的特別強調或重視之處。例如在希臘神話中，大地和黑夜最先誕生，大地生出天空，而黑夜生出光明，這反映出一幅古希臘人在黑夜的大地裡，慢慢地看著光亮逐漸上升、展開，天空逐漸明朗的意象。

　　生存在中原地區的古華夏人，除了以盤古開天來解釋各種自然現象的生成外，還注意到太陽星辰都由東向西運行，河流百川卻都往東南邊流去，因此他們創造了共工撞倒不周山的神話來解釋：不周山是西邊支持天空的巨大石柱，水神共工和顓頊爭奪帝位失敗，憤而一頭撞倒不周山，不周山一倒，西北天空失去支柱而傾斜，以致日月星辰紛紛往西邊跑去；而東南的大地受了山崩地裂的影響，也陷下一個巨大無比的深坑，導致江河百川都往東南邊流去。

　　夜晚美麗的星空以及生活周遭常見的動植物，也為各地區人類提供靈感，編織成淒美的神話，例如華夏牛郎織女的七夕神話，希臘神話中自戀的納西瑟斯變成水仙花等等。有些創世神話不僅解釋了自然現象的起源和自然秩序的形成，還解釋社會秩序的來源，例如印度《吠陀經》的「原人歌」，解釋了印度四種姓的階級根源，它們就在原人化身為世界時生出，從而給予這種階級位置一個天生、必然而不可改變的基礎。

　　正因為神話是古代人類解釋自然秩序的一種思想框架，神話人物往往是自然現象的人格化，祂們是自然的化身。雖然祂們存在於人類生存的自然環境中，卻無法接近與控制，甚至會反過來主宰人類的命運，對人類的社會和歷史有很深的干預。例如荷馬史詩《伊里亞德》唱頌希臘人的特洛伊戰爭，在這場戰爭中希臘諸神分成兩邊，一邊幫助希臘人，一邊幫助特洛伊人，互不相讓、各顯神通、爭戰不休。[20] 類似的史詩有印度的《摩訶婆羅達》，述說兩大家族互相攻伐，導致諸神介入的故事。[21] 古華夏則有「黃帝」與「蚩尤」的大戰神話，雖然沒有被寫成史詩，但黃帝可能是古華夏中原地區

熊圖騰（「有熊」）部落的酋長，蚩尤則是牛圖騰的部落酋長，雙方大戰一場，各自出動火神、雷雨之神、魑魅魍魎、旱魃等神怪人物。最後黃帝部落得勝，統領中原，而被後世人尊為共祖。[22] 諸神對人類的命運的介入或干預是神話的主要題材，然而神話的內容不僅在描寫諸神對人類禍福和歷史的主宰而已，也描述了神明彼此間的生活與歷史，以及神祇的譜系、愛情與爭鬥的故事。

　　在歷史發展中，當部落氏族開始想像自然神明對他們的命運有所支配和干預時，他們一方面會祈求神明們的庇護，希望某個神明另眼看待自己的族群，視祂為族群的保護神；另一方面，他們也開始把圖騰祖先與神祇結合起來，認為祖先是守護神的子孫，是人格化的自然神和人類結合生下的「神人」，擁有超凡力量，曾經戰勝敵人、保護族群。後代把祖先的英雄事蹟加以口述歌頌，鼓舞子孫——這就是神話英雄冒險傳奇的來源。這類故事所描述的內容可能在歷史上真有其事，只不過添加了諸神的元素和情節，並把那些英雄事蹟加以誇大，或者把自然神祇的活動和祖先的英雄事蹟雜揉在一起。例如《舊約聖經》中的摩西出埃及記，又如荷馬史詩《奧德賽》描述特洛伊的戰爭英雄尤里西斯戰後返家發生的種種冒險，中文有時把此類故事稱作「傳說」或「傳奇」（英文作 legend）。

　　神話的主題、基本情節和內在結構，乃是源於人類的集體無意識（collective unconsciousness），人面對自然時受到的壓抑出現在夢境中，形成神話的基本結構。這結構有助於人們解釋自然現象，讓他們發展出宗教系統來解決現實生活中與自然鬥爭的無力和壓抑感。[23] 而神話的內容、神話人物的性格和生活狀況，則屬於意識層

面。人們將自己的生活環境和社會文化投射到所想像出來的神話世界上，這個投射一方面讓神話可用來解釋世界，另方面則給予神話骨架實質的血肉，進而塑造了各民族相似神話之間的差異性。神話的無意識與意識層面構成我們一般所謂的「神話思維」（mythical thought）。神話思維有幾種特性：第一，自然和社會的一體未分：人固然生活在社會中，但整個人類社會又都是自然的一部分，因此自然和社會是融而為一的。第二，自然的社會化：這裡指的「社會」是「人與人之間的互動交往」。如此一來，雖說自然和社會一體未分，但其實是自然反映出人類社會的特徵——自然是由一群「肖人」的超能者（神）所統轄和發號施令；人們也相信藉由某種社會儀式（如宗教祈禱等），可以干預自然的進程。第三，社會的自然化：在人類社會中，人際交往也是受到可見自然力量的左右，而且有一定的秩序和進程（命運），不會因人的意志和願望而改變。

「神話思維」一般被拿來與「理性思維」作對比。在這樣的對比下，神話是非理性的，因為它背離常情與現代科學知識，顯得荒謬而不合理。但是，神話真的是非理性的嗎？神話是荒謬與無意義的嗎？如果我們透過「象徵」（symbol）來理解神話，就會發現神話富含豐富的象徵和隱喻意義。

神話學家常使用象徵來解釋神話，因為神話總大量運用了象徵，而象徵能在神話中得到最好的詮釋。我們總是透過解開（解釋）象徵的意義而揭開神話的意涵；而神話也總是運用象徵來隱藏它真正想揭露的意義。象徵是一種符號，在象徵物和被象徵物之間是一種相似或類比關係，而且除了象徵的表層含義外，象徵往往有更深層

的含義。舉例來說，在伊甸園的神話中，禁果（智慧果）象徵知識、蛇象徵誘惑者，但為何吃了禁果之後反而會墮落？正因為擁有智慧就代表能分別善惡，能分別善惡也代表可能走向惡而墮落，所以亞當和夏娃吃了禁果後，也象徵墮落的可能性。至於蛇象徵誘惑者也代表了更深層的含義，即拋棄過去的生命繼續生活下去。為什麼蛇會有這種深層意涵呢？正因為蛇會蛻皮，蛻皮好似拋棄一段過去展開一場新生活。亞當和夏娃雖然被逐出伊甸園，但也代表他們將展開一段真正能體驗「生命」（有樂有苦）的新旅程。神話象徵與神話一樣都不是任意產生的，而是源於人的潛意識，所以我們會看到古往今來類似的象徵不斷地重複出現。原始民族和神話時代的人們以神話思維來面對世界，並從神話思維中導出了神話的世界觀。

古蘇美人與古埃及人的文明 [24]

圖1.3 楔形文字

　　約西元 4000 年前，美索不達米亞的兩河流域和尼羅河流域誕生了人類最早的文明。在兩河流域的蘇美人已有高度發達的技術，他們懂得灌溉、建立城市，並從事商業。他們也有系統性的貨幣制度，以白銀為價格的標準。蘇美人發明了最古老的文字，是楔形文字之前身。那是一種象形文字

（hieroglyph），以簡單圖案來表達意義，那些圖案是從標記所有權的圖章演變出來的。可以說，最早的文字是商業行為下的產物。緊接著，楔形文字（cuneiform）被發展出來。蘇美人將蘆葦稈的末端削去一片，可以在沙地或黏土板上留下被切開呈楔形的標誌，故而得名。楔形文字已產生某種抽象性質，並慢慢發展出拼音系統，甚至可用來書寫不同的語言。所以，美索不達米亞的後繼文明都相繼採用楔形文字。

　　埃及的文字也是最古老的象形文字之一，約莫和蘇美人的文字同時出現。埃及人相信語言和文字是托特神（Thoth，也是計算與學問之神）所發明，主要用途在宗教祈禱與儀式上，但不僅限於此。埃及的象形文字直接模擬物象，是一幅一幅優美的圖畫，比起蘇美人早期的象形文字更具形、更複雜、也更難書寫。這套文字系統約可上溯到公元前 3000 年，並一直使用到羅馬帝國統治下的公元 300 年左右，基本上都沒有變化。使用埃及象形文字書寫最著名的一部作品是《死者之書》，約出現在公元前 13 世紀，埃及人相信死後若有此書陪葬，可保證死者的靈魂得以再生。[25]

　　埃及人最令人傳頌的技術成品是金字塔，古希臘歷史學家希羅多德譽為世界七大奇觀第一名。究竟埃及人如何建造金字塔這種龐然巨物呢？沒有人確切知道。科學史家霍爾夫婦（Halls）認為：

> 首先以楔形斧和石鎚鑿開岩石，以滑橇和繩索拉曳石塊到
> 建築基地上，再利用坡道將石塊從一個平面向上拉到更
> 高平面上，以槓桿移動石塊放入適當的位置上，並用水來

檢查所有層次是否平直。在金字塔時代（西元前 2700 到
2000 年間）沒有輪子和滑輪，他們成功的秘密是無限的人
力、耐心以及強大的技藝。[26]

可是，建造金字塔的詳細步驟與程序是什麼？我們仍然只能推
測。金字塔如何建造，是考古學家、古文明學家和歷史學家極感興
趣的謎題。

埃及人的另一項成就是在醫療方面 —— 這和金字塔的建築有
關。儘管古埃及人的對疾病的看法仍然與巫術差不多，亦即相信疾
病是由於外在邪靈之入侵。因此治病的主要方式仍然是袚除（exor-
cism，去除體內作祟的邪靈）、祈神（divination）、淨化（purification）
等等，如古文書記載一段祈禱文所說：「萬歲！荷魯斯；弟子在下，
懇求您的慈悲，摧毀在我腿上的邪靈。」[27] 不同的疾病必須祈求不
同的神明，如托特神（Thoth）、荷魯斯神（Horus）、伊西絲（Isis）、
印和闐（Imhotep）。巫術醫療並不是埃及人治療疾病的唯一方式，
他們也發展出各種醫療藥方，埃及醫生對頭部外傷有極驚人的外科
技術。

今天最古老的醫學文件來自埃及，稱作愛德溫・史密斯紙草本
（Edwin Smith Papurus，由英國人愛德溫・史密斯發現而得名），據
說是印和闐的部分論文複本。印和闐有時被視為神話人物（類似中
國古代神農氏），不過歷史中確有其人。他是建立第一座金字塔的
法老王朝廷官員，可能因為懂得醫術而在日後被尊為醫藥之神。愛
德溫・史密斯紙草本主要處理頭部與胸部的傷害；書中對創傷檢查

的技術描寫得十分仔細，而且顯示作者大略知道很多頭部傷害的結果。要治療頭部或肢體傷害，需要以下幾個步驟：包紮、施用藥物、受傷部位不可移動，以及小心看護這幾個步驟。從骨折和頭部傷害的診斷來看，這些治療法主要是針對建築中的意外事件而非戰爭的傷害。這可說是最早的「工業醫學」——若我們把金字塔建築看成一種工業。紙草本描述的醫療方法純粹是經驗和技術性的，但古埃及其他文本顯示內科疾病的醫療有著濃烈的巫術元素。這一點證明古代醫療和巫術與技術難分難解的關係。

古埃及人與古蘇美人已有高度發達的技術，而且在科學的誕生上也有相當助益，但我們並不把那些技術看成就是科學，因為科學包含了通則性的知識成分，與因地制宜的技術和技術知識仍有基本差異，更詳盡的理由將在下文討論。

工具、技術、藝術、自然知識與科學

對一本「西方自然哲學與科學史」的史著來說，以討論史前人類生活來開場意味著什麼？製作石器的技術、農耕畜養知識、巫術與神話，以及埃及人與巴比倫人的建築和醫療等等，這些可以算是科學嗎？

與其說它們是「科學」，不如說它們是用來**應付**自然的「手段」以及附帶的「工具」。這些手段與工具幫助人們改造一小部分自然，讓他們不必再像一般動物一樣只能聽憑自然的施捨。工具幫助

他們更有效地採集、狩獵、農耕；幫助他們製衣避寒、搭建房舍、定居下來。當人類開始以農耕謀生，並且定居於一地時，他們也開始群居，集合人力，讓生活更安穩，於是社群團體不斷擴大，所需的物質產品數目和種類也越來越多，以致開始要把人力分群，各自去執行不同的工作或不同的器物製作 —— 這就是勞動分工（labor division）的開端。當人們可以專注在同一件工作時，他們就能把大量心力集中灌注其上。不管這工作是什麼 —— 生產糧食、縫製衣服、燒製容器、組構器物等等 —— 他們很自然地會去發展更精巧的方法，鍛鍊自己的製作能力，開發出各種工作的**技術**。各式各樣的工作、技術與透過它們產生的物品，構成我們今天所謂的「文明」（civilization）。因此，「技術是文明之母」是一句十分中肯的格言。

　　人類有雙靈巧的雙手，不需要任何工具也能用手執行很多工作。然而工具延伸了雙手，使人類的活動領域和範圍大幅擴增。雙手對工具的使用、操弄與改良，反過來刺激人腦的思考，進而去設想更多關於使用與改良工具的方式，這些方式讓工具更精良，更能達成人類想要的目標，更能控制自然。進一步，人類可以運用工具去製造其他不一樣的工具，達成不一樣的目標。**技術**就這樣不斷擴大和增長，從而使工具更加多樣和精密，並激發人們去瞭解自然的興趣。

　　要使用工具去改變並控制自然，讓自然依據人們的願望來變化，必須要瞭解自然。因為如果你不根據自然的律則去控制它，你所得到的可能是一堆殘破無序的廢物；而且工具本身也是一種自然物質，如果你想琢磨工具、精煉技術，你必須對這物質的性質有所認識。這意謂著，工具與技術的活動能引領人們去關注自然事物的性質，

從而開啟對自然的純粹思考（自然知識、自然哲學或自然科學）的契機。換言之，工具的使用與技術的發展，為自然知識的萌芽堆疊了肥沃的土壤。

技術與人類自然信念系統的關係十分密切，與藝術的關係更是密切，因此討論技術也不得不討論藝術。從今天一般理解的藝術作品來看，藝術和技術似乎毫無關係，一幅畫或者一曲音樂的創作，並不像技術產品那樣有實用上的目的。藝術家創作作品似乎只是為了心靈的愉悅──表現自己的情感或者取悅他人。然而，如果我們到博物館，就會發現很多被列為藝術品的古物，在過去卻是生活上的實用物品，好比酒器、杯、盤、壺、瓶、家具等等，都是古代工匠的產品。它們之所以成為藝術品，並不僅因為飽歷風霜的歷史痕跡，還有本身的美感──這些美感乃是創作者在製造過程中，為了追求更實用、更堅固、更精緻的產品而衍生的結果。為了達到這樣的目的，創作者勢必要努力地鑽研製作技術。對手工製作來說，高度精緻的技術就是藝術。

事實上，在希臘文中，技術和藝術是用同一字來表達的，即techne──英文 technology 的字根。對希臘人而言，藝術和技術是同一件事，所以依脈絡有時應該把 techne 譯成「技藝」。在希臘語言與思想的脈絡下，亞里斯多德曾將人類的心智功能分成兩種：**愛智的或哲學的**（philosophical）與**估算的**（calculating）。前者用來掌握理論知識（theoretical knowledge）與形上根源知識（comprehensive knowledge）；後者則用來掌握技術與實踐知識（practical knowledge）。[28] 理論知識讓我們理解為什麼某一現象會出現，知道現象

為什麼會出現才算是獲得知識，亦即智慧。又因為智慧必須是最完美的知識形式，一位有智慧的人必須知道從第一原理所導出的知識，也必須擁有第一原理的真理。第一原理即是形上根源，是形上學研究的對象。所以，智慧必須組合第一原理的知識和理論知識。[29]

為什麼亞里斯多德會提出「哲學的」和「估算的」這樣的區分呢？原來，這兩種能力對應到兩種認知對象。亞里斯多德認為，世界上的所有認知對象分為「永恆不變的」與「可變動的」兩種，前者是認知能力的對象，後者則是估算能力的對象。估算能力乃是一種「考察一個人置身的環境，然後加以衡量抉擇和應對的能力」。人所置身的環境時時在變動，有的人能在這種變動環境中行為處事如魚得水，我們便說他們擁有實踐的知識或技藝。[30]

亞里斯多德又把「可變動的」事物分成兩種：人造物與人的行動。「技藝」指導人們如何去生產人造品；至於「實踐知識」則指導人們如何去行動。從這些語言知識的線索上，我們可以看出「技術」和「藝術」的共有性質，都是在「改變物質原來的狀態」，只不過技術有較明確的實用目的，藝術則不那麼明確（或者說，藝術的重點並不在這兒）。後來藝術的發展也讓它慢慢脫去對物質的依賴，晚近甚至有所謂「觀念藝術」的產生。至於「技術」則始終指向「為了某個實用需求的目的，而以各種物質工具去改變自然物質的狀態」。

乍看之下，藝術和自然知識似乎毫不相關。一個是主觀情感的表現，一個是客觀秩序的掌握。然而人類的藝術能力，在自然知識萌芽之前，也曾為孕育自然知識的心靈土壤注入豐富的養料。另一

圖1.4 法國拉斯科洞窟壁畫

方面，如前所述，藝術和技術有很密切的關係。藝術比自然知識要古老得多。遠在舊石器時代，人類已經有了藝術行為，而且有作品留傳下來（西元前20000年）。在法國和西班牙南部地區，曾發現許多大型的岩洞壁畫，其上描繪了許多栩栩如生的大型哺乳動物如野牛、馬、鹿等等的圖像，這些圖像絲毫不像人類小孩的畫作，而是展現了高度的成熟性。對動物的外表、形狀、神態、毛色甚至細部（角、肢體、尾巴等等）都有十分精確的掌握（見圖1.4）。[31] 它們不僅向我們揭示了史前人類已有高度的藝術心靈，而且這種精確掌握表徵的能力也預示了日後文字符號的發明（如象形文字）及書寫（以手執筆型工具在平面上留下痕跡）的可能性。後二者誕生之後，對自然的知識性掌握才得以萌發。

　　如同前述，在希臘時代，藝術與技術基本上是不分家的。在不分家的「技藝」時代，技藝與自然知識的關係已如上述。那麼，與技術分家之後的藝術和自然知識有又什麼關係呢？

　　在一般人不假思索的觀念中，自然知識與藝術常被視為兩極的
東西：自然知識（或科學）是理性的、冷酷的、物質的；藝術則是
情感的、熱情的、精神的。其實這樣的觀念不僅簡略，還是錯誤的
（可能有很多「藝術」，如好萊塢的科幻電影，傳播了這幅科學與
藝術兩極對立的圖像）。

　　事實上，科學與藝術的關係千絲萬縷，相當複雜。即使我們盡
可能簡單地說，至少仍有下列關係可被指認出來：首先，早期的藝
術充實了孕育自然知識的土壤，藝術可能也提供了自然思想上的靈
感；其次，自然知識（提供的觀念、技術）影響了藝術表現的型態，
即藝術表現型態隨著自然思想的演變而演變；第三，藝術被用來表
現和宣揚科學知識、發現與成就；第四，新的科技創造了新的藝術
類型。第五，在某些思想脈絡中，藝術確實被用來對抗科學。

　　在第一類關係中，藝術為科學提供靈感的例子，包括科幻小說
家對於未來科技的想像，例如 20 世紀早期「第四度空間」的幻想，
為 20 世紀晚期的「弦論」提供了靈感。[32] 第二種關係的例子則包括
中世紀繪畫總是反映了教會神學家的宇宙觀，例如地球是宇宙的中
心、由諸行星環繞，所以中世紀聖徒繪畫也總有類似的結構：耶穌
或聖徒是人間的中心，被其他人物環繞著；又如「再現或鏡映自然」
（representing or mirroring nature）同是 17 世紀以降近代科學與藝術
的目標，近代科學與近代藝術兩者同被視為「自然之鏡」（mirror of
nature）。[33] 第三種類型是藝術直接表現科學思想與理論的內容，畫
家、插畫家、漫畫家把科學內容表達在創作上，例如沒有畫家栩栩
如生的想像力，恐龍科學不可能大眾化。畫家往往也使用象徵性手

法來安排構圖與佈局。第四種關係如電影 —— 只有在攝影機與放影機發明之後，才會有電影藝術的誕生；數位創作藝術也是一樣，電腦甚至提供了聲音與影像結合的藝術。最後一種關係是，有些思想家如法蘭克福學派中的馬庫色（Herbert Marcus）與藝術家認為，科學及由科學而來的技術蘊涵了強烈的統一性、均一性等概念，成為一個無形的宰制系統，讓人們不知不覺中失去自由卻不自知，而成為沒有個性的「大眾」，成為了「單面向的人」（One dimensional human）。要打破這種局面，只能依靠藝術 —— 藝術強調獨特性、唯一性、創造性，這些特性使得藝術具有解放的力量。[34]

比較科學、技術與藝術，並理解它們之間的關係，乃是把人類的文化理解並認知為一個相互關聯的系統。一個時代的思想、科學、技術和藝術，彼此之間莫不相互影響、互相借鏡。今天很多人談「文化」，聯想到的總是只有思想和藝術，可是科學與技術在文化構成中扮演的角色絕不比藝術更輕。重點在於這四者向來是互相滲透、互相連結的，然而這麼說也不代表四者沒有區分。理解這四者，我們才能更完整理解人類的**文化**。所以，一部人類的文化史至少包括藝術史、技術史、思想史和科學史。

本書的目標是理解從古代到文藝復興的西方自然哲學思想與科學史。在進入這個歷史之前，我們要先討論自然哲學是什麼、科學是什麼、兩者有什麼關係，也要討論我們如何書寫一部自然哲學與科學史。這是本書第二問與第三問。它們擁有較理論性的（枯燥的？）內容，對於理論性內容較無興趣的讀者，可以跳過去直接從第四問「天體規律是怎麼產生的」讀起。

想想看：

1. 遊牧生活型態與農耕生活型態，哪個起源更早？請提出你的推論。注意你的推論不能違反目前已知的各種證據。
2. 狩獵或游牧社會是否能產生科學？請說明你的推論。
3. 想像古代人在怎樣的處境下、以什麼方式把狼馴養為狗？
4. 史前自然信念系統為什麼不可以或可以被視為科學？
5. 史前自然信念系統以什麼方式孕育科學？

【第二問】
自然哲學與科學是什麼？
本書的取向

　　自然哲學與科學是什麼？這個問題是本書作者與讀者試圖回答的問題。這是一個針對特別對象──自然哲學與科學──所提出的歷史問題。

　　創建萬有引力理論的艾薩克・牛頓（Isaac Newton, 1642-1726）是歷來最偉大的科學家之一，他也是一位自然哲學家。著名的三大運動定律和萬有引力定律被寫在《自然哲學的數學原理》一書中，[1] 這個書名指出了在 17 世紀時，科學就是自然哲學。科學與自然哲學的同一性甚至持續穿越 18 世紀直到 19 世紀。然而，這並不意味「自然哲學」可以一直與「科學」畫上等號。從 19 世紀下半葉起，科學在體制上與自然哲學分家了。分家的一個可能原因是，為了與哲學傳統的自然哲學區隔──特別是 19 世紀德國觀念論哲學家倡議的自然哲學（Naturphilosophie），科學家開始放棄「自然哲學」這個詞，[2]主張他們研究的自然科學與哲學家筆下的自然哲學有不同的目標與方向，這種傾向伴隨著 19 世紀逐漸興起的「實證主義」（positivism）而強化。實證主義主張科學與科學方法應唯獨建立在經驗觀察上，並與形上學（自然哲學）區隔開來。[3] 一個關鍵指標是，1833 年科學史家惠威爾（William Whewell, 1794-1866）在劍橋召開的促進英國科學會議中建議使用 scientist 這個字，從而取代了 natural philosophers 一詞。

　　此後，科學家回溯科學歷史時，往往會把失敗的、退出科學舞台的科學理論（例如亞里斯多德的物性學、煉金術思想、笛卡兒的機械論、燃素理論、熱質理論、以太理論等等）視為「自然哲學」，[4] 從而把科學的進展看成是精確科學（exact sciences）──例如伽利略

的數學化力學——擊敗中世紀和近代的自然哲學的結果。科學史家葛蘭特（Edward Grant）對這種觀點提出異議，認為 17 世紀的科學革命是「精確科學與自然哲學的統合」，他說：「這個統合的一個主要結果是自然哲學大幅地數學化了。過去，自然哲學大致被視為獨立且孤立於數學和精確科學。」[5] 本書支持葛蘭特的看法，而且我想進一步用整本書證明科學史不能與自然哲學史分離。

　　所謂「精確科學」是用來統稱數學與以數學為必要方法的算術、幾何、天文、音樂（聲學）、光學等學科，其實是個 20 世紀的名詞。從古希臘到中世紀，那些學科大致合稱為「數學」，在 19 世紀下半葉之後，天文、光學、聲學反而被稱作「自然科學」，「數學」一詞則保留給算術、幾何、代數等「純數學」。問題是，自然哲學和自然科學在 17 世紀之前能被清楚區隔嗎？以希臘化時期最偉大的天文學家托勒密（Claudius Ptolemy, 100-170 AD）的天文學理論為例，它組合了數學和亞氏的宇宙論（自然哲學的一部分），那麼他做的是精確科學或自然哲學？

　　本書陳述一個長長的故事，想告訴讀者**自然哲學與科學的問題如何起源、自然哲學家和科學家又如何在他們的時代背景條件和觀念資源的局限之下，提出回應那些問題的答案**。然而，本書的故事又不只是一般的故事，它是一個關於**知識**的故事，具有十分濃厚的知識性。

　　本書的故事是用下列問題框架（framework of questions）來敘說的：最初對自然的科學問題是怎麼產生的？在什麼樣的知識、社會與文化背景中產生？哪些人開始回答那些問題？他們又提出什麼樣

的答案？一個原始、初步的答案如何被發展成一個可行、甚至成熟的答案？這答案在後來的擴張、應用與新發現中，如何變得不再適用於新的情境？同樣地，它們所回答的問題又如何因歷史情境的推移而變得不再是新時代的問題？在新的情境與脈絡之下，新時代會產生哪些新問題？自然哲學家與科學家如何回答那些新問題？他們如何從舊答案中繼承部分舊觀念，又從新情境與新脈絡中獲取新資源（觀念的、實作的、社會的資源）？在轉換之際，新舊答案是否會互相競爭？以什麼方式競爭？在競爭中脫穎而出的答案，其成功的條件是什麼？

　　透過這個問題框架所編寫的自然哲學與科學故事，著重在觀念、信念、假設與理論的演變上，但不是純粹的「思想史」或「觀念史」（history of ideas），因為本書並不排斥實作、背景條件與社會脈絡的交代，但社會因素的確不是書寫的主題。本書最恰當的定位是提供一個從古代到近代的西方自然哲學與科學的「知識演變史」（history of intellectual changes）。

自然哲學：一個字源與知識分類的考察

一、自然與知識：Physis、Natura、Episteme、Scientia

　　自然哲學試圖追問「自然究竟是什麼、有什麼」的問題，即去理解自然事物的本性或本質（essence）以及發生的原因。[6]對古希臘思想家來說，理解自然事物的本性恰能對其發生的原因提供一

個最恰當的解答。如果說理解自然事物發生的原因是「物理科學」（physics/physica）的目標；那麼理解自然事物的本質本性，就是「形上學」（metaphysics/metaphysica）的目標，形上學 metaphysica 就希臘文字義而言，是「後（meta）物性學」或「物性基礎學」的意思。但是，現代科學的發展卻朝向拒絕追究自然事物的本性，而只專注於它們發生的原因。換言之，只留下「物理學」的部分，拒絕「形上學」甚至「反形上學」。

　　一些現代經驗主義的科學家與科學哲學家認為，科學是純經驗的，無法以經驗驗證就不是科學。既然掌握自然事物的本性只能用思辨（speculation）的方式，那麼「本性」的探究就應該被排拒在「科學」之外。「自然哲學」被視為只是「本性的探究」，「科學」相應地限於「原因的探究」，如此可在「自然哲學」和「科學」之間做出區分。然而，儘管現代科學自覺要放棄形上學的部分，他們的工作還是無法避開形上學的問題，很多科學家不滿足於探討自然事物的原因，總是跨足進入「自然哲學」的領域中。直到今天，自然哲學和科學依舊難分難解。

　　Nature 這個英文字來自拉丁文 natura，在中世紀基督教神學背景下，它被理解為「受造物」，當時人們普遍相信萬事萬物為上帝所造 —— 自然物就是受造物，natural philosophy 就是研究 natura 的科學。就此而言，中世紀的科學和哲學並沒有區分開來。近代科學誕生於中世紀科學的土壤中，自然哲學和科學難以區分的狀態也被延續下來，一直到 19 世紀初，自然科學家仍稱自己為「自然哲學家」，稱他們研究的學問和生產的知識為「自然哲學」。

　　追根溯源，自然哲學的詞義源頭是亞里斯多德（Aristotle, 384-322 BC）著作《物性學》（*Physica*）一書。物性學字根來自 *physis*，在希臘文中即「自然」的意思，所以 *physica* 其實稱作「自然學」更理想。亞氏的物性學或自然學，就是在研究自然事物的變化和變化之因，他的形上學（後物性學或物性根源學）探討更基礎的「根源」，並為物性學提供理論基礎（更多細節參看本書第六問）。

　　我們今天用「科學」來翻譯 science 這個英文字，它源自拉丁文的 *scientia*，廣義的「知識」之義。而 *scientia* 這個字乃是希臘字 *episteme* 的拉丁文翻譯，也就是知識的意思——*episteme* 是哲學的知識論或認識論 epistemology 一詞的字根。

　　對亞里斯多德來說，[7]episteme 意指「思辨的知識」或「理論的知識」，「思辨的」的希臘文是 *theoretikos*，來自 *theoria* 這個名詞。希臘文的「思辨」和「理論」是同一個字，並沒有後來科學家對「思辨只是毫無根據的玄想」這樣的看法。[8]理論思辨知識的目的在於掌握（自然）事物的原因，由三段論來表達，例如「人是理性的動物，蘇格拉底是人；蘇格拉底有理性」，亦即從大前提和小前提推導出結論，這個推導使用理論理性——也就是遵守三段論的邏輯規則：如果大小前提都真，則結論必然真。但是，要如何保證大、小前提都為真？

　　小前提表達一個事實，來自經驗；大前提則表達了人的本性，卻是不能由經驗、也不能由「理論理性」推導出來的，那麼該如何保證大前提是真？亞里斯多德認為人類的「智性直觀」（希臘文 *nous*，即 intellectual intuition）可掌握並保證大前提——關於本性的

信念——的真。[9] 因為「事物的本性」是導致萬事萬物變化的根源，而「人是理性的動物」這個大前提表達了關於人類的第一根源；所以，「事物本性的知識」也稱「第一根源的知識」，[10] 有些哲學家或科學史家稱「統觀的知識」。

在亞氏的知識分類中，形上學的知識和物性學的知識有所區分。但「理論知識」和「第一根源的知識」合起來稱作「智慧」（*sophia*），也就是「哲學」。[11] 換言之，希臘含義的「智慧」是一種根本掌握（自然）世界和種種事物的知識，並不是像中文的「智慧」一般，意指對人事間的圓熟處理。[12] 亞里斯多德舉出有智慧的人，也是以蘇格拉底之前的自然哲學家如泰利斯（Thales）和亞拿撒哥拉斯（Anaxagoras）為模範。所以，在亞氏的知識體系中，哲學包括了屬於物性學的「理論知識」和屬於後物性學的「統觀知識」（comprehensive knowledge），如果理論知識是「科學」的話，那麼「科學」乃是「哲學」的一部分。

中世紀時，拉丁文以 *scientia* 來翻譯 *episteme*，而 *scientia* 又是 *science* 的字源。因此亞氏意義下的 *episteme* 也就變成「科學知識」（*scientia*）。可是，中世紀是基督教會統治的時期，探討「神」或「上帝」與《聖經》的意義變成最重要的求知活動，然而，《聖經》的內容不足以回答學者們感興趣的許多問題，中世紀的哲學家發現，亞里斯多德那無所不包的哲學大體系幾乎回答了經驗中的一切。所以，一方面他們大致採納亞氏對於「哲學／知識／科學」的分類架構，另方面則把「神學」（theology）納入「理論知識」的範圍內。對他們來說，亞氏原先所講的指向「第一根源」、「本性」的「知

性直觀」，現在是指向「上帝」，因為「上帝」正是一切事物的「終極源頭」。因應這樣的變動，他們也對知識／科學的分類架構有所微調。

二、知識／學科分類的演變

　　以下列出亞里斯多德和幾個中世紀代表性哲學家的學科分類架構，一方面可以讓我們看到中世紀哲學家對於 philosophy 和 science／knowledge 隸屬關係的調整，另方面也可以顯現出知識／科學分類的演變。[13]

　　第一，亞里斯多德的學科架構：

　　在這個架構中，哲學是最廣的「知識」或「智慧」範疇，可分成「理論知識」和「實踐智慧」。第一哲學（形上學）、物性學和數學屬於「理論知識」，數學之下又有算術、幾何與天文學。「實踐智慧」則包含政治學、經濟學與倫理學。

　　第二，中世紀早期玻伊修斯（Anicius Boethius, ca. 475-524）的知
識架構：

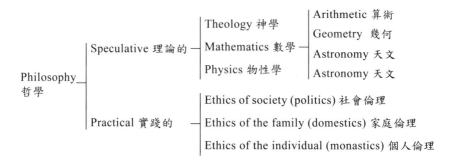

　　這裡只是對亞氏架構的微調，主要變動有二：音樂被納入數學
中；倫理學的概念被擴張成等於「實踐智慧」。
　　第三，12 世紀聖維克多的修（Hugh of St. Victor, 1096-1141）的
學科架構：

　　從圖中可看到聖維克多的修在玻伊修斯的「思辨」與「實踐」二範疇架構上，增添了兩個新範疇——機械的和邏輯的。「邏輯的」是思想與推論的方法論規則之知識；「機械的」指涉工匠製作機器的技能知識，這象徵了自 11、12 世紀起，西方工匠改造自然的能力和知識，已成為一個學習的大宗。

　　第四，13 世紀中葉奇瓦德比（Robert Kilwardby, 1215-1279）的學科架構：

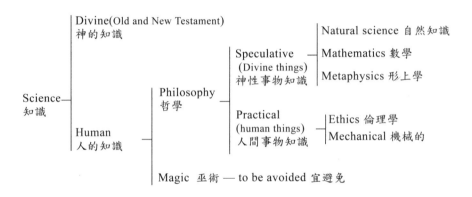

　　相對於之前的學科架構，13 世紀有了大幅度的變動，特別是涉及範疇層次的調整。第一個最鮮明的調整是 science（知識）這個字被當成最普遍的範疇，philosophy 現在變成 science 的次類、與關於「神」的知識——「神學」並列。第二，來自舊約和新約聖經的神學知識被提升為獨立範疇，而且不再隸屬於「思辨」範疇，一方面代表 13 世紀的學者認為《聖經》知識是必然真理，不只是思辨或理論的，另方面也象徵 13 世紀教會的主宰地位。「自然、數學、形上

學」這些知識現在屬於「神性事物的知識」，因為它們都是被神（上帝）所創造。「人間事物的知識」包括「倫理學」和「機械」，即傳統上的「實踐的知識」。「機械的」技能知識被納入「實踐的」範疇中，代表「實踐範疇」的擴大。最後，由於空間之故，這個架構中沒有顯示倫理學的子類（社會、家族和個人）。該架構也是一個人類活動的知識分類架構，因為它把「巫術」納入，雖然強調應該要避免學習巫術知識。

三、轉變到近代科學

　　源於 16 世紀的哥白尼革命（Copernican Revolution）在下個世紀如火如荼展開，哥白尼（Nicholas Copernicus, 1473-1543）的太陽中心體系取代了以亞里斯多德自然哲學／物性學為基礎的托勒密天文學（地球中心體系），亞氏在自然哲學／物性學的權威性也開始被動搖。科學革命家伽利略（Galileo Galilei，1564-1642）和笛卡兒（René Descartes,1596-1650）把「數學與幾何」引入自然物的研究中，這種應用「數學」到「自然哲學」領域的新物理學，形成了近代意義的**科學**，但是當年的科學家是以「自然哲學」稱之，這種「數學化的自然哲學」在牛頓手上達到頂峰，成為我們今天理解的科學形像。

　　17 世紀也興起「機械主義的觀點」，取代了主導自然哲學的亞里斯多德形質論和四因說。所謂四因說主張一切事物的變化都由於四種類型的「原因」：質料因、形式因、目的因、動力因。[14] 例如，青銅塑像的質料因是青銅，塑像的形狀則是它的形式因，目的因則是雕塑家心中製作青銅塑像的目的，動力因則是雕塑家的製作——

亦即雕塑家以青銅為材料，按著某種形狀（形式），並為了某個目的，最後動手製作出青銅塑像來。亞氏認為所有事物都可用這四因說來說明，只不過青銅塑像是人造物，自然事物則是非人造的，那麼自然事物的目的因和動力因又是什麼呢？至少，在亞氏看來，自然事物顯然是質料和形式的結合，這便是「形質論」。亞氏進一步主張，任何事物的形式就是它的本性。因此，表達科學知識的三段論，其目標就在於證明：在一個已知形式或本質的定義下，該形式的事物有什性質，以及為什麼會有這些性質。上述均牽涉到亞氏的形上學，會在第六問中討論。

　　取代形質論的機械論也可追溯到古代，被認為源自古希臘的原子論者，因為這個理論主張，自然事物的生成變化和種種性質，乃因為構成這些事物的極微粒子彼此間的相互碰撞所致。「碰撞」和「接觸」後才能「運動」，這就是「機械的」。在此機械論的說明下，四因說只剩下動力因被承認。我們也可以說，以機械論來代替形質論，正是以動力因來取代形式因和目的因在自然哲學中的核心地位。

　　雖然基於亞氏理論的中世紀「物性學／理論知識／科學」的內容細節被新科學拒絕了，「科學」的一般特性如系統性的、有組織的、以自然為研究對象，還有「科學」的目標是為了獲得「原因」的知識則被保留下來。然而，新科學對「原因」的概念已大不相同。又因為「物性學、數學、神學」都是「理論知識」、也都是「科學」、即 scientia，為了與這樣的傳統理論區隔，17 世紀的新思想家傾向於避免使用 scientia 這個字，而改說「自然哲學」，這一點在經驗論者當中比理性論者更為顯著，他們也使用「實驗哲學」（experimental philosophy）一詞 —— 這其實是現代所謂的「實驗科學」。

然而，歷史是不斷變動的。19 世紀時，一些哲學家（特別是德國觀念論）用「純思辨」的方式寫了一些「自然哲學」理論，相信它們是自然的真理。這種做法讓透過觀察與實驗的經驗科學家感到不滿，當時中世紀的「科學」觀念已不再有任何影響力，科學家們重拾 science 這個字來代表他們的工作以及他們所生產的知識，並且開始把自己與「哲學」區分開來。於是，science 這個字代替了「自然哲學」，成為今天的「自然科學」的代稱。

從上述字源流變的追溯可以看到，從古希臘到 19 世紀上半葉，自然哲學與科學／知識互相包含、交織糾結，很難截然區分。即使自然哲學／自然學／物性學和「精確科學」在各種學科分類中都被歸為不同次類，但在亞里斯多德和中世紀學者的架構下，兩者都是「理論知識」，都是「科學」。更何況，不管是托勒密的天文學或哥白尼的天文學，都無法和探討自然物的自然哲學截然區隔，所以一部從古代到近代的科學史，必然會涉及自然哲學；反之亦然 —— 這是為什麼本書的副書名訂為「西方自然哲學與科學史，從古代到文藝復興」。

科學是什麼？定義的嘗試

一、從 Science 的字源分析到「科學」的定義

science 這個字的拉丁字源 *scientia* 泛指「學習」、「求知」、「知

識」（其動詞是 *scire*，即英文的 to learn 或 to know）。中世紀的神學家也把神學歸為一種 *scientia*，不僅因為神學是中世紀主要的學習目標，也因為神學具有理論性。在德文中，「科學」的同義字是 Wissenschaft，包含一切系統性的知識，所以歷史、文獻學（philology）、哲學都屬於 Wissenschaft 的一環。[15] 日爾曼文化中有「精神科學」（Geisteswissenschaft）的傳統，相當於英文的人文學或人文科學（the humanities or human science），包括歷史、文學、語言修辭學、藝術等等。今天英文的 science 已經失去了拉丁文的原始含意，也沒有 Wissenschaft 來得寬泛，一般專指對自然的系統知識。如果要用英文表達自然科學以外的其他系統知識，如社會科學和人文科學時，通常會再加上一個形容詞而作 social science 和 human science。在這樣的脈絡下，英文也用 natural science 來和 social science 與 human science 做出區隔與對比。然而，我們必須注意，在沒有刻意強調的情況下，單獨出現的 science 通常意指「自然科學」，所謂的 the history of science 通常指自然科學史。

尋求字源和字義的分析，並不能讓我們完全掌握「科學是什麼」。因為，即使我們已經知道了 science 特別限制在自然科學的範圍內，然而「自然科學又是什麼」的問題立刻隨之而起。詢問「科學是什麼」，似乎指向對「科學」這個概念的理解，即對「科學」下一個定義，或者尋求一個「科學性」的判準——這是科學哲學的重要課題。使用傳統術語來說，即尋求一個區分科學和非科學或偽科學的劃界標準（demarcation criterion）。有一些相關背景的讀者會很容易聯想到邏輯實證論（logical positivism）的「可證實性」

（verifiability），以及科學哲學家波柏（Karl Popper, 1902-1994）的「可否證性」（falsifiability）。可是，不管是可證實性或可否證性，都很難涵蓋科學歷史上的很多理論與知識，因而兩者同樣受到 1960 年代歷史取向的科學哲學家如孔恩（Thomas Kuhn, 1922-1996）、拉卡托斯（Imre Lakatos, 1922-1974）、費耶阿本（Paul Feyerabend, 1924-1994）、勞丹（Larry Laudan, 1941- ）的批評。[16] 可是，敏銳的讀者也會產生一個問題：什麼樣的理論和知識該被寫入科學史內？不是要先預設一個「科學性」的判準嗎？否則，科學史家如何從史料的大海中找出那些屬於科學的信念，然後寫成一部科學史？何況，就算「可證實性」和「可否證性」不足以作為「科學」的劃界標準，難道歷史性的科學哲學和科學史不該找出一個來嗎？否則，又如何能以科學史的內容來證明「可證實性」和「可否證性」無法滿足科學史的要求？

確實有科學史家列出「科學」的許多定義，例如林伯格（David Lindberg）整理了八個常見的科學史家對「科學」的定義，但他們並沒有解決「科學性」究竟該如何定義的問題。儘管如此，科學史家列出的「科學」定義仍然值得討論：[17]

定義一：科學是人們控制自然環境的行為模式。科學是結合工藝與技術的傳統。從這個定義來看，科學包含了應付自然的技術，當史前人類學會如何冶煉金屬與農耕時，他們就對科學的成長做出了貢獻。

定義二：科學是理論知識體系（body of theoretical knowledge）。

這個定義排除了技術，因為技術是知識體系在實際問題上的應用，與科學不同。從這種觀點看，設計和建造汽車的技術不同於理論力學、空氣動力學，以及其他指導設計與建造的學科。只有產生純粹理論的學科才算是科學。

定義三：科學是一種具有獨特敘述形式（form of statements）的理論體系 —— 通常以數學表達的，具普遍性（universal）與定律性的（law-like）敘述才算是科學。所以，在各種理論性的知識體系之間，只有具定律性且能以數學處理的普遍知識才是科學。據此，並非所有的理論知識體系都是科學。

定義四：科學是探測自然奧秘的經驗或實驗的程序。理論知識都必須由此程序來產生，是此方法程序的結果。以敘述形式來定義科學未免過於狹隘，應該改從方法學（methodology）來定義科學。科學被聯結到一組特別的程序，通常是經驗的、實驗的（或實證的）。這組程序是為了探測自然的秘密，並驗證與否證關於自然行為的理論。總而言之，一項主張是科學的，若且唯若，它有著經驗與實驗的基礎。

定義五：科學是一種可改變、非獨斷並以證據為基礎的一組信念。這是一個知識論式的定義。因為哲學知識論慣於從「信念」來定義知識。它和第四個定義的不同之處在於前者強調「程序」，後者強調程序的產物 —— 信念。[18]

定義六：科學是在歷史中發展出來的一組關於自然的特別信念，例如傳統與現代所教的種種關於物理、化學和生物的知識。在很多脈絡中，人們不是以方法學或知識論態度來定義科學，反而是以其

內容。科學從過去的歷史產生，在歷史中發展，乃是人們研究自然之後所形成的複雜學問體系——或多或少包括了當前物理學、化學、生物學、地質學的教學。在這個定義下，煉金術、占星學和特異心理學（parapsychology）是非科學的，因為它們並不被學術體制所教授。

定義七：以信念或程序的一組特性來定義科學：任何嚴格、精確以及客觀的程序或信念，都可以算是科學。

定義八：「科學」或「科學的」一詞，也常被用來稱讚——我們想鼓掌叫好的任何東西，就稱為科學的。

除了上述的定義之外，有一種常見並流行在大眾心中的定義，是從人類的認知心態著手：

定義九：「科學」是一種具有懷疑精神的心態，對證據尚未齊全的事物不妄下斷語，也不輕易排斥。因此，科學是一種「科學態度」，獨斷的態度是不科學的。[19]

嚴格說來，定義七、八、九並不是對「科學」的嚴謹定義，而只是針對「科學的」所衍生出的用法。第一個定義把「科學」和「技術」混為一談，並非一個好定義，畢竟很多原始民族都有獨特的生存技術與知識，但並不代表他們有「科學」。定義二、三、四、五通常互相關聯，邏輯經驗論和否證論所發展的科學定義往往整合了這幾個面向，只是強調重點各自不同，但這些定義偏重現代科學的特性，每一個單獨來看都有其偏頗之處，將許多標準科學排除在外。例如，並非所有科學都是以「定律性」的命題來表達；而「實驗科學」

是近代的產物，無法涵蓋古希臘科學。即使將它們整合起來，仍然是一個基於現代科學特性的定義，無法包納很多歷史上的「科學」。

第六個定義其實是訴諸社會（或學術）體制來定義科學，但不能只以現代社會體制為依據，因為社會體制是變動的。如上一節所論，社會接受的科學學科分類也是變動的。今日的社會學術體制排除占星學和煉金術，甚至也排除了亞里斯多德的自然哲學、笛卡兒的機械論以及很多失敗的理論，但是占星學在希臘羅馬的社會體制中並沒有被排除，而是與天文學結合（見後面章節）。煉金術在中世紀、文藝復興、甚至早期近代也是被教授的一門學科，是化學的前身。重點是：一個時代的社會體制為什麼會接受一套信念為知識，而拒絕另一套信念為知識？那個接受和拒絕的判準又是什麼？換言之，第六個定義也沒能解決我們所面對的問題。

二、「科學性」的判準

要回答「在人類漫長的歷史中，哪些信念與活動可被歸屬於科學」的問題，我認為最好的方法是去尋求科學的源頭，並考察這個源頭的核心特性 —— 它們可被視為「科學性」的良好判準。雖然科學的核心特性也會隨著時代變遷而變動，但是我們仍然可以追溯歷史，調查科學的核心特性如何變動，並把這個歷程明白地顯示出來，為一套信念和活動為什麼在某一時代可被視為科學（但在另一個時代不再被視為科學）找到合理的依據。

本書認定科學的源頭是古希臘先蘇時期的自然哲學 —— 它們是現代科學的雛型，它們是人類歷史首度擺脫以宗教（religion）、神

話（myth）與巫術（magic）的眼光來看待自然物。大自然不再是「超自然」神靈寓居的場所，其變化也不是神力或神秘力量造成的，而是根據其「天性」而存在與變化的東西——自然物的存在構造與變化的歷程是可認知、可理解與可說明的。以下提出本書的五個判準，並針對它們作為判準的適當性略作說明：

　　判準一：任何科學的概念、信念或活動，都必須針對研究的對象建立一套「合理的自然因果假設」（rational hypothesis of natural causation），它被用來掌握自然秩序（natural order），並使得被研究的對象可認知、可理解與可說明。這判準是基於希臘自然哲學相較於巫術、神話和宗教的獨特性而來，因後者針對「自然現象」會使用神力或神秘力量等「超自然與超因果」來理解（歷史起源細節看第五問）。

　　判準二：一個整體的概念或信念系統有一部分被接受為科學，則與此部分相關而不可分的其他部分也該被視科學——這是一套信念或概念的內在系統性（internal systematicity of concepts and beliefs）與整體性的判準。例如托勒密的天文學被視為標準的科學（數學或精確科學），而托勒密的占星學與其天文學密切相關，則托勒密的占星學也該被視為科學。牛頓的天體動力學和光學理論更是現代科學的典範，但牛頓也熱衷於研究煉金術和神學，並留下大量的手稿，那麼牛頓的煉金術和神學也是科學嗎？不見得。因為牛頓的煉金術和神學與他的天體動力學和光學，未必構成一個相關不可分的整體概念或信念系統。[20]

判準三：被接受為標準科學的一套信念當成競爭對象的另一套信念也該被視為科學 —— 稱為「競爭的互相確認」（mutual recognition of competition），這是一套信念或概念系統的外在定位。例如亞里斯多德的物性學是伽利略力學的競爭對象、笛卡兒的機械論是牛頓力學的競爭對象、燃燒的燃素理論對抗氧化理論、煉金術的元素論對抗化學原子元素論、熱物質理論對抗熱動力論……等等，後者都是今日被接受為正確說明的理論，因此當然是不折不扣的科學。根據此判準，它們的對手也都應該被接受為科學。

判準四：科學在認知上的「原型性」（prototypicity）。以伽利略、笛卡兒、牛頓等人建立的近代物理，如力學、光學、電磁學等等為「科學」原型（prototype）[21] 有三個理由：第一，近代物理提供了我們今天稱作「科學」的基本含義，是我們討論「科學」的最基本參考依據；第二，我們對它們的科學性不會有任何懷疑；第三，近代物理具有知識權威的地位。至於作為原型科學的近代物理則有下列幾個核心特徵，可讓我們用來比較其相似程度：使用量化與數學方法、使用實驗方法（具一定的實驗程序，而且實驗可以複製）、強調經驗證據（檢驗）、重視預測能力（要能精確預測）、合理的自然因果假設、可否證的（因此也是可除錯的）、具排除虛構的能力（尋求排除虛構）等等。這些特徵不是一組「充分必要條件」，而是「近代物理」作為「原型科學」的核心特徵。一個學科具備這些特徵越多，其「科學性」的程度就越高。

判準五：與科學原型的「相似性程度」（degree of similarity）。以近代物理為參考標準，我們可以在歷史中縱向往前追溯近代物理

與近代科學的歷史軌跡，看其根源何來；也可以往下查看近代科學如何被傳承下來，變成今日的科學，又如何被擴張到其他領域，把原本非屬科學探討的區塊納入科學的領地內；也可以橫向地從西歐近代物理往其他民族或文化外推，看到阿拉伯科學對於西歐科學的影響，或者進一步延伸以形成「中國科學」的觀念。[22] 但是，在這些上溯、下溯、擴張、外推之中，各種不同時代、地理區域、文化的學科和知識，與作為原型科學的近代物理有著相似性程度的差異，有的差異極小，有的差異較大。如果我們把「與原型科學的相似性程度」看成是「科學性的程度」，就會形成一個學科的科學性程度大，另一個學科的科學性程度較小的觀念。

這五個判準都是歷史性的，有的判準不會因年代改變而變動，例如判準四，因為它是近代「科學」觀念的源頭。有的則在不同的年代有著不同的內涵，但是內涵的變動也有其歷史軌跡可循，不會突兀地轉變。首先，合理的自然因果假設是歷史性的，亦即「合理的自然因果」會隨著時代背景知識的變動而改變，原來合理的可能會變得不合理，或者原來不合理的變得合理，因為支持一個假設的理由品質，會隨著更多理由的出現而變動。例如占星學在希臘羅馬時代具有合理的自然因果假設，但在科學革命之後其因果假設變得不合理（參看第七問）。[23]

希臘羅馬的占星學有其合理性，是因為：第一，在希臘時代，太陽被歸為七大行星之一，人們相信太陽與其他月亮、火星等一樣繞地球轉動。第二，太陽在黃道上的位置決定了季節和年曆 —— 一

年的長度是由春分點到下一次春分點來定義的。太陽走過黃道一週，季節也經歷了春夏秋冬的循環，巴比倫人很自然地推測是太陽的位置決定了季節變化，而季節影響農耕，如果不能準確預測太陽在黃道上的位置，就無法事先預知哪個季節將來臨。農耕的收穫與否，對國家、社會甚至個人的影響太大了──這就是農業時代人們的「命運」。因此，在巴比倫與希臘時代，占星學與命運之間可以說有個合理的自然因果鏈：行星位置－季節與年曆－農耕－社會的命運－個人的命運。

今日，我們已經不是生活在巴比倫和古希臘時代的社會環境中，農耕固然仍會受到季節的影響，但已不像古代那麼深遠；更重要的是，社會和個人的命運已不再被農耕的收穫所支配。有太多太多農耕以外的其他因素在影響社會和個人的命運，過去占星學假設的星體位置與社會和個人命運間的合理自然因果鏈已被破壞了。如果今天一個人仍然相信占星學的「虛擬位置」會對個人命運有影響的話，大概只能訴諸「超自然因果」，這種因果當然不再能被視為是科學的。

必須一提的是，這些判準不是先驗的，而是經驗歸納的──是筆者歸納大量的科學史著之後所提出的一個「科學性」的判準，被用來在歷史上找出屬於「科學」的理論和觀念，讓我們據以編纂出一部科學史。問題是：我們該如何寫科學史？這是下一章的問題。

本書各章內容

　　本書扣掉序與跋，一共分成十章，表達十個大問題，故以「問」取代「章」。第一問〈對史前人類，大自然是什麼？〉是本書序曲，是西方自然哲學與科學旅程的大背景。在科學發展的漫長歷史中，一直有很多非科學的活動同時在進行中，例如技術、藝術、巫術與神話等，它們有時與科學問一樣的問題，但卻提出不一樣的答案，得到答案的方法也不同。那些非科學的活動不僅與科學互動，有時還會糾結難分。即使如此，區分這些活動的基本差異對科學史寫作來說是必要的。換言之，第一章的內容並不屬於「自然哲學與科學」的一部分，而是在討論人類認知能力的起源。史前人類也會問「大自然是什麼？」、「自然有什麼東西？」等問題，並提出他們的答案。他們的答案雖然是非科學的，卻與科學的興起有關。如何從他們的答案中發展出科學？則有賴於人類的認知能力與認知目標的純化。

　　第二問，即本章，討論本書主題「自然哲學與科學是什麼？」。第三問〈如何寫自然哲學與科學史？〉，討論編寫自然哲學與科學史的方法，提出本書編寫歷史所依賴的「問題發展框架」；也就是說，探討特定時代的科學問題以及科學家如何提出那些問題的解答，不同的解答如何引發新的問題，引導後來的科學家探索新的答案等等，如此問題和解答形成一個發展的歷程。

　　第四問〈天體規律是怎麼產生的？〉開始討論古代科學的萌芽──規律的天文現象是朝向科學的第一步，但是天文現象的規律性不是一開始就明明白白顯現在哪裡，而是逐步被建立起來的。有

了規律的天文現象作為發問的對象，天文學才得以誕生。第五問〈萬物根源和宇宙結構長什麼樣？〉，討論希臘早期的自然哲學與宇宙論，從先蘇時期的泰利斯到柏拉圖為止。希臘自然哲學家建立了科學問題與回答它們的原始型態 —— 追求合理自然因果且排除訴諸超自然力和存在的答案 —— 也就是上文所講的認知目標的「純化」。第六問〈萬物都有其目的？〉討論亞里斯多德的自然哲學體系，因為亞里斯多德無疑是希臘時代最偉大的自然哲學家，他的科學理論支配西方世界直到 17 世紀。第七問〈如何用幾何說明天象和宇宙？〉討論希臘數學天文學與宇宙論的發展，主要是托勒密的宇宙論，包含他的天文學、地理學與星理學。

　　第八問〈如何調和理性與信仰？〉探討中世紀的自然哲學與科學。中世紀有科學嗎？或許有人會有這種疑問。但是毋庸置疑，中世紀當然有科學，雖然中世紀的科學／自然哲學家也同時是神學家，他們得在基督信仰和亞里斯多德的權威下工作，但是中世紀的動力學不只是現代力學的前身，也實質影響了誕生於文藝復興時期的天文學革命。第九問〈徵象能揭露自然嗎？〉討論文藝復興時期的一種獨特的自然哲學，被史家稱作「化合哲學」。它與煉金術有關，是近代化學的根源。第十問〈宇宙的中心在哪裡？〉再度回到天文學與宇宙論，探討文藝復興的新宇宙論與新天文學，從庫薩的尼可拉的思辨宇宙論、經哥白尼的幾何天文學，到 1600 年被送上火刑台的布魯諾為止 —— 這是 17 世紀後大科學革命的前導。

【第三問】

如何寫自然哲學與科學史？
科學編史方法學的問題

　　該怎麼寫科學史？這是科學史寫作者會問的問題，涉及編寫科學史的方法。相關的討論通常稱作「科學編史方法學」（historiography of science）。

　　歷史上有許許多多的不同型態的科學史著，各自預設了不同的科學觀與史觀，以及不同的編寫方法。究竟哪一種編寫科學史的方法比較好？這本身也構成一個值得討論的問題。[1]本章第三節將提出本書所依據的編史學架構，本章第一節討論科學史界長久以來存在的一個二分法；第二節則考察現有的科學史著類型。

　　本章是一篇長長的論文，著力於辯護本書採用的編史取向，即問題與回答的知識歷史。換言之，本章是一篇方法論的議論文。對於這些方法學與爭辯沒有太大興趣的讀者可以跳過本章，直接閱讀第四問。但若想瞭解本書為什麼是這樣的面貌、與其他既有的科學史著之間的差別，且又與當前流行的科學史書籍有何不同的話，應該要仔細閱讀本章。

如何寫科學史？內在史和外在史的二分法與其不滿

　　本書目的在於呈現從古希臘到文藝復興的西方自然哲學與科學，對準「天地」與「物質」這兩個主題的探究歷史。我們討論的對象是自然哲學與科學的知識和信念，以及產生那些知識與信念的方法和評價標準的演變。根據科學史傳統的說法，這是一種「內在史」（internal history），而科學史另有「外在史」（external history）研究，兩種傳統都在科學史研究中占有一定地位。為什麼科學史會有內在史和外在史的區分？

在科學的整體發展歷程中，一方面，科學家思考研究，提出了種種概念、方法與實驗，後世的科學家則會對前人的工作有繼承、有發展、有批判、有革命，這些是科學發展歷史的常態。另方面，科學也是文明的一環，科學家總是置身在一個社會中從事他的行業，他的工作無可避免會受到整個社會大環境的影響——或者提出前瞻性的理論而不得諒解，或者回應社會的迫切需求而進行研究，或者因為社會技術的進展而有了突破性的科學理論產生。有些人關心科學知識的概念、方法、實驗及知識的演變；有些人則關心科學外部的社會大環境，如此有了不同偏重的分歧。正因為著重面向的差異，科學史的研究傳統就產生了「內在史」和「外在史」的區別。

傳統所謂的「內在史」偏重第一個面向，強調科學本身的觀念、理論及方法之發展，有自己的內在理路，因此科學史的研究應該去呈現這些科學思想、理論、方法及實驗的演變發展。雖然科學是一種社會活動，但思想與觀念的發展基本上是獨立的，它們之所以會產生演變，乃因為科學家為了更好、更恰當、更真實地說明自然所致。所謂「外在史」則強調科學的社會面向，強調科學會受到其他社會力量的影響，如政治、經濟、文化、思想潮流、體制等等，都深深影響了科學的走向。尤其是自 19 世紀以來，科學已形成一種社會體制（大學或商業公司出資支持的民間研究室及國家科研機構等等），這種體制內的從業者（科學家）早已結合成一股彼此利益攸關的團體，和其他社會團體可能產生衝突。[2] 因此不可能離開社會來

瞭解科學的發展歷史。這兩種科學史的研究傾向也反映了不同的科學定義。「內在史」傾向將科學視為與技術有別，科學就是知識；「外在史」則偏向把技術包括在科學之中，相信技術的發展和演變，以及環繞著科學研究活動的社會機制都屬於科學史的一環。一般認為內在史派的代表人物是夸黑（Alexander Koyré, 1892-1964），其重要著作有《伽利略研究》、《牛頓研究》、《從封閉世界到無限宇宙》等；[3] 而外在史派的則有默頓（Robert K. Merton, 1910-2003），其代表作為《17 世紀英格蘭的科學、技術與社會》。[4]

1970 年代起，英國一群科學社會學者倡議「科學知識的社會學」（sociology of scientific knowledge, SSK），主張一種「強社會建構論」（strong programme of social constructivism）立場，認為科學理論與那些科學對象，都是在科學的社會性活動過程中建構起來的，因此科學觀念和理論的演變發展，是由其社會過程決定的。[5] 正因如此，他們相信要研究科學觀念與理論的演變，不能不考察那些觀念與理論誕生的社會文化背景，以及它們所經歷的歷史過程。在這層意義上，這種「強社會建構論」取向自認為超越了傳統的「內在史和外在史」分界，因為 SSK 展示科學社群（可視為「內在社會」）與社群所處的宗教、政治及經濟背景（可說是「外在社會」），如何決定科學知識的內容，就是跨越或貫穿「內、外在」的分界線，達到一種「內、外在」不分，或是「內、外在」融為一體的狀態。

科學史家謝平（Steven Shapin）與夏佛（Simon Schaffer）合著的《利維坦和空氣泵浦：霍布斯、波以爾與實驗生活》被視為 SSK 科學史的典範著作，[6] 分析了 17 世紀英國的波以耳（Robert Boyle,

1627-1691）與霍布斯（Thomas Hobbes, 1588-1679）的科學爭論：波以爾使用空氣泵浦這儀器的系列實驗是否證明了「真空存在」？波以爾在這場爭辯中建立了一個實驗方法論與一種實驗生活形式，霍布斯則基於自己的一套幾何演繹的哲學方案與生活方式，反對「實驗」是有效的知識方法。波以爾因此多方結盟與霍布斯展開競爭，最後由波以爾勝出，他的實驗方法與生活形式日後也成為科學的標準方法，霍布斯則被科學史給遺忘，只被當成是一位政治哲學家；更有甚者，波以爾與霍布斯的爭論，後來演變成英國宗教黨派與政治黨派競爭的一部分。謝平與夏佛著力證明「*科學史盤據的領地與政治史相同*」，而且「*科學從業者創造、選擇並維護一個政體，他們在其內部運作並生產知識產品*」。[7] 有些學者更認為這種科學史觀念與寫作，早在孔恩科學史名著《哥白尼革命》中就已實現。[8] 這種取向顯示了傳統的「內在史」和「外在史」分界是可以被跨越的，而且這個跨越兩者的新取向可取代之前的二種傳統取向。但是，這種說法並沒有看到《哥白尼革命》和《利維坦與空氣泵浦》之間龐大的差異；也因此沒看到這個差異本身蘊涵了另一種「內、外史」的區分。

　　孔恩的《哥白尼革命》從古希臘的兩球宇宙談起，一路從托勒密的天文學，談到哥白尼、第谷、克普勒、伽利略等等，其焦點在於探討托勒密的天文學如何因為發展遇到障礙而衰落，而哥白尼的天文學又如何因托勒密的衰落而興起。而且在哥白尼之後，第谷、克普勒與伽利略又如何持續發展哥白尼的系統。孔恩充分地顯示哥白尼為什麼不滿托勒密的系統，更回溯到托勒密之前，找到亞里斯

塔可士（Aristarchus, 310-230 BC），從而發展出一個太陽中心說。之後，第谷如何調和托勒密與哥白尼的優缺點，克普勒與伽利略又如何發展哥白尼的系統等等。至於謝平和夏佛的《利維坦和空氣泵浦》，雖然有詳細分析波以爾空氣泵浦的實驗工具與細節，談波以爾如何建構他的實驗方法，但是這本書想表達的是：波以爾是因為他的政治與宗教立場，才建立起他的實驗方法與實驗生活形式。他們對波以爾的實驗要處理的真空問題之歷史源流毫無興趣，也未討論過去歷史上與真空相關的空間問題之各種觀點，沒有談波以爾的微粒子哲學，更不必說微粒子哲學與古希臘原子論的關係等等。以實驗方法來說，這本書也完全沒有談法蘭西斯・培根（Francis Bacon, 1561-1626）的實驗觀念，更不用說中世紀一些實驗方法的先驅者們。[9] 讀《哥白尼革命》可讓我們掌握托勒密天文學與哥白尼天文學的整體理論與發展全貌，但讀《利維坦和空氣泵浦》卻無法讓我們得到一個波以爾科學與霍布斯思想的全貌，更不必說「真空爭議」這個在西方科學史源遠流長的問題。可以這樣說，《利維坦和空氣泵浦》根本沒有一個貫穿長期歷史的縱向「知識的發展演變史」，只有一個橫向、共時的「知識的社會史」。

　　孔恩的《哥白尼革命》與《科學革命的結構》所發展的科學變遷理論，才是延續夸黑路線的「內在史」典範，因為兩者都是把焦點放在知識本身的發展與變動的歷史上，這種編史學理論並不拒絕這些知識的發展與變動會受到外在社會或文化的影響，但強調知識的發展和變動，主要是源自之前的知識發展遭到了問題、障礙或新情境（異例或社會條件變動），才有了新的發展。因此之故，知識

本身的「認知歷程」，才是探討、分析與寫作的主體。換言之，「內在史」不能只涉及知識內容，還要涉及知識內容的歷史發展與演變。反觀 SSK 式的科學史堅持科學知識的內容與變動的原因必是社會的，邏輯上必須把焦點放在那些「社會因素」與「社會條件」上，並努力聯結那些社會因素與知識內容，「社會因素與社會條件」變成探討、分析與寫作的主體。正因為這種知識的社會史把知識內容看成只是社會變遷的副產品，知識本身沒有獨立性和因果性，也就談不上知識發展與變動史，所以當然無法涉及「內在史」。[10]

　　SSK 在強社會建構論立場下的科學史如《利維坦和空氣泵浦》，仍然只是另一種類型的外在史而已，它們與伯納（John D. Bernal, 1901-1971）在 1954 年初版《歷史上的科學》並沒有很大的不同。該書是一本西方科學通史，使用馬克思主義的理論架構來書寫。伯納對「科學」的鮮明立場在第一章「導論」各節就表達得很清楚，[11] 第二部分「古代世界的科學」從石器時代、農業時代（包括古美索不達米亞、古埃及）、到鐵器時代（包括各古代文明如腓尼基、希伯萊、古希臘等）一路談古代人的各種技術與對自然的觀念。伯納的論述總是先討論當時技術與社會的進展，然後是因應社會需求而導致針對自然的科學研究，例如天文學是為了農業與航海的需求而興起、幾何與數學起於編織及建築、化學是因為用火與燒陶的技術而誕生、生物學基於畜牧的社會需求等等。這些內容其實都預示了後來 SSK 的觀點，微小差別只在於前者有強烈的馬克思主義基調（因此有「進步主義」的色彩），後者則不使用馬克思主義的術語（也拒絕進步主義式的論調）。因此，宣稱 SSK 式的科學史可以跨越內在史和外

在史的分界是一種錯覺——SSK 式的科學史仍然應被歸為外在史，是一種「知識的外在社會史」，而不是「知識的（內在）演變史」。

本書的基本立場是，「科學史」應該以**知識史為優先**，而且「知識的內在演變史」有其相對於外在社會史的獨立性。換言之，我們應該在承認內在與外在會持續互動的前提下，維持「科學內在演變史」與「科學的外在社會史」的區分。本書當然不反對史家可以書寫一個科學的社會史，但反對「社會必定是知識的原因，從而社會史可以跨越內、外在，並決定內在知識的演變」這樣的主張，也反對我們可以用 SSK 式的科學史，來取代「內在演變史」和「外在社會史」這兩種取向。這是因為一個「內在史、外在史」的區分不僅在理論上成立，在實踐上也有所必要。實際上，由於社會史與知識史的偏重點相當不同，而且在有限篇幅與觀點的引導下，書寫社會史時往往會遺漏大量有意義的知識史細節。

科學編史的多元實作

雖然本書拒絕強社會建構論所謂「超越內在史和外在史分界」的宣稱，也支持一種「內在史」與「外在史」的區分，但這並不代表整個科學史只存在「內在史」和「外在史」這兩種編史類型。如果我們檢視自然哲學與科學編史實作（historiographical practices）本身的歷史，就會發現其類型遠比「內、外史」這個二分範疇更為多元多樣。[12] 換言之，內在史和外在史的區分只是一種典型的區分，

是兩個「大類」，其下有許多子類：實證史觀與自然哲學史觀都是內在史；社會建構史與一般的科學社會史都是外在史。

一、實證史觀的科學史

現代意義的科學史著可上溯到 19 世紀末科學家／科學史家／科學哲學家馬赫（Ernst Mach, 1838-1916）在 1883 年首版的《力學的科學：一個批判與歷史的說明》一書，馬赫已鮮明地使用他的「實證主義」立場來寫作力學的歷史，把它看成是經驗實證、進步而累積的，重點在於敘述科學家的貢獻，這也是一種「進步史觀」。他把力學分成「靜力學」（statics）與「動力學」（dynamics），宣稱動力學「整個是現代科學。古代──特別是希臘人的力學思辨，整個與靜力學相關。只有在最不成功的路徑上，他們的思考確實延伸到動力學上」。[13] 在動力學的部分，馬赫從伽利略開始談起，亞里斯多德與中世紀的動力學隱然被馬赫歸為「不成功的路徑」。

馬赫開啟「實證主義編史學」的傳統，一直到 1960 年代有許多大部頭的科學通史或專史出版，例如丹皮爾（Sir William C. Dampier）在 1929 年出版的《科學史，以及與哲學和宗教的關係》，以及烏爾夫（Abraham Wolf）在 1935 年和 1938 年出版的兩冊達一千五百頁的鉅著《16、17、18 世紀科學、技術與哲學史》，都明顯根據「經驗實證」的判準來區分科學與哲學。[14] 不過，他們認為科學與哲學的關係密切，所以他們不只寫「純」科學史，而是寫出一部科學與哲學的關係史，但是之所以交代哲學的主要目的，在於對照科學在經驗實證上的進步。幾本在 1950 年代出版的科學專題史著作，如英

國惠塔克（Sir Edmund Whittaker）的《以太與電性理論的歷史》及義大利阿貝提（Giorgio Abetti）的《天文學史》，也是在相似基調下寫就的。雖然二者都回溯到「以太」、「電性」、「力」、「原子」、「天文學」等觀念的古希臘源頭，篇幅卻不多，只在於呈現這些源頭要不是扮演現代科學的反面對照、就是要對現代科學的觀念有所貢獻，才能被寫入科學史內。也因此，他們筆下的科學呈現出一種累積性的進步。例如惠塔克就說：「現代科學誕生的一個必要條件，是從多瑪斯主義哲學中解放出來。」[15]阿貝提把天文學分成「古代」、「中世紀」與「近代」三個階段，說：「在後兩個階段之間，天文學研究經歷了基本的改革，近代天文學已完成了之前許多世紀以來所想像不到的巨大進步。」[16]

二、自然哲學史觀的科學史

　　美國哲學與科學思想史家伯特（Edwin Arthur Burtt, 1892-1989）在 1925 年出版《現代物理科學的形上學基礎》，該書一反當時蓄勢待發的實證史學潮流，堅持科學與自然哲學（形上學）結合，開啟了一條不同於實證主義的自然哲學科學史的路線。這個取向在法國科學史家夸黑的手中達到巔峰，他在 1939 年出版的《伽利略研究》一書中，開始展現出一種「反輝格史」（anti-whiggish history）的史觀，以及後來被稱作「不偏頗原則」（the principle of impartiality）的編史態度。[17]這種態度主張，歷史學家不能把過去的自然哲學理論看成只是「形上學」而不是「科學」，也不能以當代成功的科學理論來評價過去失敗的理論。這種新態度鮮明地表達在下列對亞里斯

多德理論的評論：「我們完全知道亞里斯多德的物性學是假的，它不可挽回地被取代了。儘管如此，它是一個物理學（a physics），也就是說，它是一個高度發展（雖然沒有數學化）的理論。」[18] 夸黑也在《伽利略研究》一書中首度使用「科學革命」（The Scientific Revolution）一詞，並在《從封閉世界到無限宇宙》一書的序文中說：「……這個時期的人類（至少是歐洲人）心靈，遭遇了一場深度的革命，它改變了我們的思考架構和模式。現代科學與現代哲學，同時是這場革命的根源與成果。」[19]

夸黑的科學編史取向影響了之後多數的科學史家直到 1980 年代。[20] 透過孔恩，這個取向更影響了科學哲學界，聯合幾位大科學哲學家如拉卡托斯、費耶阿本、勞丹等人，共同催生了一個結合科學史的科學哲學新取向，通常稱作「科學史與科學哲學」（History and Philosophy of Science, HPS），徹底改變了科學哲學的面貌，並培養了許多跨越科學史與科學哲學的學者。[21] 也透過孔恩之手，「科學革命」這觀念變成一個通稱，不僅指涉 17 世紀的大科學革命，也指涉各種不同學科內部的革命性變遷，[22] 並成為科學史研究的一個大宗。

三、科學的社會史

1970 年代後，由於 SSK 興起，所謂「內在史」和「外在史」的差異與分界被端上枱面，產生爭辯。雖然這個分界的意識可以回溯到 1960 年代，孔恩也曾有所討論，[23] 但是爭辯可能起於 SSK 對於科學史與科學哲學取向的反彈，[24] 例如拉卡托斯著名的〈科學史與其

理性重建〉一文主張：「內在史是首要的；外在史只是次要的」[25]。
SSK 的學者相信，內在史要依賴於外在史，因為「因果原則」讓他
們堅持「外在社會」是「內在知識」的原因，所以他們宣稱 SSK 的
取向已跨越了內、外在的分界。

SSK 真能跨越內、外在的分界嗎？上一節已有討論。事實上，
「內在史」與「外在史」的分界很強健（robust），不是 SSK 所能
消除的。如果前文所論，SSK 自己不過是外在史傳統下的一個分支
而已。當然，如果我們只用「內在史」與「外在史」兩個標籤來理
解科學編史的實作，就會忽略其多樣性，包括這兩種類型的內部差
異與許許多多的變種或混種。例如，在實證主義史觀與自然哲學史
觀之間的混種；或者自然哲學史觀與社會史觀之間的混種；甚至或
者是社會史觀與社會建構論史觀之間的混種。

對很多所謂「內在史」的科學史家來說，他們的編史著作雖然
著重在人類自然知識的內涵與興衰起落的演變，但這並不意味著他
們沒有或不能涉及知識或理論誕生的「歷史脈絡」或「社會背景」。
例如科學史家霍爾、葉慈、克隆比、威斯特弗及林伯格等人的著作，
都不乏某種知識系統興起時的相關技術、體制及文化交流等社會脈
絡的介紹，例如霍爾的《從伽利略到牛頓》特闢一章討論 17 世紀中
法庭中的科學、皇家學會、科學與國家，以及社會的角色。[26] 克隆
比的《從奧古斯丁到伽利略》也花了相當篇幅，討論中世紀對希臘
阿拉伯科學的翻譯與接受，以及中世紀的技術與教育、農業、工業
等等社會狀態。[27] 另外，法國科學史家杜加斯（René Dugas）的《力
學史》則是一本介於「實證史觀」與「自然哲學史觀」之間的科學

史著，這本書從亞里斯多德主義力學（Aristotelian mechanics）開始，經希臘化時期、中世紀到近代力學，採編年史寫法，根據年代摘錄了從古至今自然哲學家與科學家關於運動的論述，著重於他們對於後來力學的貢獻。就這方面來看，這類似實證主義、進步主義的史觀，但杜加斯也沒有遺漏中世紀士林哲學家的自然哲學觀點。[28]

　　社會史觀不同於社會建構史觀，因為它並不像後者那樣，主張科學信念被接受與否是由社會因素所建構與決定的，它的焦點是去探討與描述科學知識誕生時的社會背景，例如宗教與哲學（非自然哲學部分）的觀念，這些背景有時會成為科學家研究自然的動機、促成一般人投入科學研究的文化要素、支持他們建立有效的科學方法之文化特性，或是甚至成為他們的思想與理論的觀念資源。但是科學社會史觀同意一套科學信念、假設、理論及思想之所以被接受，仍要依賴於科學家是否能提供充分的經驗證據。這樣的觀點被濃縮在邏輯經驗論者萊興巴赫（Hans Reichenbach, 1891-1953）著名的「發現的脈絡 vs. 證成的脈絡」，以及波柏「知識的心理學 vs. 知識的邏輯」這樣的二分架構中，而這架構的一個溫和詮釋平行於「內在史與外在史」的區分。[29] 如此，科學的社會史觀與科學的知識史觀有一個合理的分工：後者專注於科學信念與知識的「內在發展演變」，前者研究科學信念與知識的外在社會背景。此外，科學社會史也把焦點放在社會受到科學衝擊後產生的變遷。科學社會史因此也是科學史的一個長遠的傳統，從默頓在 1938 年的《17 世紀英格蘭的科學、技術與社會》以降，經普萊斯（Derek de Solla Price, 1922-1983）在 1961 年首版的《巴比倫以來的科學》，[30] 直到近來瑪格莉特・賈

可布（Margaret C. Jacob）的《基進的啟蒙：泛神論、共濟會與共和派》。[31]

　　從「發現的脈絡」和「證成的脈絡」這個二分架構的角度來看，科學的強社會建構史觀不只想取消這個二分法，還想把實證史觀與社會史觀都承認在「發現的脈絡」中的社會影響，擴張到「證成的脈絡」中，主張社會影響甚至會決定證成的脈絡──亦即科學信念、假設和理論之所以被接受（成功），是因為社會因素如利益、同盟及權力等等的決定──當中蘊涵了一種社會化約論與社會基礎論的基調。這種基進主張產生的問題比它帶來的啟示要多太多，這是為什麼它持續受到來自各方包括社會史觀的批評與反對。[32]

知識變遷的理論化歷史：
問題發展框架作為編史學的理論架構

一、科學哲學理論與科學編史學

　　「沒有科學哲學的科學史是盲目的，沒有科學史的科學哲學是空洞的」，[33] 這句拉卡托斯改寫自康德的名言，一直被科史哲學家奉為圭臬。科學史成為科學哲學的焦點與必要的分析材料，乃是 1960 年代後在孔恩影響下的發展趨勢。孔恩的科學史工作讓科學哲學家發現，要理解科學是什麼、乃至科學知識是什麼，不可能完全撇開科學史。科學發展歷史裡的種種觀念、假設、理論，還有實作的演變與發展、勝利及失敗、實驗與理論的關係，以及相關的社會

文化背景……等等，都是科學的重要環節，共同塑造了科學整體的骨架、血肉與面貌。撇開任何一環，都無法真正理解科學的整體。因此，科學哲學家想回答「科學是什麼」，想形成一個對「科學」的完整概念，勢必要進入科學史的領域中。因為科學史不光是提供科學發展的具體案例，也可被用為材料來分析科學知識的結構。對科學這種既是歷史產物，卻又有固定形貌的對象來說，「發展」和「結構」兩個面向恰可以提一個完整的分析架構。

孔恩把科學史引入科學哲學，開啟了一個新天地，但也引發兩者關係的新問題。波柏、拉卡托斯、勞丹與科學實在論者等理性論科哲家相信，科學哲學應該提供一個「科學理性理論」（theory of scientific rationality），他們也相信科學發展的歷史在原則上是理性的，因此我們應該對科學的歷史進行「合理重建」（rational reconstruction）。進行這種合理重建的依據就是「科學理性理論」，問題只在於哪一個理論（素樸否證論、精緻否證論或者研究方案方法論等）更適合而已。[34] 換言之，科學哲學理論被用為一個編史學的寫作框架，科學史家應該利用此框架，把歷史材料納入一個合理的敘事結構內。但是，如何知道哪一個理性理論更適合呢？正像科學理論應該受到經驗的檢驗一樣，科學哲學的理性理論也應該用科學史的材料（被視為經驗證據）來加以檢驗。理性主義的科學哲學家認為，「科學哲學」和「科學史」在這樣的關係下可以各安其位。

可是，這樣的關係似乎有兩個嚴重的邏輯問題：第一，根據一套先在的「理性理論」來編纂歷史，在實作上往往陷入以「理論」來挑選「事實」的麻煩。倘若如此，就失去以科學史實來檢驗理論

的作用。理性主義科哲家這套設計有嚴重的循環論證問題。[35] 第二，
理性主義科哲理論以「科學理性」來定義科學，會犯了「理性主義
的偏見」，亦即把歷史上成功的理論當成符合理性，而把失敗的理
論貶抑為非理性，進而把它們排除在科學的門戶之外。換言之，這
很容易導向一種「成王敗寇」或「輝格主義」的史觀。因此，根據
這種理性主義編史學的歷史實作太過狹隘。一般而言，專業歷史學
者通常更在意第二點，他們認為這種做法可能會偏離或扭曲史料與
史實，而無法得到一個完整的歷史圖像。

　　理論或經驗，哪個優先？或者哪個更重要？強調理論或強調經
驗的研究者之間產生一條鴻溝的狀況，確實出現在很多學科中，例
如理論物理與實驗物理、理論化學與實驗化學、理論生物學與實驗
生物學、理論經濟學與實證經濟學、甚至歷史哲學和歷史學等。強
調理論的研究者相信，我們需要一套理論，至少是假設的引導才能
進行研究（如蒐集資料等）；可是，不少站在實證立場上處理經驗、
材料及事實的學者會認為，他們不需要理論的引導也能做研究。類
似地，很多歷史學家也堅持，他們不需要科學哲學就能做歷史——
這固然沒錯，歷史學家可以不需要引用任何一套現成的科學哲學理
論，但並不表示他們在做科學史時沒有預設一套科學編史史觀——
也就是一套科學哲學。如同前文已經討論的：哪些歷史材料應該被
納入「科學」的歷史？亦即「科學是什麼」這問題，也是歷史學家
在寫作科學史時必須面對的，他們一定預設了一套答案—— 一個潛
在、未明言的「科學哲學理論」—— 儘管可能沒有「理論」之名。
換言之，如果科學史家沒有依賴於任何一套特定的科學哲學理論，

他必定預設了一套自己的、或者繼承之前的科學史家的科學哲學。然而，如果他預設的科學哲學與科學哲學家的觀點相衝突，科學哲學家自然也會拒絕他的「科學史」是恰當的科學史，或者與之爭辯，正如很多科學哲學家拒絕「科學的強社會建構論史觀」。

理性主義的科學哲學理論或許有其問題，但這並不表示建立一套科學哲學理論，並據以編纂科學歷史的做法就是錯的，因為絕大多數被編纂的科學史都或明或隱地預設了一套科學哲學，甚至連大事記或發現史亦然。問題在於：我們該如何理解「科學哲學理論做為科學編纂史觀」究竟意謂著什麼？換言之，科學哲學與科學史的恰當關係是什麼？這個問題當然值得一再重探。

二、科學變遷的理論與理論化歷史

本書不僅為「一套科學哲學理論做為科學史編纂架構」辯護，也是這個立場下的實作產物。然而，為了不重蹈早期理性主義科學哲學的覆轍，我們應該重新理解「科學哲學理論」的特性以及「理論」這個概念：

（1）被用來當成科學史編纂架構的科學哲學理論是一套「科學發展與變遷理論」（theory of scientific developments and changes），而非「科學理性理論」。[36]

歷史都關注發展與變遷，之所以要提出理論，是因為我們想使用理論來捕捉科學發展與變遷的模式（patterns），即科學的歷史中

那些「可重複的歷程」（repeatable processes）。孔恩在《科學革命的結構》中提出的「常態科學、危機、科學革命」的三階段模式，是科學變遷理論的一個典範。然而，這種觀點經常會被認為把複雜多變的歷史強塞入一個固定的律則或定律（laws）中，可是歷史演變沒有律則，有些歷史事件看似重複，深入檢視總是可以找到很大的差異，因為歷史事件都是發生在特定環境與脈絡中，而環境與脈絡會深深影響事件的發生與發展。[37] 事實上，後來的科學史與科學哲學研究指出，孔恩的三階段模式很難普遍應用，很多科學史案例無法被套入這個理論模式中。[38] 針對這樣的批評，我們需要進一步澄清：雖然模式與律則都是可重複的，但模式不是定律，也不必被理解成定律。模式不只是關注事件本身，還總是將事件發生的背景、環境與脈絡納入考慮，模式是事件在一個特定背景、環境與脈絡下形成的一定結構（structure）。

（2）我們應該把「理論」理解成模型（models），理論即模型。模型總是關注被研究對象特定的面向，而且表徵該面向的特定結構，總是具有抽象與理想化的特性。

一個「變遷理論」是一個變遷的模型，它表徵特定的結構。一個歷史變遷的模型應該表徵事件被鑲嵌在特定背景、環境與脈絡之下的結構。誠然，看似重複的事件發生的背景、環境與脈絡會有所不同，但是一個變遷理論卻能擷取出穩定而大致保持不變的結構。模型具有抽象與理想化的特性，即表示它們表徵的不是具體而實際

的經驗材料，而是經過認知擷取與重建的成果。所以，一個「科學發展與變遷理論」所表徵的科學歷史，必定是經過認知擷取與重建的歷史。話又說回來，有什麼史著不是被歷史學家重建過的？使用一個科學變遷理論來重建與編纂的科學史，只是公然地訴諸於理論而已。

（3）引入「理論化歷史」（theorized history）的概念。公然透過一個發展與變遷理論來重建的科學歷史是一種「理論化歷史」，它總是局部的。

「理論化歷史」總是關注歷史特定而局部的面向，而忽略其他面向。例如本書的「科學知識演變史」關注「科學內部觀念、信念、假設及實作的發展與演變」，而大致忽略科學家所生活的時代社會、宗教、政治等等面向。因此，理論歷史總是可以被其他面向的歷史所補充。進而，理論歷史著重在相關面向的特定結構，因此不會涉及結構之外的其他部分，因為它重視可重複的歷史模式。

（4）科史哲的理論歷史可以是多元的，一種理論化歷史與其他理論化歷史、還有專業歷史學的經驗歷史（empirical history）可以是互補的。

正因為理論與理論化歷史總是關注特定的面向，不同的面向可以有不同的理論來處理。例如我們可能有「科學觀念的演變理論」、

「科學假設與理論的演變理論」、「科學工具的演變理論」、「科學實驗的演變理論」等等。根據不同面向所建立的變遷理論與理論化歷史就可以是互補的。專業的歷史學家往往關心歷史的許多面向，並連結他們相信相關並可以構成整體的面向，不同的環境與脈絡可能連結不同的面向，這讓他們認為歷史沒有理論可言。這個問題仍有很多部分需要再深入分析。[39] 如果專業的歷史學家不想涉入理論太深，看待專業科學史與科學哲學關係最好的方式就是分工合作。科史哲學家發展一套科史哲理論，並編纂一個理論化歷史；專業的歷史學家則專注於史料與史實，並且編纂一個隱然預設不同觀點的歷史 —— 可稱為「經驗歷史」，它們可以補充「理論化歷史」所未涉及的部分。

（5）科史哲的理論歷史可以基於人類的認知結構模型。

相較於其他主題（如宗教、政治、藝術、文化、技術等等）的歷史，一個科學的歷史哲學理論的特殊之處在於它處理「知識」的演變，而知識是人類認知能力與該能力在特定背景環境下認知結構之產物。因此，我們可以透過分析人類的認知能力與認知結構，來建立科學發展與演變的理論。

三、「問題發展框架」作為編史學的理論架構

本書從一個非常簡單的人類認知結構 ——「問題與回答」中，擷取一個編纂科學歷史的框架，由於本書目的在於書寫一本科學知

識的發展與變遷史，而我們對於「科學知識」的基本定義就是科學家針對「科學問題」的回答。「科學」則被視為起於自然哲學，並基於第二問中判準一「合理的自然因果鏈假設」、判準二「概念與信念的系統性」、判準三「競爭的相互確認」、判準四「近代物理做為科學原型」以及判準五「科學的原型與相似性程度」這幾個判準來界定科學。它們可以解決很多科學變遷理論面對的問題，例如失敗理論被貶抑為非科學的成王敗寇史觀已被判準三封阻；同一位科學家的整體工作被切成科學和非科學兩部分，也被 判準二封阻；但在這樣較寬鬆的「科學性」判準中，判準一可以排除宗教、巫術、技術、藝術等信念。判準四則提供一個科學原型和範例，作為評估「科學性程度」的基準。當然，我們得承認一定會出現邊界的案例，但那些邊界案例可透過判準五「科學性程度」來解決。如此一來，什麼問題與什麼答案才算是科學的，就有明確、穩固又不失彈性的依據。

　　在「問與答」這樣的認知結構中，「問題」又被精煉為「問題框架」的概念。一個「問題框架」是指一組相關的問題，它們產生於特定時代（主要是概念、知識與實作方式）背景，蘊涵可能形成的合理答案，但也受到該特定背景的約束，答案因此受限。但是，一旦可能的答案被提出之後，就會產生更多引伸問題，帶來更多答案，塑造一個新的時代背景，而產生一組新的概念、知識與實作方式（當然可能混雜很多老的）。也就是說，由於問題的特定時代背景會改變，在之前的答案形成新問題的知識背景下，便會構成一個問與答不斷循環的認知結構。循環性構成一種模式，因此「背景—

問題框架－答案－新背景……」就成為科學知識變遷的模式——可稱為「問題發展框架」（framework of problem development）。

現在還有一個未解的難題是：如何能確定我們所重建的問題，就是古代人在特定概念、知識與實作背景之下所問出的問題？我們又如何去重建特定時代背景下的古代科學問題？特別是那些文獻沒有明確記載的科學問題。解決這個難題的方式與我們如何重建古代的科學假設是一樣的，我們必須先懸置已學到的現代科學觀念，想像自己置身在特定的古代社會中，透過前人的歷史著作瞭解當時的知識背景，並想像提出一套觀念、假設與理論的科學家，為什麼會提出那樣的觀念、假設與理論？它們是被提出來回答或解決什麼樣的問題？重建問題不該包含超越時代背景的觀念，例如在古希臘時代，科學家一般不會問：「使地球運動的力量是什麼？」因為在古希臘時代，難以合乎日常經驗地想像地球運動。同樣地，希臘人也不會問「彗星（comet）穿越太空的軌道是什麼？」因為他們根本就不認為彗星是天體。因此，這樣的方式很依賴科學字源與語詞流變的知識。總而言之，要精確地重建古代人的問題，我們必須回溯到古代的知識背景，進行合理、一致且相容的整體想像，包含概念系統的重建。讓我把這樣的思考方法稱為「回溯式的想像」（retroductive imagining）—— 這也是本書重建過去科學問題的方法。

下章起，就讓我們使用問題發展架構和回溯式想像的方法，來展開西方自然哲學與科學史的漫長旅程。

想想看：

1. 科學史的寫作要先預設「科學性」（也就是「科學」）的判準；可是，要知道什麼是科學，也要考察科學史，這豈不是陷入一個循環的迴圈中？這真的是一個跳不出來的循環嗎？該如何解決這個問題？

2. 科學史究竟該怎麼寫？寫什麼？內在外和外在史派各有什麼主張？有沒有其他取向？

3. 「理論化歷史」的概念能成立嗎？

【第四問】

天體規律是怎麼產生的？
科學的萌芽

　　大自然最令人好奇與想知道的，莫過於在變動莫測的世界當中，仍然有十分少數日復一日、年復一年重複的秩序與規律。**秩序與規律是怎麼產生的？**

　　公元 4000 年前，生活在沙漠邊緣大河流域的古埃及、古巴比倫人已進入規模龐大的帝國社會，許多聰慧之士奉獻他們的才智到服侍國家與帝王的事業上，建立起農業、水利與灌溉系統，造出大型建築如金字塔、宮殿等。可是，即使他們能大規模地改造地景，他們仍對天空一無所知，也恐懼來自天空的風雨雷電、晝夜更替等等現象，他們相信那是難以控制的力量，遠超過人力可及：天上是神靈的世界，這世界仍有許多不可知的事物或心智在主宰他們的命運。公元 2000 年前到 1000 年前之間，愛琴海周遭希臘地區居民建立起一個又一個城邦國家，他們已經能使用青銅金屬，但也相信傳統口耳相傳、生活在奧林帕斯山的諸神。對於這期間的人類而言，充滿未知的大自然之中仍然可以觀察到秩序與規律 —— 這一點令他們感到驚奇。

　　科學誕生於人類對於自然秩序的掌握。科學能夠建立，有賴於我們經驗到世界是有秩序的。如果這個世界與人類的經驗沒有任何秩序，科學也無從產生。但是，不像人類排隊一樣顯而易見，大自然很多秩序是隱藏的，必須被發現，而且需要投入長期的時間與耐心。自然規律是秩序的一種。秩序既出現於自然，也顯現在人類的心智中。科學似乎是人類心智秩序與自然秩序的結合。更精確地說，我們是使用人類心智中的思考秩序去「捕捉」自然世界的規律。**什麼樣的自然規律被古代人掌握了呢？古代人類又如何發現那些自然**

規律呢？

　　對公元前 4000 年到 1000 年前之間的古代人而言，天體的規律似乎最顯而易見、最遙不可及，也是最令人印象深刻的秩序，卻又有不規則之處。古代人相信天體規律對人類的命運有最深刻的影響，並顯現在某些徵象中，要趨吉避凶，非得掌握天體秩序不可。所以，他們可能想問：**日月星辰的運行規律是什麼？那些規律顯出什麼樣的跡象或徵兆？可能預示了什麼含義或未來？**為了回答這些問題，他們逐步建立了「天文學」。這個歷史過程就是本章想瞭解的。它們也可以被表述成下列歷史問題：古代人如何逐步發現且建立後來天文學與宇宙論所欲說明的規律性？什麼樣的動機與意圖催生了希臘的天文學和宇宙論？它們又依賴於什麼樣的觀念資源？

　　本章所涉及的天文知識，在很多天文學科普或通識書籍中都有豐富的介紹，但是本章採取問題發展架構與「知識生成」的角度，模擬古代人如何逐步從看似規則又帶著雜亂的天體現象中建立起天體運行的規律，並成為後來希臘天文學的研究對象。

秩序：數、形狀與規律

　　最基本也是人類認知中最早掌握的「秩序」有三：數、形狀與規律。數用來計算，形狀則是辨識事物的最初媒介，規律則是一定的現象或模式重覆出現。

　　數與人類的生活密切相關。人類的數概念或數意識可能起於牲

口的計算與交易需求，畜養大量牲畜時，想計算得失或用來交易，就必須用到數。早期的「數術」（使用數目的技術）大概可分成「計數」（numerating or counting）與「算術」（arithmetic）兩種。「計數」指數 1, 2, 3, 4…等等自然數目，「算術」指可以做加減乘除的運算，也從這樣的運算中發展出更新的數目觀念，例如分數、小數、有理數，甚至無理數、實數等等，並做更多計算。[1]

只要有視覺，人類就能辨識形狀。形狀幫助人類分辨不同的事物。同種事物的不同個體顯示出不斷重複的形狀，然而真正追究到底，這些不斷重複的形狀又各自有別，人類卻能使用抽象能力掌握其相同之處，並忽略差異。換言之，只有對形狀的認識達到抽象程度時，才得以催生後來的科學。研究抽象形狀的學問就是「幾何學」（geometry）。幾何學起源於希臘，是西方科學的根源之一。但是，最早幾何學其實源於測量的實用技術「大地（geo-）測量（-metry）」——田畝和建築的丈量，在古埃及時代已有高度發展。對埃及人而言，「幾何」只是實用的工具，他們從未企圖將它發展成抽象的理論。希臘人則首度把幾何學發展成高度抽象的學問，甚至從幾何學中建立「公理」的觀念，以及第一個「公理系統」（見第七問）。

三者之中，規律的意識可能最早誕生。只要人類開始自覺地思考，就可能意識到自然中最明顯的規律現象——日夜循環。可是，得要基於農業的需求，人類才會進一步意識到「季節循環」，並注意到季節與太陽和月亮的運行似乎有所關聯，從而開始體認或觀察天體運行的規律。當人類開始嘗試去說明天體運行的模式及宇宙的

結構時，就必須動用到幾何的認知與時間的計算。因此，天文學是最古老的科學之一，往往和數學（包括算術與幾何）同步發展。

人類為什麼想要掌握「自然秩序」？一個心理動機是基於生存的需求：因為人類「想知道」明天會發生什麼事，如果能未雨綢繆，就比較有可能保障自己的生存。上述三種基本而原始的秩序認知，都誕生於農業成熟之後，因為在農業的環境下，人類對上述秩序的掌握才變得迫切。但這只是答案之一。在滿足基本需求之餘，人類也會想要滿足自己天生的好奇心 —— 單純就是「想知道」大自然的**現象**究竟是怎麼回事？怎麼來的？[2]

對古代人而言，日夜循環與隨之而來的天體運動，乃是自然規律最明顯的表現。季節循環是第二個規律性感受，需要較長時間來發掘。古代人又發現，季節循環似乎與太陽的運動有關。也就是從一年的春暖到隔一段時間（隔年）後再度春暖，太陽的上升位置似乎也完成一個循環。更精確來說，生活在北緯二十五度到四十度地區的古代人，觀察到太陽上升的位置會慢慢偏北，在燥熱時日開始南移，在寒冷來臨之際達到最南方，之後又重新北移。可是季節冷熱的感覺相當不精確，農耕卻需要預先知道何時春天已經來臨（春天有時仍然很冷，所謂「春寒料峭」）。那麼，既然季節循環與太陽運動位置的循環約莫重疊，是否有可能精確判定太陽運動位置的循環，繼而利用太陽的位置來預測季節的來臨？問題是：要怎麼精確地判定太陽的位置？

太陽運動規律的建立

西元前 2000 年（或許更早得多），埃及人和巴比倫人已經開始系統性地觀察太陽的運動。由於太陽光照射到物體會在地面上投出陰影，而且不同時間的陰影長短可以做比較。所以只要豎立起一根直立物，就可以測量陰影。古埃及人發展了原始的日晷儀（sundial），據說金字塔本身也可以被當成大型的日晷儀使用。常用的日晷儀是一根標準的立柱——又簡稱「圭臬」（gnomon），它會垂直地立於一個平盤上，平盤則有刻度，用以指示時間。圭臬在太陽的照射下把陰影投射到平盤上，陰影指示的方向可用來計時與反推太陽的位置。

古埃及與古巴比倫人發現，太陽總是從東方升起，但日晷在每日中午的長度卻逐日改變（這意謂著太陽在頭頂上空的位置會不斷改變）。天冷時最長，天熱時最短。太陽升起與落下到一半那時刻的陰影方向也會慢慢改變。寒冷的時分指向西北和東北方；熱的時分卻指向西南和東南方。換言之，太陽在涼爽時的升起位置逐漸偏南，通常在寒冷的天候達到最南方後開始偏北。一直到炎熱時，太陽升起的位置在某一天達到最偏北的位置，再慢慢南移，一直達到最偏南的位置時，又是「冬天」來臨的時分。

當太陽在最偏北與最偏南的正中間位置升起時，正是季節轉變的關鍵（一次由冷轉暖，一次由暖轉冷），所以古代漢人稱這兩個時分為「春分」與「秋分」，意謂冷暖的分界線；而太陽的升起位置在最偏北時是「夏至」（夏天到了）；最偏南時是「冬至」。古

代人從日晷陰影中發現，春分和秋分時，日出日落的陰影與正午的陰影呈直角，這意謂著在這兩天太陽升起之處最靠近正東（due east）方向。

　　根據長期觀察日晷陰影的變化，古代人因此能決定春分（vernal equinox）、夏至（summer solstice）、秋分（autumnal equinox）、冬至（winter solstice）的日期。亦即春秋分時，太陽從正東方升起，從正西方落下，升起與落下的陰影呈一直線，當天即是春分或秋分；而正午日晷陰影最長時為冬至，反之為夏至。以當前的年曆來看，通常春分是 3 月 21 日，秋分是 9 月 23 日，夏至是 6 月 22 日，冬至是 12 月 22 日。

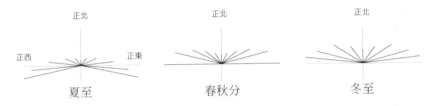

圖4.1：日晷陰影在四季時分的變化圖

　　在古希臘時代，希臘人與埃及人往返頻繁，他們從埃及人那兒學到很多，但也發現在埃及地區，太陽運行天空的軌跡與升起沉下的位置與希臘並不完全相同，為什麼會這樣呢？因為日晷陰影的精確方向與緯度及地形地勢有關。埃及（以開羅為主）、巴比倫（以巴格達為主）與希臘（以雅典為主）的位置約在北緯三十度到三十七度之間。隨著位置逐漸往南或往北，日晷陰影的方向會有所變化。這一點也提供古希臘思想家推論地球是圓的證據（見後文章

節）。日晷所在的地面是否與海平面平行或者有所傾斜，也會影響陰影的角度與方向。儘管如此，太陽大致重覆類似的規律。**為什麼太陽會有這樣的運行規律？太陽又是處在怎樣的空間而運動呢？人類如何觀察到太陽有這樣的位置變化呢？**

　　古代人開始想像天就像一只大碗覆蓋著大地，古代漢人把這樣的大碗稱為「穹窿」或「天穹」。讓我們模擬古代人如何想像此大碗，並構思出幾何圖形，以便把太陽運行天頂從日出到日落的軌跡描繪出來。該怎麼想像和描繪呢？

　　首先，想像天穹的一個截面是個半圓。以垂直於地面的日晷立足點為圓心，從陰影的頂點畫一條直線經過日晷頂點而相交於天球截面的半圓上，交點即是太陽在想像天穹中的位置（見圖 4.2）。

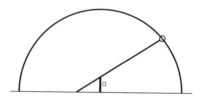

圖4.2 太陽照射日晷產生陰影的橫截面圖

　　其次，把半圓形的天穹立體化，成為一個半球體，再根據日晷在各不同時段的陰影，一一投射出太陽的位置（見圖 4.3）。

　　根據這個立體的位置圖，可看到夏至那天，太陽在北半球天穹的位置達到最高點；而冬至那天，太陽在北半球天穹的高度最低。但若延伸想像一整個天球，則太陽在南半球天穹的位置在北半球午

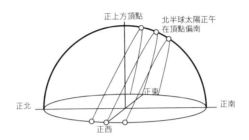

圖4.3：北緯三十五度地區觀看太陽運行的位置圖（亦即太陽在「天穹」的視覺位置）。

夜時分也會達到「最高點」——即英文 solstice 的意思。太陽在春分和秋分那兩天運行的軌道是一樣的，可以把天球平分，故稱作 equinox，即等分線的意思。從字源的含義來看，古代西方人對於春分、夏至、秋分與冬至的概念是基於空間（天球的結構），而古代漢人是基於時間（季節）。

　　天文學把太陽每日的升起落下的運動稱為「周日運動」（diurnal motion），周日運動可直接由肉眼來觀察。然而，太陽有另一種無法直接以肉眼觀察、卻可由推論得知的運動，也出現規律性：太陽每天在天穹位置的改變，可以連成一條每年（季節循環，季節年）運動的軌跡，此軌跡暗示太陽每年的循環運動，又稱為「周年運動」（annual motion）。**為什麼太陽會有這樣的運動？該如何勾勒其軌跡？該如何說明？**這是早期天文學的最重要課題，也是古代到哥白尼時代天文學的重要課題。太陽的周年運動與季節、命運、宇宙及年曆有十分密切的關係。

　　就季節與命運而言，在古代人的溫度感受中，夏至後的一個月是一年中最熱的時刻；然後，天氣慢慢轉涼，一直到冬至後的一個

月間是一年中最冷的時刻。過了之後，又開始慢慢變暖。因為夏至與冬至是由太陽的位置來決定，因此在古代人看來，這就好像太陽的運動決定了季節的循環。季節循環與農耕的播種、插秧及收割等等時機密切相關，農業活動深深依賴於季節的變更，因此認知季節更替的精確時日對古代人的生活而言非常重要。既然季節的分界線春分、秋分、夏至、冬至是由太陽的位置來決定，古代人因而認為太陽控制了季節，又由於季節控制了農耕，農耕的收成與否會決定族群的命運，所以古代人普遍有太陽（神）崇拜，埃及人與巴比倫人也因此將太陽與人類命運連結在一起，加上對於夜晚的月亮與星星的運動之追蹤，也被認為與人類命運相關，「星理學」（astrology，即占星學）因而誕生。

季節的變更有無一定長度的周期性？能與太陽每日的運動配合嗎？亦即多少個太陽日才能完成一次季節循環？季節循環的長度——春分與下次春分之間的區間——定義了基本的年曆單位「一太陽年」，又稱為「季節年」（seasonal year）或「回歸年」。[3] 正如太陽規律性升起落下的運動定義了每日一般，由太陽的運動來定義的一年之日曆（年曆），就稱為「太陽曆」（solar calendars）。

最早的古代太陽年曆建立在一年三百六十天上，出於蘇美人的六十進位制。[4] 但季節循環比三百六十天還多，因此羅馬皇帝朱里斯·凱撒（Julius Caesar）在埃及天文學家的幫助之下改革年曆，即有名的「朱里安曆」（Julian calendar，又譯「儒略曆」）。新年曆是一年三百六十五又四分之一日，每三年閏一次，即第四年是三百六十六天。這種曆法應用了一千多年，直到 15 世紀哥白尼時

代。用了一千多年的朱里安曆仍有誤差，因為一季節年實際上比三百六十五又四分之一天還要短 11 分 14 秒，所以在哥白尼時代，春分（太陽自正東方向升起的那一天）已從 3 月 21 日移前到 3 月 11 日。如何使人為制定的年曆與太陽的循環周期一致？這是年曆的改革壓力，帶動了天文學自身的改革壓力，間接促成了哥白尼革命的誕生。當然，這是後話。

星體位置的指認

在古代人的經驗中，晝夜循環是最鮮明可知的規律。白天的天空由太陽統領，光輝無比，只有在清晨或黃昏日光較暗淡時，才能看到天空有其他物體存在。然而一入夜後，天空變得十分熱鬧，雖有明亮的月光，但月光不足以遮掩其他星光。夜晚的天空是月與星的世界。

星星的運動比起太陽運動更簡單、更規則。可是要確認其規則也不是件易事，因為這需要系統性地檢查夜晚的星空，以及選出個別星星以重覆研究的能力。然而在廣大的夜空中，辨識同一顆星星並不容易。古代人是如何做到的呢？

辨識同一顆星星有點像是在森林裡辨識同一棵樹木，但是比辨識樹木更麻煩的是星星的光度不等，閃爍不定，還會移動，白天則隱沒，我們怎麼知道今天一直盯著追蹤的星星與昨天看到的是同一顆？辨識並指認（identifying）同一顆星體其實是西方形上學「同一

性」問題的根源。[5]

在現代世界中，辨識星星的能力不再於一般人的生活中起作用，但是在古代，星星是一般人生活環境的一部分，因為古代人發現天體驚人的規律性，從而理解到天體具有計時器、日曆計算與決定方位的普遍功能。可是，想揭示並掌握星體的規律性，得先確認是「同一顆星星」。然而，在廣袤深暗的天空中發現同顆個別星星，而且在不同的時日均能辨識，可不是一件容易的事。幸運的是，星星彼此間的相對位置是固定的，正如森林裡的每棵樹由於固定在泥土上，彼此間的相對位置也是固定的。所以，找出星體之間的相對位置，可以協助指認同一顆星。因為星體的相對位置會形成固定模式，讓觀察者得以在模式中選出特定的星星。古代人把這種相對位置間的固定模式稱為「星座」（constellation）。為什麼占星學和天文學命名中有很多星座？原因正在於此。

現代天文學家使用的星座名稱以古代的神話人物來命名。一般人即使不知如何辨識星座，也曾聽過像大熊座、牧夫座、英仙座、人馬座、仙后座、天琴座、黃道十二星座等名稱，這些名稱從古希臘時代一直沿用至今。一些星座可追溯到古代巴比倫人的楔形文字表，幾乎有五千年古老（西元前 3000 年）。雖然現代天文學家已經修正很多星座組成並更新其定義，主要的星座仍是來自西方最古老的遺產。若你接觸星座知識，就會發現所謂星座，只是把星星用線條連接起來。今日被稱為大熊座、小熊座、大犬座、天蠍座、天鵝座、金牛座等諸星座，現代人其實很難看出連接那些星星的線條何以構成熊、犬、蠍子、天鵝、牛等動物的形狀？（見圖 4.4）為什麼古代

人會以神話來為星座命名？為什麼以動物為名的星座也會被聯結到神話中的動物？

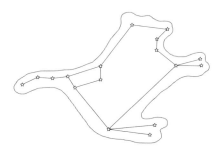

圖 4.4：大熊星座示意圖(參考大熊星座照片繪製)

　　一個猜測是古代長期觀察星空的牧羊人與水手，確實「看到」了他所熟悉的神話人物與動物特徵。記住，他們仍然生活在一個神話世界中，對他們而言，那是「真實」的環境與世界。就好像我們今天偶而也會在不規則的雲朵中看到動物形狀或人臉。現代蓋式塔心理學（Gestalt psychology，又譯「完形心理學」）的研究揭示人類的認知天性能自然地在散漫的群聚中看出自己熟悉的模式，或者反過來說，人類是以自己熟悉的「整體模式」來整理並組聚他所觀察到的散漫現象，如此才有可能「辨識」進而「指認」它們。[6]

　　企圖在廣大夜空中指認出一顆固定的星星，就是昨天、前天甚至半年前所看到的那顆星星；發現一群鄰近的星星總是以固定的相對位置（就是星座）一起升起、一起落下；使用星座來指認一顆或一群星星，再對星星與星座加以命名，並尋找星體位置變化的規律性，就是「天文學」（astronomy）這個詞的原始含義。astro 是希臘

文「星星」的意思，nomy 的拉丁字根是 nomia，源於希臘字根 no-mos，表示「律則」（包含「命名」與「關聯」）之義。

星座之所以會成為星座，正是因為星星彼此間的相對位置不變，因此星座也可以被用為「定位的工具」，特別是用來決定會移動的行星（planets）和彗星（comets）的位置。如果我們知道星座的位置，那麼當一個人報導說「一顆彗星現在出現在天鵝座（Cygnus, the Swan）」，我們就知道那顆彗星的位置（但請注意，在希臘時代，彗星不被視為天體）。然而，星座並不是不會移動的，相反地，整個星座中的所有星星（事實上，是整個夜空中的所有星星）都一起移動，所以，它們的形狀和相對位置保持不變，星座與星座間的相對位置也會保持不變。運動不會破壞星座的定位功用。星座間的彼此關係就像一幅地圖上各城市彼此間的關係。把定位後的星座描繪下來，便稱為「星圖」。觀看星座的轉動，就好像在觀看地圖的轉動一樣。有了可資定位的「星圖」，我們就可以描繪出在星星的相對位置之間穿行的太陽、月亮與行星的軌跡。整個星座、甚至整個夜晚天穹的所有星星與星座一起同步移動的現象，讓古代人自然想像星星是一種發光點，被鑲嵌在一個繞著中軸旋轉的天球內部球面上。

行星的位置與太陽周年運動的軌道

我們之所以稱恆星為「恆星」（英文稱為 fixed star，固定星星）並不是因為它們在天穹的位置始終不變，而是因為它們彼此間的相

對位置保持不變。行星之所以為「行星」，乃是因為它們會緩慢地改變與其他星星的相對位置。對古代人來說，太陽、月亮、水星、金星、火星、木星、土星都是「行星」，planet 的希臘字原意是「漫遊者」（wanderer）的意思。

星座解決了恆星的指認與定位問題，現在問題是如何決定某時某刻行星在天空中的位置？月亮、火星、木星與土星等行星的相對位置比較好決定，只要在夜晚觀察它們，再看它們的背景是什麼星座即可確定。太陽呢？太陽出現時，我們根本看不到星星。我們看到星星時，太陽又落下了。如何決定太陽相對於星圖的位置？

古代人將天空想像成天穹，再經年累月地觀察夜空，發現夜空的星圖也是會隨時間而緩慢改變。特別是隨季節而逐步變動，一年之後又重頭開始循環。太陽、月亮、行星與恆星都會以一年為單位重複循環，這是古代人發現的驚異現象，**也是天文學必須加以說明的基本現象**。一旦將春夏秋冬夜空的「星圖」都描繪出來，古代人自然就推論出星星佈滿了整個天球（包括看不到的另一半天穹——南天穹）。由於月亮與行星會相對於星圖改變其位置，這是夜晚明顯可觀察的現象，以此類推，太陽位置也會相對於星圖而改變，只是白天太陽太亮，陽光遮蓋了星光。但是，由於太陽升起位置的變動有一年的周期循環，這表示太陽也有繞行天球一周的運動（周年運動）。這意味著太陽會緩緩穿越星座，逐日改變它在星圖間的位置。既然我們可以畫出星圖，就表示我們也可以用星圖來決定太陽在一年當中每一天相對於星圖的特定位置。

古代人已長期記錄太陽升起落下時的位置，而且發現夜晚來臨

時，在那些位置的附近也會有星星的升起落下。一群星星相繼升起，緩緩通過夜空，並於西方落下。約每三十天後，會逐漸變成另一批星星。一年後又回到當初的那一群。古代人所記錄的這群星星，就是今天著名的「黃道星座」（constellations of ecliptic）。「黃道」是指太陽每年穿越天穹的軌道，「黃道」一詞是古代漢人的稱呼，英文的 ecliptic 則源於「蝕」（eclipse）一詞，因為它是日蝕與月蝕發生之處。黃道星座分布在黃道兩側的帶狀區域，有如天體的一條腰帶，故稱為「黃道帶」（zodiac）。zodiac 來自希臘文 zodion 或 zodiakos，是以黃道為中分線、南北寬度各八到九度的假想帶狀區域。黃道與黃道帶都在古巴比倫人時代被確認，他們當時已規定一個圓有三百六十度，故可做十二等分的區分，每等分三十度。巴比倫人在每個等分內有系統地指認一個星座，總共十二個，做為辨認太陽位置的黃道帶星圖，是為黃道帶十二星座（signs of the zodiac）。[7]

今天，我們由太陽相對於黃道星座的位置來報導太陽在天空中的位置，例如我們說太陽在 3 月 30 日在雙魚座，這個報導可能不同於大家對於占星學的印象，因為占星學一向說 2 月 19 日到 3 月 20 日的太陽星座在雙魚座，意指太陽在這段期間穿越雙魚座。事實上，20 世紀後天文學家指認的黃道星座共有十三個，不同於占星學的黃道十二宮。[8] 天文學家認為星座的用意在於決定太陽的位置，而不是從事占星術。但是從古代一直到 20 世紀，不管是占星學或天文學，都是使用黃道十二星座。古代沒有網路，我們不能簡單地查詢 google 來得知太陽的位置，要學習科學史的知識，就得想像自己是生活在古代的希臘人，該如何判斷太陽所在的星座？

　　為了決定太陽在天空中的位置，可透過測量日落時間，以及星星首度出現的時間，以決定哪一顆星在日落時恰好在東方的地平線位置上。例如，如果太陽的日落時間是晚上六點，而直到八點才看到出現在東方地平線上的星座（如白羊座），這時我們就可以推算，晚上六點時是金牛座出現在東方地平線端；而太陽在西方落下，與東方相隔半個天球，也就是相隔六個星座，表示太陽的位置是在天平座和天蠍座之間。我們知道太陽位置之後，也同時可以推算現在大概是幾月幾日。

　　因此，對某個特別的一天而言，如果太陽在星星之間的位置被詳細定位下來，那麼那一天中的太陽運動，同時也是該星座一整天的運動（即周日運動）。換言之，如果太陽在天蠍座，表示那一天當中天蠍座的諸星隨太陽一起「繞地球轉一圈」，太陽白天軌道的星圖背景，就是天蠍座跟著太陽移動，只是在白天我們看不到天蠍座的星星。在三十天之間，太陽的位置慢慢穿過天蠍座，而進入下一個星座 —— 射手座。在下個三十天之間，太陽白天穿過天球時，其星圖上的背景就是射手座會每天跟著太陽轉動一圈。為了理解太陽在天穹上的運動，畫成圖形是有幫助的。現在，**我們如何在想像的天穹中，描繪出太陽周年運動的軌跡？我們又如何同時呈現地面上看到的太陽周日運動與周年運動？**

　　如果把太陽一年當中每天穿越天穹的位置畫出來，然後連結春分升起點、夏至頂點、秋分落下點與冬至頂點，就會形成一條圓滑曲線，代表太陽的黃道，太陽每天會在黃道上移動大約一度，在那一度上每天繞地球轉一圈，同時緩緩移往下一度，在大約

三百六十五天之後又回到最初的位置上。此外，太陽周年運動的方向是由西向東，與周日運動的由東向西不同。可以想像，這是一種非常複雜的運動，正如我們所言，這就是古代天文學的難題。圖 4.5 是一個由太陽的周日運動而描繪其周年運動的圖，其地面位置以約北緯三十度為準（太陽在夏至正午靠近觀察者頭頂天穹頂點，但不在頂點上。在北回與南回歸線地區，太陽在夏至正午位於天穹頂點）。這些想像圖提供了古代人建構宇宙模型的基礎。

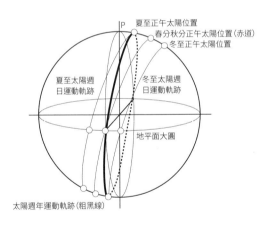

圖 4.5：在地平面的虛擬天球上觀看太陽周年運動的軌跡示意圖

　　太陽的明顯運動（天文學稱為「視運動」）是由它的周日運動（由東向西）和周年運動（由西向東）組合而成。每一天，太陽與其背後的星星一起快速地由東向西繞地球一圈；同時，太陽也緩慢地在星座間穿行，每年由西向東繞行黃道一圈。對古代天文和宇宙

學而言，最重要的問題就是：**如何說明太陽的兩種運動？是什麼樣的宇宙結構讓太陽可以一併進行這種雙重運動？**

占星學與黃道十二星座

　　今天的天文學家、科學家與科學哲學家常說占星學是偽科學。[9] 占星學在今天是非科學甚至是偽科學，但在古希臘時代，占星學與天文學合為一體難以區分。占星學（astrology）的造字就代表了星星（astro）的律則（logy, logic），因為在希臘文中，字尾的 logy 就是律則、邏輯的意思。就造字而言，astrology 其實是古希臘的「星理學」。就希臘構字蘊涵的認知而言，可說 astrology 是 astronomy 的後續發展。亦即在指認天體的名稱和位置之後，揭示其運動規律及這些規律對自然產生的效果，就是占星學（星理學）的任務。對古希臘天文學家而言，天文學和星理學是同一學科的兩個部分，如果我們承認古希臘的天文學是科學，那麼古希臘的占星學（星理學）也是科學。公元 1 世紀最偉大的天文學家托勒密（Claudius Ptolemy, A.D. 90-168）的著作提供了相當的證言。今天多數科學通史書籍一定會提到托勒密的天文學著作《天文學大全》（*Almagest*），但幾乎都沒提到托勒密的占星學著作《星理四書》（*Tetrabiblos*）。在後面這本著作中，托勒密論證星理學知識（天體運行規律會對自然產生重大的影響）的合理性在於：第一、太陽決定了日夜與季節，而且自然界多數事物是與月亮的周期同時發生；第二、因此，天體的循

環周期決定了氣候型態，進而決定了農耕與畜牧；第三、星理術能促進自我認識，其預測對人類有極大益處。[10]

托勒密提出的理由可看成一個「合理的自然因果鏈假設」，所謂的「自然」是相對於神話、神靈及神秘力量等超自然事物而言。對於古代人來說，太陽與月亮在天穹的位置與季節、氣候及植物生長有規律性的關係，因此假設兩者間有因果關係非常合理。「合理的自然因果鏈假設」可被當成科學與非科學的劃分標準——雖然怎樣才是「合理的」、「自然的」、「因果的」，必會隨著時代而有變動，正因如此，它作為科學與非科學劃分的標準，必定得參考一個時代各種競爭的自然信念系統來判斷。今日的占星學不再是科學，正是因為它失去「合理的自然因果鏈假設」，日月星辰在天穹的位置其實是地球運動造成的視覺效果，氣候與植物生長仍保有因果關係，但氣候與天體位置不再有因果關係，而是地球運行的位置所造成的。哥白尼革命之後人類對於天體與地界事物的關係有全新的理解，但我們不能把今日的知識當成標準，用來判斷古代占星學的「非」或「偽」。

占星學的目標在於發掘天體與地界事物（特別是預測人類命運）的因果規律，所以精確掌握天體的位置非常重要。星座雖可當成定位工具，但是黃道十二星座的大小長度不一，為求精準區分天界與年曆，占星學提出了「黃道十二宮」的觀念。黃道十二宮其實是將黃道帶劃分成均等的十二等分，每等分三十度寬，以每一宮內的星座來命名。這十二個星座就是黃道十二星座。表 4.1 顯示黃道十二宮的名稱與日期：[11]

Greek	Latin	English	中文	日期
Krios	Aries	Ram	白羊宮	3月21日（春分）
Tauros	Taurus	Bull	金牛宮	4月20日
Didymoi	Gemini	Twins	雙子宮	5月21日
Karkinos	Cancer	Crab	巨蟹宮	6月22日（夏至）
Leon	Leo	Lion	獅子宮	7月23日
Parthenos	Virgo	Virgin	處女宮	8月23日
Khelai	Libra	Claw(Balance)	天平宮	9月23日（秋分）
Skorpios	Scorpio	Scorpion	天蠍宮	10月24日
Toxotes	Sagittarius	Archer	射手宮	11月23日
Aigokeros	Capricornus	Goat-horned	魔羯宮	12月22日（冬至）
Hydrokhoos	Aquarius	Water-pourer	水瓶宮	1月21日
Ikhthyes	Pisces	Fishes	雙魚宮	2月19日

表4.1：黃道十二宮的希臘文、拉丁文、英文及中文名稱與日期對照表。

　　但為什麼要把黃道帶分成十二個區域？之所以會分成十二個區域，是根據月亮盈虧的周期數而來。月亮約每二十九或三十天有一次盈虧的周期循環。換言之，在古代人心中，天象如此規律，必定有某種統一與和諧之處，而十二個三十剛好是三百六十。麻煩的是，即使天體很規律，但真正的測量計算並沒有那麼恰到好處，這種整體和諧感與實際測量計算的衝突，形成了古代天文學的難題。

　　在巴比倫時代，春分點是在白羊座（換言之，春分時太陽是在白羊座的位置上），因而白羊座是占星的第一宮，人們於北緯三十

度左右地區看天球的黃道十二宮位置，會如下圖4.6所示。在春分當天太陽周日運行的軌道是天球赤道，P點是觀察者頭頂正上方的天球極點。太陽位在白羊座，當天白羊座隨著太陽周日運行而繞地球運動一周。

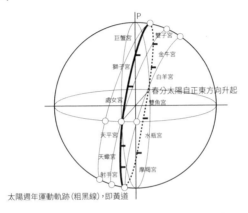

太陽週年運動軌跡(粗黑線)，即黃道

圖4.6：春分時，在北緯三十度地區看黃道帶和黃道十二宮。

　　巴比倫人透過「大宇宙－小宇宙」的類比思維，把人體各部位類比季節遞變與黃道十二星座的循環。由於春天是一年之首（植物於春天開始發芽），白羊座因此成為一年之首，在人身上也象徵頭部。依序為金牛座象徵脖肩部位、雙子座象徵雙手、巨蟹座象徵胸腔心臟部位、獅子座象徵胸膛肌肉部位、處女座象徵腰部、天平座象徵腹部、天蠍座象徵生殖器部位、射手座（人馬座）象徵大腿、魔羯座象徵膝蓋、水瓶座象徵小腿、雙魚座象徵雙腳，如圖4.7所示。[12]

　　但是大約在耶穌時代，春分點已從白羊座移動到雙魚座。換言之，春分時太陽是在雙魚座的位置上，而現在已快進入水瓶座了，

這意謂著占星家所期待的「水瓶座世紀」已經快來臨了。一般而言，每隔兩千一百六十年，春分點會走完一個宮。這種差異稱為「歲差」（precession）——以今日的天文學來說明，則是因為地軸進動（precession）的關係。亦即由於太陽引力的影響，地軸也會繞著垂直軸做圓錐狀的旋轉。所以，我們在地球上觀察星體的角度也會有所改變。

圖4.7：這張圖表達人體各部位與黃道十二宮的對應。原載於《貝里公爵春風得意時》，法國Cendé博物館收藏（參看《星空》一書頁39與191所載）。

　　所謂春分點進入水瓶座，其實是指太陽於 3 月 21 日正東方向升起時，其位置將進入水瓶座。根據 20 世紀當代天文學家的觀察，太陽目前穿過水瓶座的日期是從 2 月 16 日起到 3 月 11 日間。若是指水瓶宮 —— 即水瓶星座所在的那三十度的弧度範圍，則太陽穿越水瓶宮的日期應該是 2 月 16 日到 3 月 16 或 17 日，顯然已很靠近 3 月 21 日了。水瓶座的下一個星座是雙魚座，所以春分點現在是在雙魚座。換言之，春分點前移的次序是白羊座－雙魚座－水瓶座－魔羯座－……。

　　太陽、月亮與星辰的運動，令古代人對於世界的結構感到好奇。天體的運動讓天穹在視覺上顯得像是圓的。那麼大地呢？大地又是

什麼形狀？在一望無際的平原或大海中，大地顯得像是平的，因為人類的視覺無法看到大地的曲率。這兩種視覺形象的結合讓古代人好奇：世界會像一只碗覆蓋在平坦的桌面上一樣嗎？若如此，太陽在夜晚時跑到哪裡去了？是去地下嗎？埃及人與巴比倫人對宇宙的結構仍停留在神話的思維中，大致上相信天圓地平。但畢達哥拉斯之後的希臘哲學家已由一些簡單的推論，判斷大地是圓的，他們建立了一個「兩球（天球與地球）宇宙」模型。天體在兩球宇宙中運行，顯然與我們虛擬想像那覆蓋「地平面」的天穹不同，希臘人認為地平面與天穹只是我們視覺的表象，而真實的兩球宇宙則隱藏在表象的背後。

抽象坐標系統的建立和宇宙的結構

如同前述，早期的「天文學」其實是指認和命名星星與其運行規律的學問。可是，若想要進一步研究天體運行的規律，天文學家必須要能「定位」（locating）星體。定位有賴於參考坐標系統。如何建立參考坐標系統？這些坐標系統不是後來天文學的產物，而是從巴比倫時代即已建立。

天文學通用的坐標系統有三：地平坐標系（plane coordinate）、（天球）赤道坐標系（equatorial coordinate）、黃道坐標系（ecliptic coordinate）。三種坐標系是隨著古代天文觀察家的觀察位置與累積的經驗，逐步發展而來的。最初被建立的自然是「地平坐標系」，

這也是以觀察者為中心自然而然建立起的坐標系統,它反映了古代人最初的「天圓地平」世界觀。

地平坐標系即是以地平面與地平面的夾角為基準所建立起的坐標系統。在地平坐標系中,首先以觀測者為中心,將觀測者位置設為原點,並決定東西南北方位,建立平面直角坐標軸,再以朝東坐標軸為零度、依逆時鐘方向計算,可得地平經度(plane longitude)坐標(如下圖中的 θ 角),再聯結原點與星星,測量此直線與地平線的夾角,即得地平緯度(高度,如圖 4.8 中的 α 角)。

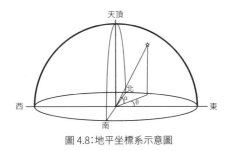

圖 4.8:地平坐標系示意圖

地平坐標系受到觀測者位置的影響,一旦觀測者位置不同,所得的坐標數值即不相同,因此地平坐標系只是個地方性的坐標系統,難以成為不同地區都適用的坐標系統。如果想尋找各地都適用的坐標系,就應該以各地都能看到的東西為基準 —— 這東西仍然只能是天體。剛好自古代以來,人們即(北緯地區的人)發現北方上空有顆星星,其位置似乎永不改變,而且夜晚北方天空的諸 恆星都繞著此星旋轉 —— 這顆星星就是「北極星」。

如此一來,北極星就可以成為參考坐標系統的定位點。可是單

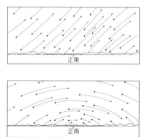

圖4.9：夜晚北方天空、東方天空與南方天空的所見星星運動方向。此三圖引自 Kuhn(1957),
The Copernican Revolution, p.18-19。

靠北極星還不夠，天文學家將天空想像成一顆大天球，北極星在北
天極，北天極與南天極的正中切面大圓將天球平分成兩大半球，就
是「天球赤道」（equator）。選擇天球赤道上任一點為經度原點，
再加上北天極為緯度原點，就可以定位天空的所有星星。如圖 4.10
所示：P 為北天極、O 為赤道原點、B 為某顆星星在天球中的位置，$\overparen{PB}$
則是該星的「赤道緯度」（赤緯），C 是 $\overparen{PB}$ 與赤道的交點，則 $\overparen{OC}$（=
α 角 > 90 度）是該星的「赤道經度」（赤經）。[13]

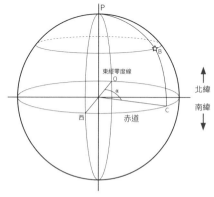

圖4.10：天球赤道坐標系。亦可以赤道為零度，則$\overparen{BC}$的角度即北緯緯度。

　　古巴比倫人已經辨識了太陽周年運動的軌道及黃道帶的十二個星座。當然，黃道十二宮星座自然可作為恆星和行星定位的坐標系統。因此把黃道視為平分天球的大圓周，其半球的極點就稱為「黃極」，如此我們也可以建立一個黃道坐標系。這個坐標系是以星球和黃極所夾的弧度（黃緯），以及它與黃道原點（通常以春分點為黃道原點）所夾的弧度（黃經）來定位星球的位置，如圖 4.11 所示。

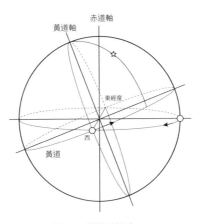

圖4.11：黃道坐標系

　　星體定位的坐標系統不僅幫助天文學家更精確地定位星體的位置，也讓古希臘人的「兩球宇宙」——即宇宙基本上由地球與天球構成的——模型的想像變得可能。但是，兩球宇宙模型的想像要能成立，得先從「地平坐標系」的天球轉換成「赤道坐標系」的天球才可以。例如，把天球的軸想像成穿越北極星，再想像天球赤道這個與天球中軸垂直的天球大圓，然後再把太陽的周日和周年運動形

成的軌跡畫在天球上，其天球圖如圖 4.12。

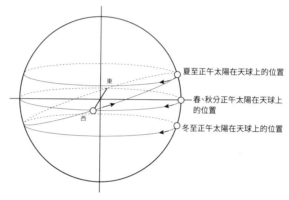

圖4.12：太陽在想像天球上的周日與周年運動軌跡。在春分和秋分這兩天，太陽周日運動的軌道就是天球赤道。黃道是連結夏至半北天球正午太陽的最高點與冬至半南天球正午太陽的最高點的圓周曲線。

科學的心理與文化的起源

　　任何事物，如果不是無中生有，就會有它的起源。既然科學不是憑空出現，就會有起源。對事物起源的探討在一定程度上決定了該事物的本性與定義。雖然事物會演變，這代表該事物有一個歷程，因此認識一事物整個歷程代表對該事物有最周全的知識與理解。在這層意義上，起源部分地決定了一個事物的本質；反過來說，我們對一事物的初步定義也影響了我們對於該事物起源的認定——特別是像科學這種複雜的東西或活動。

　　如第一問所述，本書對科學的定義著重在其知識面向 —— 科

學是從人們**為了**解答針對自然現象或事物的疑問，並使用「天性」與「合理的自然因果」的觀念來提出解答的求知活動中發展出來的 —— 這是一種目的論式的定義。在這樣的定義下，科學無疑起於古希臘文化。雖然很多人類文化都會對自然現象或事物有所疑問，但他們幾乎都是為了控制自然事物的目的而發展的 —— 換言之，實用可能是其他人類文化探討自然的更根本目的。可是古希臘人不單是為了控制自然而發問，他們還為了「純粹地想知道」（wonder）自然事件的原因而追求自然知識。同時，他們也不僅限於特殊偶然的事件，他們還對事物進行分類，抽取其共同特徵（抽象），並想知道是否所有同類的事件都是由相同原因所造成？就從這兒誕生了抽象且通則化的知識形式 —— 即日後被我們稱為科學知識的知識形式。「純粹地想知道」是一種心理態度，它並非為了任何外在目的，而是單單為了滿足自己內在的求知欲。「想知道」來自好奇心與驚異感（wonderment）—— 這就是科學的心理起源。

　　好奇與驚異都是想知道、想去問關於自然的問題，並且去解答它們。人類對事物的好奇心與驚異感，讓他們想去發問：為什麼有事物？為什麼事物存在？為什麼事物是如此？為什麼事物是我們看到的這樣子？[14] 當這些問題中的「事物」相關於它們生存的自然環境時，就是自然哲學的問題；而當「事物」不受限於自然事物時，它們又成為形上學的問題。總而言之，「為什麼自然事物是如此？」可說是自然哲學也是科學的始源問題。這個始源問題高度抽象，當人類面對各種特殊種類的事物，如日月交替、星辰變化、季節變換、閃電打雷、刮風下雨、火山爆發、蟲魚鳥獸等等，人們會針對這些

現象問更特別的問題 ── 而這些構成科學問題。科學問題也有其歷史，科學問題的歷史反映了人類對於科學關注焦點的演變，它們是構成科學史演變的一個重要的主題。

如果古希臘人是最先表現出「想知道」心理的人類文化，那麼古希臘文化就是孕育科學的母土，即科學的文化起源。可能會有一種意見認為把古希臘當成科學的文化起源是種西方中心主義，然而世界各個民族都有自己的「科學」。這種意見是一種多元文化的科學觀，迎合當代思潮，卻有其可議之處，因為「科學」（science）一詞是從歐洲傳到世界各地的。雖然世界各民族都有自己的自然觀與自然知識，但「系統性以天性來說明自然事物，並形成抽象知識」就只出現在古希臘 ── 它誕生了人類最早的純粹理論性的知識，古希臘人也首度表現出對世界的非實用性與非神性的態度。今天傳布全球的近代西方科學與現代科學，確實是古希臘科學的傳承。因此，以古希臘文化為科學源頭，只是如實而論，談不上什麼「西方中心主義」。

一些著作會從古美索不達米亞（Ancient Mesopotamia）與古埃及（Ancient Egypt）文明開始談起，因為希臘文明顯然受到這兩個文明的影響。如上文所提，有些科學史書籍甚至上溯到原始人類的原始技術（如石器時代、原始工具的製作等等）與生活知識（如衣著、居住、狩獵、農耕等等）。可是，科學史書籍介紹希臘之前的人類自然知識，並不代表我們應該把那些自然知識都看成是科學，正如一個人在出生前是寓居於母胎內的胚胎，只有透過子宮孕育才能誕生，但母胎並不是這人的一部分；在肥沃土壤裡種下種子，經過澆

灌而萌芽，然後長成大樹，我們可以說這肥沃土壤是大樹的根源（起源），但顯然土壤並不等於大樹。同理，即使古美索不達米亞、古埃及、甚至原始人類孕育了希臘文明，後者進而孕育了科學，這也不代表科學的根源就得一直上溯到原始人時代。討論它們是因為它們代表了科學誕生的母胎、土壤或環境。

我們說古希臘文化做為科學的起源，乃是因為希臘人首度提出了特別的知識形式，在世界各種文明當中獨樹一幟，並成為了現代科學的直接根源。為什麼希臘人會產生這種特別的知識形式？為什麼其他文明不會——包括那些影響希臘文明的美索不達米亞與古埃及文明？大部分文明都擁有一套自然知識，但這套知識的主要目的在於應付他們生存的自然環境，在於保障自己的生活與安全。他們追求自然知識是為了控制自然，因此他們傾向於只問：「如何改變環境，好讓我能生存？」他們偶而會問：「為什麼這些事件在此時此刻會發生？」但他們發問的目的只是想找出那些事件的原因，以便去控制它們。他們所產生的知識形式僅限於特殊情況，而沒有達到抽象與通則的純知識層次。他們可能只有技術或實作的知識，而沒有抽象理論性的知識——而這正緣於他們可能缺乏純粹想知道的好奇心與驚異感。所以，就心理起源、文化傳承的起源以及兩者互相配合的觀點來看，古希臘自然哲學家與古希臘文化都是不折不扣的科學起源。

想想看：

1. 古代人應該是先發現太陽升起的位置會改變，繼而才想到使用日晷來精確定位太陽的位置，請問在沒有日晷之前，古代人如何發現太陽升起的位置會改變？（他們應該是先發現太陽起降的位置會規律性地改變，但無法精確定位它，才透過日影的觀察而發明日晷。）

2. 如果太陽升起的位置並不總是正東方，那麼古代人在大地上該如何決定東西南北的方位？是先有東西南北還是先有春分秋分？古代人又如何決定太陽在天穹中的位置？

3. 年是什麼？如何決定一年的長度？

4. 占星學與天文學有什麼關係？你如何看待占星學在人類文明上的地位？占星學是巫術還是科學？

【第五問】
世界根源和宇宙結構長什麼樣？
希臘早期的自然哲學和宇宙論

　　從西元前 6 世紀起，希臘人開始對世界產生了全新的問法。他們**問：世界（萬物）是由什麼構成？最基本的構成成分是什麼？這些成分如何構成世界萬物？其間的構成歷程又是什麼？世界是由一種成分或多種成分構成？他們同時也問：整個世界是什麼形狀？位置又如何？他們還嘗試去瞭解變化的過程：為什麼萬物「存在」（existing or being）？萬物「是」（be）什麼？物質為什麼會「生成」或「出現」（come to being）？一種物質如何轉型成另種物質？**這些問題幫助人類走出神話與巫術的口說傳統，而進入科學的領域。提出這些問題的人被公認為人類歷史上最早的（自然）哲學家。為什麼希臘自然哲學家能提出這些新問題？有什麼思想上的根源或線索？

　　當希臘人從埃及人與巴比倫人那裡學到占星及天文的知識，再加上自己的觀察，他們開始想像生存的世界是怎樣的形狀。埃及人與巴比倫人已提供了神話式的圖像，雖然古希臘人也有自己的神話，但是開始想擺脫神話思維的自然哲學家，無法滿意這些不能被觀察和證實的說法──畢竟從來沒有人看過希臘天神。他們根據自己對於生存環境的觀察，從「地平坐標系統」的幾何模型中想像宇宙的結構：宇宙由「天」（Uranus, the heaven）與「地」（Gaea, the earth）構成，天像是一只覆蓋在大地上的大碗，大地則是漂浮在大海上的一片平碟──這是希臘自然哲學家最早提出的宇宙模型。

　　擺脫神話的哲學家們不只提出一組全新的問題，他們也提供了全新型態的解答。自然不再如神話與巫術所認知的那樣擁有人性，自然現象也不再是神靈或精靈的活動與發號施令，自然只是純物質且無意志地根據其天性（nature）運作。除了追問世界構成的成分之

外，他們也考察一些特殊的現象，如地震和日蝕，並嘗試不訴諸任何神靈來說明其成因。

結果，哲學家的新世界是一個有秩序、有規律、根據其構成物質的本性而穩定運作的世界。反覆無常且充滿神靈干預的世界圖像已被擱置。秩序代替了混沌。這些哲學家所引入的思考方式被亞里斯多德稱為 physikoi 或 physiologi，因為它們在探討 physis（物質自然）的「自然邏輯（法則）」。

米勒都的自然哲學家

最早的希臘哲學家出現在小亞細亞西岸的愛奧尼亞地區（Ionia），希臘人早在此處建立了殖民地。最初的三位是泰利斯（Thales）、安那齊曼德（Anaximander）以及安那齊曼尼（Anaximanes），他們都是米勒都（Miletus）城邦的人士，大約生活在西元前 620 到 500 年之間，後人把他們合稱為愛奧尼亞或米勒都學派（Ionian or Miletus school）。「學派」這個詞並不是很適切，因為這三位米勒都城邦的自然哲學家幾乎沒有什麼共同主張，唯一可產生「學派」聯結的是他們之間的師生關係。

泰利斯是一位成功的商人，開啟了哲學與科學傳統。他通常被視為第一位哲學家、科學家（自然哲學家）與經濟學家。泰利斯沒有留下任何著作，我們今天對他的思想之掌握，主要來自後來希臘哲學家或史籍的記載，大部分都是些「據說」。據說泰利斯預測過

一次日蝕、從埃及人那兒帶回幾何學、能決定一艘船離海岸的距離，並且發現了幾個幾何定理。據說他也發現了「低價買進、高價賣出」的原理，是歷史明文記錄的一位投機商人。故事是這樣的：泰利斯熱衷於觀察與沉思自然及社會的秩序，人們嘲笑他的興趣毫無用處。於是，泰利斯決定證明思考自然的秩序並非無用，他長期觀察氣候，記錄農作的豐收與歉收。他知道某一年橄欖會豐收，便預先在前一年冬季以低價買入榨油工具，等到榨油季節一到，許多店家都需要工具，他就以高價把工具轉租給他人而大賺一票。[1]

在哲學史上，泰利斯最為人所知的貢獻是：他宣稱世界的根本成分是水。根據希臘歷史學家的說法，除了世界由水構成的宣稱之外，他的成就都是旅行中聽來的（亦即不是他原創的）。宣稱「世界萬物最根本的成分是水」似乎是個天真的主張，但其實蘊涵了革命性的心靈轉變，因為這世界不再是變幻莫測、完全被神意控制的世界，而是轉變成一個其根本成分可被得知的世界。正因如此，泰利斯進一步使用 cosmos 來稱呼宇宙或世界。Cosmos 意謂有秩序的（ordered）、合理的（rational）、可推理的（reasonable）、可理解的（comprehensible）世界，意味著宇宙內的所有現象都可有一個自然（而非超自然）的說明。換言之，泰利斯主張要理解自然，我們必須認識其天性，而且這個自然可以被解釋為物質的。

如果宇宙是可理解的、純物質的，就可以從我們的經驗中來發掘它的結構。泰利斯根據他在地中海的旅行經驗，想像地球是一個平碟，像一片木塊般漂浮在水面上，或者像植物從水中長出。泰利斯當然無法抵達各大陸的盡頭，但是希臘的環境使他主張陸地被大

海環繞 —— 這是一個合理的想像。

泰利斯主張水做為宇宙的根本原質（principle，最初的意思即是「原質」）與萬物的成分，或許是因為水是生命的必需品，或許是因為水能變成固體和氣體，或許也因為水是液體的總稱，水是整個地球上最多的液體。但是，他似乎沒有思考水如何及為什麼能變成其他實體。泰利斯與其後繼者除了接受單一東西是構成宇宙的基本成分之外，也主張這基本物質成分會轉變成多樣其他東西而造成了宇宙的複雜性 —— 這產生哲學上抽象的「一」與「多」、「存在」與「生成變化」的問題。

泰利斯的學生安那齊曼德首度想回答宇宙的構成原質如何轉變成其他物體的問題。他提出一個相當抽象的觀念來代表宇宙的基本成分（原質）：宇宙是由「無界限者」（the boundless; apeiron）所構成；無界限者乃是共相的、永恆的、不變的、不受限的、不可知覺的。它不是物質實體，但從無界限者中可導致其他事物的各種屬性。這個觀念標誌了希臘人開始發展高度抽象思考的能力。

如果宇宙的原質是無界限者，它如何構成萬事萬物？安那齊曼德認為：首先，無界限者產生了對立的事物，便因其行動傾向而分離。無界限者首先因熱與冷的作用突然之間形成火環，外部熱（火）、裡面冷（氣），更裡面則是土（earth）。這裡已顯現出宇宙構造的秩序。安那齊曼德進一步說明：土一開始是濕的，被火烤後變成乾的，濕的土代表它與另一種物質成分混合，即水。但水可以被烤乾而留下土。所以，無界限者產生四種環：熱（火）、冷（氣）、濕（水）、乾（土），這四種東西與性質被後來的希臘哲學家繼承，

各家說法雖然有所改良，但不出這四者，在往後的兩千年間，一直是被視為自然的根本元素與根本性質。

土、水、氣、火是古代人明顯可見的東西，為何不直接視它們為原質（或元素）呢？安那齊曼德為何選擇以「無界限者」來稱呼構成世界的最基本元素呢？可能是因為他質疑泰利斯的觀點：如果世界的根本元素是水，那火是如何誕生的？為何水能滅火？而火能烤乾水？安那齊曼德對他老師的質疑也可視為最早的「理性批判」。

針對宇宙的結構，安那齊曼德認為大地不該是漂浮在大海上，因為大地是固定的，所以他想像大地是個圓柱體，其上有陸地和海洋，一起被天穹覆蓋。這個想像仍然來自「地平坐標系」的投射。他甚至進一步企圖說明太陽、月亮與星星為何會繞地球轉動。從太陽、月亮與星星的軌道出發，他想像存在太陽環、月亮環與星星環，它們都是巨大的火環（因為會發光），但被黑色的天穹遮住了，我們視覺上所見的圓形太陽、月亮與不規則形的星星，其實是火環的裂縫。而日蝕和月蝕則是這些縫隙暫時被阻塞所致；至於月亮的盈虧則是一再重覆出現的規律性阻塞。安那齊曼德甚至進一步提出這些天火環的大小：太陽環有大地的二十七倍大；月亮環有十九倍；星星環九倍。圓柱體的大地位於天火環的中心地帶。安那齊曼德如何得到這些數字，我們不得而知。重點不在於他對於天體的形狀與大小的猜測，而在於他使天體本性的思辨成為可能且可行──天體不是神明的兩輪戰車，而是可以測量的物質體。

安那齊曼尼可能是安那齊曼德的學生，約比泰利斯小四十歲。他發展「理性批判」的路線，拒絕「無界限者」的觀念，因為它缺

乏可指認且可描述的性質。換言之，我們無法明確指認或描述「無界限者」是怎樣的物質。可是，安那齊曼德使用「無限界者」這觀念的目的，在於說明原質如何構成其他物質。如果不用安那齊曼德的觀念，那要如何說明這個問題？安那齊曼尼找了另一種元素——氣或蒸氣（vapor）——作為構成宇宙的基本成分。

　　氣是看不見的原質，但卻可被感受到。人的呼吸、被風吹拂的皮膚觸感，都是可以被感受的。乍看之下，這似乎回到泰利斯較素樸的宇宙觀，實則不然。因為安那齊曼尼的觀點更具經驗主義的色彩。首先，氣可以描述與指認，而且變動不定，符合「無界限者」的「不限定」特性；再者，安那齊曼尼進一步提供了氣如何變成其他物質的說明。他認為氣經過稀化會產生熱，因而轉成火；凝縮則變冷而轉成風、雲、水、土與石頭。稀化和凝縮被認為是以「量」來解釋「質」的嘗試——氣的分量少則會產生熱性質；分量多則產生冷性質。而我們張口呼氣時，氣是暖的；閉口吸氣時，氣是冷的——這是安那齊曼尼提出的經驗證據。因為氣總是在運動著，所以變化是一個永遠會出現的可能性。氣亦是呼吸，也就是生命。安那齊曼尼以「氣」作為原質的想法，可能是來自這個靈感。

　　至於宇宙的結構，安那齊曼尼的想像與泰利斯類似：大地是扁平的，像一片葉子般飄浮在氣之中。水則是大地的一部分，因為在海洋底下仍然是大地。天是一個固體結晶的穹窿——可能只是一個半球；因為他設想太陽與繁星落下時並未轉到大地之下，而是通過大地北方。星星則像釘子般被釘在天穹上。這個宇宙模型當然有很多問題，也無法說明占星家已辨識的很多星體運行規律。從今天的

眼光來看，米勒都學派的宇宙觀仍顯得原始而直接，然而這是思想發展的必經之路。

存有與變動的問題

米勒都學派提出「**世界萬物是由什麼基本成分構成？**」、「**這些基本成分是由怎樣的過程變成世界萬物？**」、「**什麼原因或力量造成這樣的歷程？**」這三個自然哲學的基本問題，它們其實也是日後兩千多年來科學的基本問題。米勒都學派並沒有提出一個令人滿意的答案，但這並不奇怪，因為兩千多年來沒有科學家或哲學家能提出終極的答案。

提出「你不能把腳伸入同一條河流兩次」這句名言的赫拉克利圖（Heraclitus），大約生活在西元前 535 年到 475 年間，比米勒都三子稍晚。赫拉克利圖使用自己的理論試圖回答萬物根源與宇宙結構的問題，他主張火是構成萬物的原質，因為火可以分解多數萬物，或者這些萬物分解時會形成火。而火本身變動不居的特性也合於他「一切皆變，無一物固定不移」的信念。問題是火如何變成萬事萬物的呢？赫拉克利圖的說法像安那齊曼尼一樣，認為火濃密就構成氣，氣壓縮就構成水，水凝結形成土，這個順序稱為下行。反過來說，土液化成水、水生出萬物，萬物分解成氣或遇熱成火，而氣也能稀化成火，這個順序是上行。萬事萬物就這樣在下行和上行之間不斷循環。

在宇宙結構的問題上，赫拉克利圖相信大地是平的，周圍環繞海洋。太陽是一個碗盆狀的東西，每天早上大地之霧蒸散的產物在盆內稀化成火，從東邊海洋升起時點燃，在西邊落下時熄滅，所以太陽每天都更新一次，它永遠新生。月亮也是一個充滿火的碗，但是比太陽微弱得多，因為它在黑夜中較濃密的氣中移動；太陽比較明亮是因為它在白天較純淨的氣中移動。日與夜是蒸氣的鬥爭拉拒而造成的，明亮（純淨）形成日，而黑暗（濃密）形成夜。明亮的氣變乾熱時形成夏季，而黑暗的氣變濕冷時就形成冬季。日蝕與月蝕是因為太陽與月亮沒有充滿火的凸出一面轉向了我們。

約莫與赫拉克利圖同時的是伊利亞的巴門尼德斯（Parmenides of Elea），他以「存有不變」的形上學學說而留名哲學史，恰好和赫拉克利圖的「萬物流變」觀點對立。巴門尼德斯認為「變化」只是假象，真正的實在是固定不變的。他使用非常抽象的敘述來表達他的核心主張：凡存在物必定存在（the existent is），而不存在物就不存在（the non-existent is not）。這聽起來像「廢話」，但是巴門尼德斯的核心主張卻讓他論證了「變成」（becoming）是不可能的，我們經驗中的變成只是假象，一點都不真實。巴門尼德斯的論證非常抽象：「變成」意指某物（something）進入存有（come into being）。如果某物進入存有，要麼它來自存有（being）（或某物本身已是存有），要麼來自非存有（non-being）。如果它來自存有，則它早已存有，就沒有「進入存有」可言；如果它來自非存有（或它是非存有），則非存有必是存有，才能使某物進入存有，但「非存有是存有」是個矛盾。所以「生成或變成」即「進入存有」是不可

能的。

　　巴門尼德斯這個抽象的論證可能會迷惑很多人，使它看來十分有深度。其實它是利用了希臘文 on to（being）的多樣字形變化與含糊用法，而英文也繼承這樣的用法，亦即英文的 is（being）也具有「存在」（exist）的意思，例如 there is a man，即「存在一個人或有人」。「變成」或「生成」是 be-come，即是 come into being。因此，說「某物變成」是說「某物進入存有」，既然「某物」已是存有，說「某物進入存有」等於說「存有進入存有」，多此一舉。可是，如果我們從中文來思考「變成」或「生成」時，就不會有這樣的語言困擾。「變成」或「生成」是某一物變成或生成另一物，一物與另一物雖然都是存有物，卻是不同的存有物。

　　雖然我們把巴門尼德斯這個抽象的形上學思考解釋成來自希臘文的含糊，可是這個思考卻引導後來的希臘哲學家——特別是柏拉圖，去努力構思一套理論，以便掌握變動中的不變，對促成希臘科學的發展有很大的貢獻。

　　在宇宙結構的問題上，巴門尼德斯首度提出「兩球宇宙模型」（two-spheres model）。他被認為是第一位相信大地是球形的哲學家（但有些人認為是畢達哥拉斯），而且也有類似「同心多層天球」的觀念。為什麼巴門尼德斯會想到地球是球形呢？這不是基於經驗上的理由或證據，而是出於抽象的思辨——因為巴門尼德斯相信真實的「存有」從「每一面來看都是完美的，像一個圓球體，其上每一點都與球心等距離。」[2] 因此，如果大地存在、是真實的，就必定像球體一樣；天也是。而且宇宙中並沒有真空（void），因為「真空」

的概念就是不存在任何東西。如此一來，說「真空存在」便自相矛盾。巴門尼德斯也相信月亮的光是來自太陽，而且月亮與太陽是由銀河剝離的物質所形成，構成太陽的是熱且精細的物質，構成月亮的是暗且冷的物質。其他星星則在太陽之下，更靠近地球。地球在宇宙中心，地球的中心住著一位女神（divinity），她統治宇宙並生出諸神。

　　相較於其他先蘇時期的自然哲學家，巴門尼德斯的宇宙觀有突破之處（球形大地），但也有保守之處（回到超自然的神靈）。不過，這並不表示巴門尼德斯回到奧林匹斯山諸神的信仰，在宇宙中心的「神」似乎是心靈的代表，這個觀念預示出柏拉圖的「世界魂」（the soul of the world）。

　　出生於今天義大利西西里島的恩培多克利斯（Empedocles of Sicily），大約生活在西元前 490 到 430 年間。他可說是先蘇自然哲學家的集大成者，他的學說融會了愛奧尼亞三哲、畢達哥拉斯學派、伊利亞學派等哲學觀點。他也像巴門尼德斯一樣，使用詩意的文字來表達他的觀點，例如〈論自然〉這首長詩。這首詩描述最初有一個球型宇宙，充滿四種「事物之根」（roots of things）：火、氣、土、水；今天被我們稱為「元素」。它們恆久存在，而且所有的事物都透過它們被創造出來。什麼力量創造萬物？愛（love）與恨（hate）。愛使元素結合在一起，恨使它們分離；元素結合形成萬物，元素分離則萬物瓦解。**愛**的力量稍微強一些，能使萬物充滿秩序；但**恨**的力量對變化與運動而言是必要的，這說明了為什麼世界不斷地流轉變化。

就宇宙的結構而言，恩培多克利斯也建立了一個大綜合的理論。他相信天是氣濃縮而成的固態，是透明結晶的球體。天會帶動恆星旋轉，恆星則由氣上方的火狀物質構成，所以會閃爍。行星在太空中漫遊。月亮像一片平面的明鏡，由氣混合火而構成，但月光來自太陽。地球在宇宙中心保持靜止，太陽與月亮繞地球旋轉。有趣的是，對恩培多克利斯來說，白天與黑夜不是太陽的運動與光照所致，而是因為天球是由兩個分離的半球旋轉才構成日與夜（其中一半是日半球，充滿著火；另一半是夜半球，主要是氣和少量的火〔星〕）。太陽其實是火半球的一個影像，被鑲嵌在日半球那一邊；日蝕則是由於月亮通過太陽與地球之間而造成的。月亮與地球的距離大約是太陽（火半球）與地球距離的一半。冬天是因為天球的氣半球占優勢，而凝縮到南方；夏天是火半球占優勢，擴張到北方。在關於太陽的奇特看法被去除之後，恩培多克利斯的宇宙模型影響了日後的亞里斯多德。

米勒都的路西帕斯（Leucippus of Miletus, 500-450 BC）與阿得拉的德謨克利圖（Democritus of Abdera, 460-370 BC）是希臘時代著名的、也是世界最早的原子論者（atomic theorists）。德謨克利圖宣稱路西帕斯是他的老師，但是後者的工作與生平十分模糊，沒人知道他做了什麼，因此有人為路西帕斯並不存在。但一些哲學家史家卻認為，由於其他稍晚的希臘哲學家都提到路西帕斯，所以沒有理由說他是個虛構人物。

原子論是恩培多克利斯理論的進一步發展，但將恩氏那具情感色彩的「愛」與「恨」的力量去除了。原子論使得萬事萬物的變化

都可用純物質與純機械的方式來說明。在這個意義上，原子論是唯物論，也是一種機械論。原子論者主張物質最基本的元素是「不可再分割的原子」，原子是物質最小的基本單位。各個原子在一個沒有其他事物的空間（真空）中永恆地運動與碰撞，所以兩種終極真實的存在者就是原子與真空（void）。原子小到無法被感官知覺，雖然它的大小和形狀有別，但具不可穿透性與堅固性。相似大小與形狀的原子會聚在一起，形成元素，每種元素因此有自己特別的原子。像火的所有原子都是球狀的，因為它們不可再分割，所以它們永遠是火而且永遠是球狀的。元素再進一步以各種不同比例聚合成萬事萬物。

　　所有的原子都在真空中進行一種散漫且永恆的運動，就像光線下的灰塵一般。運動使得原子互相接觸。雖然運動是散漫的，但某些原子會特別偏愛與另一種原子結合（很像今天的化學分子）。原子的運動不是任何力量造成的，純粹只是散漫碰撞。由於受到其他原子不斷地碰撞，而造成物質的瓦解。而人的心靈或靈魂也是物質的，它們的組成比一般可見物質更「稀薄」，感覺與夢是原子衝擊人的心靈所產生的。原子論在其後的兩三百年的自然哲學家之間並不流行，一直到現代（17 世紀）才能受到讚賞。雖然 17 世紀之後的原子論與古希臘學說已大不相同。

　　早期的希臘哲學家還有很多派別，本章只討論較著名的自然哲學家。這些自然哲學家都關心「生成或出現」（coming into being）與「消逝」（passing away）。出現與消逝都是變化，包含生成、打斷、生與死及運動。不同種類的變化也在日後的哲學與科學探討中慢慢

被區分，從後世的哲學與科學眼光來看，他們的答案都很素樸（天真）。然而，重點不是答案，而是他們所提出的問題。

數的存有論和宇宙的模型

數學（包括數量與幾何）被應用到自然哲學與科學中，是人類自然哲學與科學發展歷史上的一大突破。可是，古代人如何想到數學可以被應用到自然哲學中呢？這不能不歸功於畢達哥拉斯（Pythagoras of Samos, 570-495 BC），以及以他為首的畢達哥拉斯學派（Pythagorean School）。他們發展一種數目形上學（存有論），把宇宙的存在物指認為數目。先蘇格拉底之前的希臘哲學家雖然努力為宇宙提出可理解的模型，但主要依賴概念與類比，數學並不扮演任何角色。由於畢氏學派的「數目存有論」（numeric ontology）之中介，數學後來發展成理解宇宙的關鍵。在歷史的發展上，畢氏學派的觀點被柏拉圖繼承並改良，影響了文藝復興之後的西方科學。[3]

畢達哥拉斯學派是一個半宗教、半哲學的學派，大約在西元前530年、即安那齊曼尼之後二十年左右出現於希臘東方、南義大利地區與西西里島。比起米勒都三子，他們更適合被稱為「學派」，因為他們有比較一致的觀點與立場。他們對宇宙的物質成分有很奇特的觀點，對存在與變化的本性這種深奧問題的興趣很大。他們也是一個具神秘性的修行團體，相信靈魂不朽，而且會從一個肉體遷

移到另一個肉體的轉生（transmigration）。他們對希臘哲學與形上學的發展有很深的影響，因為他們主張數目與數學是理解宇宙的關鍵，柏拉圖特別受到這一主張的影響。可是，畢達哥拉斯本人沒有留下任何作品，由於神秘主義的基調，整個畢氏學派也沒有什麼作品。我們對於畢氏學派主張的認知，都是來自其他作者的記載。

畢氏學派主張數、宇宙與音樂三者之間有一種「和諧」（harmony）關係。數為何與音樂相關？首先，希臘時代人們已經知道琴弦的長度與音調相關，短弦音調高，長弦音調低沉。畢氏學派發現弦長又與數目的比例有關，這意謂數目比例與音調高低相關。其次，畢氏學派認為一顆大石頭是 1，把它分解成很多小石頭，每個小石頭也是 1，所以物體固體可以由數目來建造，畢氏學派甚至因此認為數目是一種物質固體。據此，所有數目與所有的物質固體都可以由 1 建立起來，而整個宇宙只有一個，所以宇宙也是 1。

除了 1 之外，還有無限多的數目。10 以下的基本數目在畢氏學派看來非常重要，建構萬物除了 1, 2, 3, 4... 這些數目外，還需要空間與形狀。他們主張一點是 1；而兩點可以連成一直線，所以一線是 2；三點可連成三角形，則三角形是 3；又四點連成四面體，四面體即是 4。這些幾何形體又分別代表從點、線、面到立體的形成，所以也可以解釋成 1 是點、2 是線、3 是面、4 是立體。此外，10 是一個完美的數字，所以畢氏學派認為宇宙必定有十個行星（見下文）。

畢氏學派甚至將數目與各種人事一一配對，譬如「正義」（justice）是 4，因為 4 是第一個平方數（2 的平方）；婚姻是 5，因為

男人是 3 而女人是 2，3 與 2 結合即是婚姻。機運（opportunity）則
是 7。這種觀念影響西方文化二千多年，因為我們知道西方文化慣
於把 7 視為幸運數。為什麼這些人事可以與那些數目配對？畢氏學
派並沒有說明理由。可以說，畢達哥拉斯主義是一種崇拜數目的神
秘主義。

　　畢氏學派提出很多有趣而先進的天文學觀念或猜測。這些觀念
與猜測出自於誰，後來的希臘文獻有很多不同的記載，本書不打算
詳細交代這些記載上的差異，[4] 而一律視為畢氏學派的觀念。首先，
雖然希臘文獻對於誰（巴門尼德斯還是畢達哥拉斯）是第一個主張
大地是圓的哲學家的記載有些差異，但畢氏學派已有大地是圓的之
共識。不過，與巴門尼德斯類似，畢氏學派主張大地是圓的理由不
是來自經驗推論，而是基於「圓形或球形」是完美的信念。基於此
信念，宇宙也理當是球形的。不過，地球位在宇宙的中心嗎？畢氏
學派的門徒費拉勞斯（Philolaus, 470-385 BC.）認為大地太粗糙，不
能占據宇宙的中心位置，該位置是一團精細的「中心之火」，是「宇
宙之心」或「宙斯之塔」。地球與所有其他天體都以圓形軌道繞著
該中心，軌道面則在於它的赤道面上。可是，為何沒有人看過那中
心之火呢？費氏的說法是因為希臘的位置背對著中心之火，人們必
須旅行到印度再過去（中國？）才有可能走到地球的另一面。地球
的另一面沒有居民。然而，這中心之火也不是太陽！太陽、月亮與
其他五大行星都是行星，地球也是行星，加上佈滿恆星的天球共有
九個天體 —— 這樣的宇宙並不符合畢氏學派的「完滿」要求！費氏
主張有另一個地球，稱為「對等地球」（antichthon, counter-earth），

它的位置在地球軌道的另一端，正對著地球；而希臘人背對著中心之火，所以也看不到「對等地球」。[5]

　　在地球與對等地球的軌道外側有月亮，大約每二十九天半繞著中心之火運轉一圈。月亮的外側是太陽，約每一年繞中心之火轉一圈。太陽外側依序是金星、水星、火星、木星及土星，宇宙最外圈是恆星天球，一共有十個繞著中心之火運轉的天體（行星）。畢氏學派這個行星次序被柏拉圖繼承下來，但從亞里斯多德起開始被修正，太陽、金星及水星的次序被改變，因為這行星次序與它們穿越黃道一圈所需時間的觀察不合。

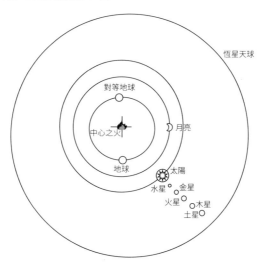

圖5.1:費氏的宇宙模型

　　費拉勞斯的宇宙模型，並不是太陽每天繞地球轉造成日夜相繼的現象，而是地球與太陽都繞著的宇宙的中心之火旋轉，如此會面

對如何說明地球的日夜問題。費氏解決這個問題的方法很簡單：地球每天繞中心之火轉一圈。由於太陽運轉的速度慢，所以當地球轉到其軌道的另一半圈時，太陽在其軌道的位置並沒有變化太多，所以地球的其中一半球就進入黑夜了，如圖 5.2 所示。

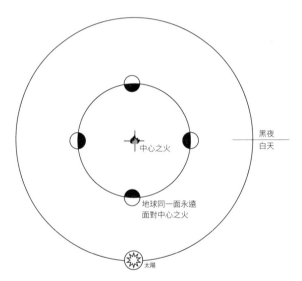

圖5.2：太陽與地球都繞「中心之火」，地球一面始終面對中心之火。

　　畢氏學派也企圖說明日蝕與月蝕。月蝕是因為月亮進入地球的陰影中，日蝕則是月亮走到地球與太陽之間，這與今日的天文學觀念一致，實在是非常進步的觀念。可是月蝕比日蝕更多，所以有些畢氏門人相信天空還有一些看不到的東西幫助遮掩月亮。

　　我們可以看到畢氏學派這個宇宙模型可說明很多天文現象，可是雖然畢氏學派持有一種數目存有論，卻沒有把數學當作工具，以

便說明與預測天體被觀察到的量化現象，或回答量上的問題：例如，天體運行的位置如何與年曆配合？該如何說明在地球上會看到日、月、星每天繞地球轉一圈的現象？宇宙的結構又如何被鑲嵌到一個幾何結構中？這就有賴於柏拉圖的接棒了。

柏拉圖的自然哲學

在哲學史上，柏拉圖（Plato, 428/427-348/347 BC）與他的老師蘇格拉底（Socrates, 470-399 BC），還有他的學生亞里斯多德（Aristotle, 384-322 BC）合稱為「雅典學派」（Athens school），或許「雅典三哲」是更好的稱呼，他們公認是希臘甚至整個西方哲學史上最偉大的三位哲學家。蘇格拉底以在雅典與青年學子對話而著稱，但他沒有留下任何著作。他的學生柏拉圖則寫下大量著作，全部以「對話錄」（dialogue）的風格寫出，構成西方哲學甚至文學的一個經典寫作模式。柏拉圖的對話錄大都以蘇格拉底為主角，他這位偉大的老師總是扮演詢問者、批評者與回答者的角色。柏拉圖的兄弟、朋友等也會登場扮演對話者，或回答蘇格拉底的問題，或質疑蘇格拉底並與他爭辯。

蘇格拉底使用詢問與對話的辯證法啟迪人們的智慧，但他關心人類社會的事務像善、正義、幸福及智慧等等。哲學史家認為，蘇格拉底把哲學帶入一個全新的時代，因此以他為分界而有「先蘇時期」和「蘇格拉底時期」的分期方法。不過，目前沒有紀錄顯示蘇

格拉底關心萬物根源與宇宙結構一類的自然哲學。他最傑出的學生柏拉圖雖然繼承他的核心關懷，但範圍更廣泛，幾乎涉及哲學的每一個主題，以致 20 世紀哲學家懷海德（Alfred Whitehead）說：「整個西方哲學史不過是柏拉圖作品的注腳。」[6] 柏拉圖仍保有對自然與宇宙的興趣，也留下相關的作品。

一、柏拉圖的理型論和存有秩序

存有論（ontology），即在回答「X 是什麼」的問題，這個問題有天文學與自然哲學的起源。在追問「X 是什麼」時，意味著追問者並不滿足於所看到、所聽到的感官表象，而想進一步知道在感官表象的背後，**是什麼**真實存在的東西在支持那些感官表象？例如，在天文學中，我們看到的星體外觀與位置，果真能反映這些天體的真實嗎？又如，在自然哲學中，先蘇時期的希臘哲學家都理解到我們感官經驗的表象或現象變動不定，那麼在這樣不斷變動的經驗之流中，究竟有沒有什麼不變的真實可供掌握？還是說，流變本身就是真實的？這些問題已被赫拉克利圖斯與巴門尼德斯的對立學說反映出來了。柏拉圖也是在思索與回應這些問題的背景下，提出他的「理型論」（theory of ideas）。

柏拉圖注意到我們變動不居的經驗中，最基本的問題大概是：為什麼我們的感官對同一類的不同個體有如此大的差異，那些個體卻仍可被歸為同一類？例如，我們的外表身材如此不同，但為什麼我們都是「人」？柏拉圖的答案是：因為同一類的不同個體都分受（share）同一個理想型（ideal type），或者說，個體是理型的複製品，

在這樣的分受或複製的關係下，那些在感官上差異極大的個體因此會被歸為同一類；換言之，一個理型定義了一個種類；種類與分類代表最基本的存有秩序，而個體要依賴理型才能被納入存有秩序中，所以理型比起個體更真實。當然，這並不代表個體不真實存在，而是個體的真實性層級比起理型低，因為個體存在於物質世界中，而這是個會生成與消滅的變動世界，個體有可能因為消滅而變得不存在，但理型不會。理型是永恆的，會永遠存在，也不會改變，正因為具有永恆不變的特性，它們才是真正的真實。

我們可以看到，柏拉圖的理型論巧妙綜合了巴門尼德斯與赫拉克利圖的學說，一方面當我們問「X 是什麼」時，我們是在問 X 的理型。以今天的觀念來說，是問 X 的定義，例如問「圓形是什麼」時，一個標準答案是「距圓心等距的所有點連成的封閉曲線」，這就是「圓形」的定義，也是柏拉圖所謂的「理型」。它永恆不變，也不會「不存在」，所以在理型（定義）的世界中，沒有變動——這符合巴門尼德斯的論點。但在物質世界中，個別的人、個別的狗、個別的圓形等等都會有生滅變化，會出生與消失，這也是另一種真實——這符合赫拉克利圖的論點。不過物質世界的真實性或存在層級不如理型世界，因為前者是後者的複製品。

柏拉圖這套理型論的存有論架構也被他應用到宇宙模型上，用來回答宇宙的生成創造與宇宙結構的問題。在此部分，柏拉圖又綜合了畢氏學派的學說，兩者的小差異就在於柏拉圖強調幾何與形狀（這又和他的「理型論」有關），而畢氏學派重視數目。人類對不同的個體之間具有共同性質（也是「共相」或「共性」[universals]）

的掌握，「形狀」可能是最明顯的。同類之下的不同個體之外形各
不相同，但卻共享一個共同的幾何形狀，例如希臘建築中的山形牆
是三角形、列柱是圓柱體、橫梁是矩形等等。「共相」或「共性」
也是一種理型，它們可能被更多不同類的個體分享。但它們也可以
定義一個種類，例如「圓形的東西」代表分享「圓形」理型的所有
個體。

二、柏拉圖的宇宙模型

　　柏拉圖在數學與自然的關係以及宇宙模型的建立上，繼承與發
展畢氏學派的路線，以致後來的科學史家與科學哲學家如拉卡托斯，
把畢達哥拉斯與柏拉圖視為同一個學派或觀點。可是，比起畢氏學
派重視數學中的數目與音樂，柏拉圖不認為音樂與數目有密切關係，
而是最重視幾何學。據說他創建的「學院」（academia）門前刻著
一句話：「不懂幾何學者不得入此門」。

　　柏拉圖在他的對話錄《迪邁烏斯（篇）》（*Timaeus*）中提出了
一個自然哲學與宇宙的模型。由於柏拉圖宣稱《迪邁烏斯》的內容
只是一個「可能的故事」，以致哲學家與哲學史家常把它看成是神
話而不予重視，其實柏拉圖的自然哲學與宇宙模型也是一個具有價
值的古代科學理論。[7]

　　在《迪邁烏斯》中，柏拉圖反對先蘇時期自然哲學家的「物性
學」（physikoi），因為在他們的理論中，沒有為神性保留一席之地。
柏拉圖認為，一個沒有神性的理論與世界是危險的，因為這樣的理
論無法保證世界的秩序。柏拉圖開倒車嗎？他想恢復那個奧林匹斯

山諸神隨意干預自然的世界嗎？應該不是。柏拉圖深信宇宙的秩序與理性不能純由物質的內在本性來說明，必須有一個外在的心靈。換言之，先蘇的自然哲學家們認為 physikoi 揭開了 physis 的秩序，柏拉圖則主張沒有 psyche（mind）則無法說明為什麼 physis 會如此地規律而有秩序。

如果宇宙不可能單由純物質性的基本原質所構成，那麼如此有秩序的宇宙是怎麼產生的？柏拉圖把宇宙設想成一個工匠神德米奧吉（Demiurge）的製作品。德米奧吉是一位仁慈的工匠，是個理性的神明（可以說，祂就是理性的人格化）。德米奧吉不像猶太教、基督教傳統的上帝，祂不是個無中生有、全能的創造神。祂並沒有也不能創造物質。物質早已存在。德米奧吉能做的是努力克服物質的內在限制，以盡祂所能地製作出一個最善、最美、最可理解、而且在理性知識上最令人滿意的宇宙。德米奧吉在最初的混沌之中，依據祂內心的理型觀念與理性計畫，把毫無形式的物質塑造成萬物，再建構一個有秩序的宇宙。

德米奧吉建造世界的過程是這樣的：[8] 祂希望萬物都是好的（good）、沒有壞的，祂發現一個可見的球體（原始物質），以不規則、不勻速、失序的方式在運動，因而想把秩序帶入這個球體中。祂的目標與方法是把智能放入魂（soul）中，再把魂放入球體中，製造出一個宇宙生物，而且祂也想讓這宇宙生物內部擁有許許多多的其他生物。因此，他第一步製作了四元素。要讓這世界可以被看見，必須要有火。要讓這世界可以被觸摸，必須要有土產生的固體性。所以，德米奧吉以火與土來塑造這個世界的物質。火性燥動、

土性穩固，世界無法和諧平衡，所以德米奧吉再使用兩者之間的中間元素 —— 氣和水 —— 來塑造物質，並使這四元素保持一定的比例。然後，祂把整個宇宙做成圓球形，因為圓形是最完美的形狀，所以這宇宙生物不需要眼、耳、鼻、舌、肢體等器官，也不需要呼吸，它的排泄也是自己的食物。換言之，宇宙生物完全自給自足。接下來，德米奧吉在宇宙生物內部創造了四種生物：在天界的諸神（希臘諸神），在大氣中的鳥類，在水中的水族，以及在地上的步行動物。這是工匠神創造世界的一個「理性的神話」。

德米奧吉是個純心靈嗎？祂有沒有（物質）身體呢？祂是不是另一種理性生命？或者是宇宙自己的「內在秩序」之形象化？這些問題柏拉圖並沒有告訴我們，但可確定的是祂是超自然的，存在於祂所建造的宇宙之外，因此祂並不是宇宙自己的「內在秩序」。祂製造出有秩序的宇宙的方式，是將「理型」或「形式」賦加在被動的純粹物質之上。但這裡有個新問題：理型從何而來？

理型是否是德米奧吉所創造的？這是柏拉圖哲學系統中的難題。一方面，柏拉圖相信理型是永恆不變的，而且獨立於物質世界而存在，因此理型可能也不是德米奧吉心靈中的理念。倘若如此，柏拉圖的理論可能會變成一種二元論，理型與靈魂都是德米奧吉心靈中的觀念而已 —— 因為如前所述，靈魂曾生活在一個獨立的理型世界中。如果理型只是德米奧吉心中的理念，那麼靈魂豈不生活在德米奧吉的心靈中？另一方面，純物質不是德米奧吉所創造的，其存在也外於理型，所以純物質與理型乃是兩種截然不同的存在範疇。

如果德米奧吉的心靈與人的心靈（靈魂）都獨立於理型與純物

質而存在，那麼柏拉圖的世界有三種基本存在範疇：純物質、心靈（靈魂）與理型——一種三元論的存有論，這似乎是柏拉圖主義存有論最恰當的詮釋。而且在這三種存在範疇的世界中，抽象的理型世界是心智與物質世界的標準，後兩者要參考前者來決定它們的存在樣態。20 世紀的柏拉圖主義者如弗列格（Gottlob Frege）、波普（Karl Popper）都主張一種三元論的存有論，波普稱為三個世界：物質世界、心智世界與抽象世界。[9]

德米奧吉不只是個理性神明而已，祂還是個數學家。祂根據幾何原理來建構宇宙秩序。柏拉圖認為，恩培多克利斯的四元素乃是不同的幾何三角形所構成。一個二度空間形狀的三角形當然沒有形體可言，但把幾個三角形組合起來，就可以建構三度空間的立體元素。在柏拉圖時代，人們已經知道五種規則的幾何固體（正多面體）：四面體（the tetrahedron）是由四個等邊三角形構成的幾何立體；八面體（the octahedron）是由八個等邊三角形構成的幾何立體；立方體（the cube）是由六個正方形構成的幾何立體；十二面體（the dodecahedron）是由十二個等五邊形所構成的幾何立體，而一個正五邊形則是由三個三角形在同一平面上組成；二十面體（the icosahedron）是由二十個等邊三角形構成的立體，如圖 5.3。

正四面體　　　正八面體　　　　正六面體　　　　正十二面體　　　　正十二面體
（正三角錐體）　　　　　　　　（正方體）

圖5.3：正多面體

　　柏拉圖進一步將四種元素與幾何立體聯結起來。火是四面體，因為它最小、最尖銳、最具可動性；氣是八面體；水是二十面體；土乃是最穩定的元素，所以是立方體；至於十二面體最接近圓形，所以它代表宇宙作為一個整體。[10]

　　這個理論有三點重要特色：首先，它可以說明變化與歧異。諸元素能以不同比例混合而產生物質世界的多樣性。其次，它容許一種元素轉變為另一種元素；例如，一個水的微粒（二十面體）可瓦解成兩個空氣微粒（各有八面三角形）與一個火微粒（四面體），如此能說明土、水、氣、火之間的相互轉換。[11]第三，柏拉圖的幾何微粒代表朝向自然數學化邁出重要的一步。

　　柏拉圖也提供了一個素樸的宇宙結構模型。既然世界是一個可見、可理解、完美、自給自足、有秩序地活著的生物，它必定要擁有魂，而且位在宇宙的中心。德米奧吉因此設立一個魂，讓它的影響擴張到宇宙整體，並使外圍的物質包裹且滲透著宇宙魂。[12]又基於他的幾何觀點，完美的宇宙必定有完美的形狀，而完美的形狀就是圓形，所以宇宙必定是圓形的（球形的）。宇宙是單一生物，孤獨地存在，無須同伴就可以自滿自足。可是，這並不表示宇宙不會變動，天體的運轉正是宇宙變動的最好證明，而宇宙內的天體必定是以勻速（uniform，單一形式）做圓周運轉，因為「勻速」在一個意義上仍是不變的。這個觀點設定了後來希臘天文學的發展方向——換言之，希臘天文學家總是努力以勻速圓周運動來說明一切天體現象。

　　德米奧吉建造天體宇宙的過程是這樣的：[13]祂創造出一種「永

恆的運動形象」（a moving image of eternity），即形象本身永恆卻根據數目而運動，這形象就是時間。時間有三種形式：過去、現在、未來，它們都是在德米奧吉創造宇宙的同時即被創造出來。如果運動是時間的形象，那麼運動的原因是什麼？柏拉圖相信，正如人類的靈魂乃是人體一切行動或運動的原因，宇宙魂則是整個宇宙的一切運動變化的最終原因，這樣有秩序的宇宙必定要有神性。所以，除了德米奧吉之外，宇宙魂、天體都具神性。[14]

　　太陽、月亮與其他五個行星是被創造來區分及保存時間的單位：即日、月、年等。德米奧吉把它們依序放在不同軌道上，月亮距離地球最近，然後是太陽，再來是金星、水星、火星等。這些天體是具神性的生物，因此能保持勻速圓周運動，例如太陽的日夜循環最規律，當它繞行軌道一圈時就是一年。月亮繞行它的軌道一圈則是一個月。其他行星繞行軌道一圈的時間則沒有被命名。恆星也是具神性的永恆生物，它們繞著相同的點（北極點）運轉。最後，地球是承載萬物的地方、是大地之母，依附在宇宙中軸處，是日與夜的操作者，是諸神中最老的一個。

　　如上所述，柏拉圖描繪的宇宙是個充滿神靈的世界。可是，柏拉圖的神不會打斷自然的過程。相反地，神性是自然的規則和穩定性之保證。柏拉圖重新把神性引入世界中，並不是回到無法預測自然變化的神話時代。事情剛好相反，神性的作用是為了保證世界的可預測性，並且用來說明宇宙的合理性與秩序。因此，柏拉圖筆下的宇宙是活生生的存在，神性理性瀰漫各處，而且充滿目的、設計與秩序。

　　柏拉圖的宇宙魂有點像是畢氏學派的「中心之火」，可是「宇宙魂被物質包裹著」似乎意味著宇宙魂是在地球中心之處，如此地球中心也是宇宙的中心。又基於圓形是完美的主張，所以地球必定是球形的，與天球有共同的球心。天體的軌道也都是正圓形的，正圓形才能說明天體永恆運轉這種現象。柏拉圖繼承畢氏學派的天體結構，但主張地球是宇宙中心，放棄了所謂的中心之火與對等地球的觀念，也不堅持一定要有十個天體。所以，柏拉圖的天體秩序是月亮、太陽、金星、水星、火星、木星、土星，以及恆星天球。此外，柏拉圖也瞭解太陽周年運動軌道是黃道，並且標誌出它在天球上的位置，顯示出黃道與天球赤道的關係，亦即天球赤道與地球赤道位於同一平面，黃道則與天球赤道以二十三點五度的傾斜角度交叉，如圖 5.4 所示。

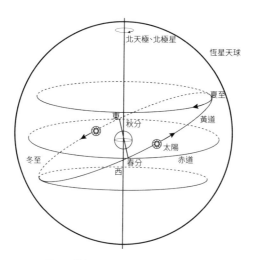

圖5.4：柏拉圖的兩球宇宙模型示意圖。

　　在柏拉圖的世界中，宇宙正式被區分成地球區域與天體區域兩大區塊。我們可以說，柏拉圖正式建立了一個「兩球（地球－天球）宇宙」的模型與「地球中心說」的天文學假設。進一步的問題則是：這樣的兩球宇宙模型如何發展成希臘天文學？先前提到畢達哥拉斯的宇宙模型，主要是基於畢達哥拉斯學派的某些先驗的觀念（對稱、和諧等），那麼根據什麼樣的經驗基礎，後來的希臘哲學家與天文學家發展出更複雜的「兩球宇宙模型」呢？這是以下兩章的課題。

想想看：

1. 希臘自然哲學家的思考與古埃及人或古巴比倫人的思考有什麼基本差異？

2. 為什麼說希臘自然哲學是科學的根源？你同意這個觀點嗎？

3. 試論述希臘自然哲學與現代科學的關聯（態度上的、方法上的、內容上的等等）。

【第六問】

萬物都有其目的？
亞里斯多德的自然哲學體系

萬物都有其目的？這是從亞里斯多德起到中世紀很長一段時間中，自然哲學家在問的核心問題。

亞里斯多德擁有一個非常龐大、融貫且幾乎涉及每個主題的自然哲學理論體系。[1]他的興趣是為當時已知的各種現象、規律與理論提供一個完整、一致而融貫的說明，亦即發展一個無所不包的理論體系。雖然他的老師柏拉圖已經觸及了幾乎每個普遍性問題，並以「理型論」為基礎提供了一套理論系統，但是「吾愛吾師，吾更愛真理」的亞里斯多德並不滿意柏拉圖的理論，他認為「理型論」有內在的問題，而且柏拉圖偏向從幾何的思考來理解萬事萬物，也與他從觀察及常識經驗中得到的答案不同。亞里斯多德回顧整個希臘從自然哲學以來的種種學說，加以檢視重組而形成他那無所不包的大思想系統，影響了希臘化時期的自然哲學家，也在 13 到 17 世紀間主導了西方哲學與科學。

自然哲學試圖去理解自然事物的本性（亦即自然究竟是什麼），以及自然事物出現或發生的原因。對亞里斯多德來說，理解自然事物的本質恰能對自然事物發生的原因提供一個最恰當的解答。如果說理解自然事物發生的原因是「物性學」的目標，那麼理解自然事物的本性就是「形上學」的目標。然而，**什麼是自然事物？什麼是自然？**

Nature 這個英文字來自拉丁文的 *natura*，在中世紀被理解為「受造物」，因為中世紀人們普遍相信萬事萬物為上帝所造。因此 natural philosophy 其實就是研究 *natura* 的科學。中世紀的科學和哲學並不區分，也沒有像希臘一樣有把數學應用到自然哲學上的傳統。一

直到 19 世紀初時，自然科學家仍稱自己為「自然哲學家」，稱自己研究的東西為「自然哲學」。可是追根溯源，自然哲學的源頭是亞里斯多德的物性學。[2]

　　物性學研究自然物，希臘文就是 *physis*，它是 *physikoi* 與 *physica* 的字根，*physica* 其實可以稱為「自然學」。亞氏的物性學或自然學，就是在研究自然事物的變化與變化的原因，形上學探討更基礎的「根源」（*arche*, principle），並提供物性學的理論基礎。亞里斯多德自己這樣說：「探討自然（nature）的科學大部分是關心物體（bodies）、組成局部，以及它們的性質與變動，但也關心這種實體的根源。」[3] 這段出自《論天》的開場白同時包含了物性學與形上學的目標。

　　亞里斯多德這個無所不包的大系統包括形質說、潛能－實現說、四因說及目的論，這幾個理論構成了一個一般變化理論，說明了萬事萬物變化的現象，同時回答了自巴門尼德斯與赫拉克利圖斯的存有不變及萬物流變課題。四元素說與依照四元素的本性構成的宇宙結構模型則是他的宇宙論。科學革命之後，一套截然不同的 physics（根源於伽利略的理論與方法）被發展出來，並且被稱為「物理學」。結果亞里斯多德的「物性學」不再被視為「科學」，而被歸為非科學的形上學。但是，這種區分是 20 世紀後區分科學與哲學的產物，從科學史的源流來看，亞里斯多德的「物性學」既是科學又是形上學，即一套完整的「自然哲學」。

萬物由什麼組成？萬物的形式與質料

要理解亞里斯多德的大自然哲學體系，可從他對柏拉圖的批評開始。已知柏拉圖使用「理型論」來交代萬物的自然秩序，亞氏則發展一個以「形式」（form）和「質料」（matter）來交代萬物的構成與秩序的「形質論」（hylemorphism），並用以取代理型論。[4] 亞氏對理型論主要提出下列三點質疑與批評：[5]

第一，如果要判斷主述語句的真假，需要依賴述詞指稱一個分離存在的理型，那麼對於否定述詞的真假判斷要怎麼處理？例如「那隻狗是非人」，「非人」這個述詞也指稱一個理型嗎？什麼是非人的理型？

第二，理型論主張理型與個體分離，亞氏則反對此說。根據亞氏，理型是被用來指稱或說明相似個體之間的相似性或共通性，如此一來，個體當然也要相似於理型。但是如果個體之間的相似性需要另立一個分離存在的理型來指稱或說明，則個體與理型之間的相似性也需要第二個理型來指稱或說明，如此等等，會產生無限多的理型出來，陷入「無限後退」的窘境。這是著名的「第三人論證」，亦即在個別的人與人的理型之間，需要一個第二理型（第三人）來說明。這些無限多的理型又被戲稱為「柏拉圖的鬍子」。[6]

第三，理型論仍然無法說明生成變化的問題。亞氏認為理型不是事物變化的原因，因為它不能引起活動，也不能產生變化。事物變化依賴因果說明，既然理型不是事物變化的原因，理型論對我們理解個體的變化也沒有幫助。雖然柏拉圖覺察到這個問題，引入「德

米奧吉工匠神」來作為事物被製造的終極原因；同時又引入「宇宙魂」當成事物生成變化的心智原因。工匠神和世界魂都有「神性」，但這種神話和宗教色彩的答案並不為亞氏接受。

亞里斯多德認為，「理型」作為一種「共性」或「共相」（universal）當然是存在的，我們還是需要這種東西來說明個體間的相似性，但是它並不與個體分離，也不能獨立於個體而存在，個體也不是模仿或分受理型。亞氏把這種不能與個體分離的東西稱為「形式」，形式是尋求個體之間的相似性，進而抽象出來的東西。然而，「形式」的概念如何解決理型論面對的難題？

要說明萬事萬物的相似與差異，首先要理解它們的構成。**萬事萬物都是由「形式」和「質料」組合而成**，這是形質論的第一個基本主張。「形式」是使物體成為某個「種類」的東西，它不是個體的特別形態，「形式」總是指「共通的形式」，亦即一種類的個體成員之間的共同性質（共性），所以形式也是共相（或普遍物）。「質料」即材料。任何物體都是一定的形式賦加在某些材料上而組成的。「形式」不同，代表物體「種類」的不同；形式相同但質料不同（組合的量不同），則會產生同種之下的不同個體。[7]

假定椅子是由木頭與釘子零件所組成，各個木頭、釘子等零件是「質料」。可是，每種零件又有它自己的「形式」，例如木頭有木頭的形式、釘子有釘子的形式。木頭和釘子則是由四元素土、水、氣、火以各種不同比例而組成。把這主張推廣，各種物質都是由土、水、氣、火四元素，以各種不同比例組合而成。質料組合的比例是「物質形式」的一部分。土、水、氣、火可稱為「元素質料」，當

然它們本身也是形式與質料的組合。例如，土由土形式加質料、水是水形式加質料等等。四元素的共同質料，被稱為原初質料（primary matter），它是不具形式的質料，也是不可分割的質料、具有連續性，只有形式才能分割質料。具連續性的原初質料並不能獨立存在，因為我們經驗中構成萬物的最基本材料是四元素——它們都是已形式化的原初質料。在這個意義上，亞氏的形質說反對德謨克利圖的原子論，因為原子論主張萬事萬物可被分割成最基本且不可再分割的物質單位——原子。

形質論的第二個基本主張是：**形式不能與質料分離**。如果把一事物的形式抽離，事物就瓦解了，不再是原來的那種事物。它可能瓦解成構成事物的零件質料或材料。一堆零件材料只能是組構事物之「潛能」或「潛在狀態」（potentiality）。只有在把一個形式賦加一堆零件質料上後，所有零件事物（事物的潛在狀態）才能組成事物，即「實現」（actualize）為一事物。那麼，我們也說該事物從潛在狀態進入實現狀態。關於「潛在」和「實現」的概念，亞里斯多德是這麼說的：

> 如果我們把門檻定義成「在如此如此位置中的木頭或石頭」、把房子定義成「在如此如此位置上的磚塊和木柱」等（這種定義並不恰當）……（因為）當質料不同時，實現物（actuality）或形成物（formula）即不同；在某些情況下，質料被並置；在其他情況下，質料被混合；還有其他不同稱呼的情況。所以在定義上，把房子定義成石頭、磚塊、

　　木柱的人只是說及潛在的房子而已，那些只是材料而已。
但如果他把房子的定義加上容納人與牲口的（磚木）覆蓋
物時，或者加上其他類似的種差（differentia）時，他談到了
實現的房子。所以，談及兩者的人是在談及形式與質料之
外、由形式與質料組合而成的第三種實體（substance）。[8]

　　亞里斯多德的這段話可說是他的理論縮影，涉及其他核心概念：
「種差」、「本性」、「實體」、「潛能」與「實現」等。以下依
序論述。

某物是什麼？物的本性（質）與實體

　　亞里斯多德把一種事物的形式視為它的本性（essence，或譯成
「本質」），或者說，一種事物的本性是它的形式。「種類」由「形
式」或「本性」來界定，不同的種類具有不同的形式與本性。

　　Essence 這個字來自拉丁文。*esse* 即拉丁文的 be，因此 essence
其實是拉丁文中相當於 being 的詞，即希臘文的 *οντο*（*onto*），簡單來
說就是「某物」。essence 也相當於希臘文的 *ousia*（又譯成 being 或
substance）。不過，現代英文中的 essence 意指一個東西**是某種**事物
（某物）的必要、必然或根本要素，即**本性**。對亞氏來說，essence
也就是形式，而形式是實體的一種，所以我們應該把 essence 理解成
只是 *ousia* 的一種。在這個意義上，essence（本性）對立於 accident

（依附性），這兩個概念表達兩種最普遍的存有範疇（ontological categories），兩者與其他概念的關係見下一節。

在亞氏的用法中，一物的 essence 必須由定義（definition）來界定。所以亞氏通常把 essence 與 definition 視為同義詞。他用到 definition 的脈絡較多，用到 essence 較少。但 essence 應該是一個定義所代表的東西。《主題論》（*Topics*）一書中說：「**一個定義是指一事物本性的一個詞組。**」[9] 例如「人是理性的動物」此一定義，其中「理性的動物」這個詞組意謂了人的本性：一個人之所以為「人」、被稱為「人」必須具有的根本特性。換言之，亞氏的定義是一種「本質性的定義」，預設一個「本質（性）主義」的分類系統。這個分類系統至少有三個階層：個體－種（specie）－屬（類，genus），讓我們以符號例示如下：

假定 A 代表一個三層分類系統中的最高層級「A 屬」，而 A_1 和 A_2 分別代表 A 屬之下的兩個種；而 d 是 A_1 的根本特性，能凸顯 A_1 與 A_2 的基本差異，故又稱為「種差」。如此，A_1 種的定義是種差 d 加上 A 屬。亦即，在「人是理性的動物」這一定義中，「理性的」是種差，是人的「必要」屬性；「動物」是「人」所隸屬的上層類屬。

可是，即使我們用本性或形式來取代理型，它們同樣看不到、

摸不著,它們是「實體」(substance),是所謂「真實存在的東西」(real objects)嗎?

Substance 來自拉丁文,中世紀學者用這個名稱來詮釋亞里斯多德著作當中某些脈絡出現的 *ousia*(表示 the real things)。substance 又表示能獨立自存、不依附他物的東西。說一個東西是實體,是指它是真實存在,而且獨立不依附他物而存在。亞里斯多德認為,我們一般所謂的物體如動物、植物、自然物還有構成它們部分都是實體,自然物的元素如土、水、氣、土也是實體,天球與組成天球的局部如太陽、月亮和星體都是實體。可是,談到上述東西是實體時涉及兩種範疇:一是種類,另一是個體。當我們說狗、榕樹、人或靈魂是實體時,我們談到的是種類;我們說亞里斯多德、那隻狗或那棵樹等是實體時,我們談到的是個體。[10] 亞里斯多德認為個體是「原初實體」(primary substance),種類作為實體只是衍生的。因為所有實體是由形式與質料的結合而形成,而且任何個體都是形式與質料的組合體,然而種類(即形式)本身是實體,所以亞氏認為形式以及形式與質料的組合體可以被視為實體,單純質料則不成。[11]

前文提到希臘文的 *ousia* 有兩個譯法,一個是 being,另一個是 substance。「實體」總是有其本性,所以實體依其本性獨立存在,而非附屬的存在。但附屬存在仍然是 being,所以 being 的含義比 substance 更廣,因為 being 可用在附屬性的,但 substance 不能。這個區分涉及亞氏的範疇論。

某物有什麼？物的範疇與存有

　　「範疇」的英文category直接沿用希臘字κατηγορια（kategoria），希臘文原意是「述詞」（predicate）。因此，亞氏認為述詞（範疇）有兩大類，一類是實體性的，另一類是附屬性的。亞氏的範疇論源於希臘文的文法結構，這表示主述句的文法結構與實在界的構成結構之間具有某種同構性。在希臘文法中，每個句子都可被分析成「主述句」（subject-predicate sentence），主詞有單稱與種類之分，述詞則有性質、種類及動作等等（三者都是形式或共性）的區分，如下列例子：

單稱主詞＋性質述詞 (1) 蘇格拉底是明智的	單稱主詞＋種類述詞 (2) 蘇格拉底是人
通稱主詞＋性質述詞 (3) 人是脆弱的	通稱主詞＋種類述詞 (4) 人是動物
單稱主詞＋主動動作述詞 (5) 蘇格拉底走路	通稱主詞＋主動動作述詞 (6) 人學習

　　也就是說，「蘇格拉底」指稱的對象是一個實體，述詞表達某個範疇（如性質、量、場所、動作等），但它們是依附在該實體上的範疇，不能獨立自存。所有「實體」構成一個範疇，述詞指涉的性質、場所及動作等等也是範疇。直覺上，述詞指涉的範疇就是being，但可進一步區分成不同的種類（寫成複數的 beings）。那麼，being 可被分成多少種基本範疇？

　　亞氏把一切獨立和依附的 beings 劃分成十個範疇：實體、質（quality）、量（quantity）、關係（relation）、場所（place）、時間（time）、位置（position）、狀態（state）、主動動作（action）、被動反應（reaction）。[12] 只有「實體」是獨立的範疇，其他九種都是依附的範疇。但不管是獨立或依附的範疇都是 beings，因為它們都可以被當成述詞使用。亞里斯多德用很抽象的語句來解釋這些範疇或 beings：

　　　　一個東西被說成「是什麼」有很多意涵，但這些意涵都相
　　　　關於一個中心點、一個確定的事物種類，而且這些意涵並
　　　　非同義。每個是「健康的東西」都與健康相關，「是健康的」
　　　　（be healthy）的一個意涵是「本身是健康的東西」，另一
　　　　個意涵是「產生健康的」，還有一個意涵是「健康的狀態」，
　　　　還有一個意涵是「能夠健康」……（推而廣之）。換言之，
　　　　某物被說成「是什麼」指向了一個起點。首先，說某些東
　　　　西是什麼的一個意涵是因為它們是某種實體，另一個意涵
　　　　是因為它們是實體的狀態，另一個是成為該種實體的經歷，
　　　　另一個是該種實體的性質，或者是實體產生的活動，或者
　　　　是與該種實體有關係，或者該種實體被作用……。[13]

　　這段話並沒有舉出全部的十個範疇，但已談到「實體」、「性質」、「狀態」、「經歷」（時間）、「動作」、「被作用」、「關係」這七個。being 除了有「獨立的範疇」（實體）與「依附的範疇」

（附屬性）的意義之外，還有「存在」的意義──這是形上學，也是最普遍的科學探討的主題。亞氏是這麼說的：

> 有一門研究「存有物之為存有」（ being(s) as(qua) being ）與存有物的諸屬性（透過存有物的天性而屬於它的屬性[14]）的科學。這個科學與一般所謂的特殊科學不同：沒有一門特殊科學會處理一般性的存有物之為存有的主題。特殊科學切下萬有的一部分，而且研究這部分的屬性，例如數學（天文與幾何）就是這樣。現在，如果我們想尋找第一根源和最高原因，則必定要有某物，使得諸屬性由該物自己的天性而屬於它。[15]

這門學科就是我們今天所謂的「形上學」，希臘文原文是 *metaphysica*。亞氏其實並沒有明確給它一個名稱，而是後來的亞氏門徒編輯他的著作，把這部分的著作放在物性學「之後」（即 meta- 的意思），也引伸出「根源」之意，即「物性學之後」、「物性學根源」的意義。「形上學」這個中文詞來自「形而上者之謂道」這句話。如果形上學主要討論 being(s)，英文又稱為 ontology，應譯成「存有論」或「存有學」。[16]

如前文所述，形上學探討第一根源與最高原因。所謂「根源」，希臘文是 αρχη(*arche*)，拉丁文用 *principium* 來譯，即今日英文的 principle。但在希臘文中，*arche* 不像 principle 一樣只具「原理」的意義，還有「事物的根源」之意。所以，我們譯成「根源」。「原

因」造成變動，產生「結果」。因此，原因是「推動者」（mover），既然所有的事物都要有原因，即所有的事物都要有「推動者」，如此追溯到最後，不能無限後退，必有一終點，它就是「第一推動者」（the first mover）。可是第一推動者本身不能再被推動，否則就不是「第一」，所以第一推動者必須是一個「不動的推動者」（the unmoved mover）。中世紀的神學家與哲學家把亞氏理論中的這個「不動的推動者」視為上帝。

　　然而，把第一因或第一根源理解成上帝是中世紀的哲學與神學，就亞氏理論本身來看並非如此。對亞氏來說，第一根源就是「存有」（being），而存有也就是「單一」（unity），他是這麼說的：

> 現在，如果存有與單一（unity）在它們做為根源與原因而相互蘊涵的意義上（而不是在它們被相同的構成物所說明的意義上）是相同的東西，則單一個人與某一個人是相同的，一個存在的人與某一人也是相同的，則在「單一個人」與「一個存在的人」中，「單」和「存在」這些詞並不能提供新的意義，因為它們在生成與消失時並不分離。[17]

　　這段話蘊涵一個「單一存有本身」（being-in-itself）的意思嗎？這個「存有本身」也就是「單一」嗎？中世紀的哲學家把這視為重要問題而有很多討論，因為基督教的一神教上帝觀，讓他們可以為「存有本身」、「單一」、「上帝」指派相同的對象。可是，從現代人的眼光來看，這些問題與想法似乎只是文字遊戲，它們無法以

經驗來檢驗，要賦予這些文字什麼意義端賴人們如何使用這些字。可是，從希臘自然哲學的歷史與脈絡中，我們知道這段話是在回應巴門尼德斯的「存有等於單一」的觀點（看第五問）。回憶巴門尼德斯主張只有「存有」存在，並且「存有是一」，變動並不真實。亞里斯多德看出「存在」與「一」不能提供新的意義，也不能證明生成與消失並不真實。

這是說，討論一個抽象的 being 或 being-in-itself 並沒有什麼重大意義，但這不代表不該討論 beings，即各式各樣的存有物——特別是最基本的存有物，以及它們的本性、變動、構成以及變動的原因等等。已知最基本的存有物是實體，又所有實體都是形式與質料的組合，最基本的質料是原初質料，它不能獨立存在，所以最基本的實體是四元素：土、水、氣、火。它們是所有物質實體的「根源」。既然討論第一根源必定涉及形式與質料，因為所有實體都是形式與質料的組合；質料相對於　個實體只是潛能，而實體則是質料結合形式的實現。所以，它們都是形上學探討的題材。物性學（自然學）要說明「自然天性」與「物性」—— 一物依其自然天性**是**什麼；也要說明自然物的變化 —— 一物依什麼樣的原因**變成**什麼。

萬物依其自然天性是（成為）什麼有其原因，其原因就是它們的**自然天性**。萬物的變動也有其原因，那麼原因又是什麼？從形質說可以看到，從質料依形式組合成實體是從潛能到實現，這是變動，也可以說潛能（質料與形式）是實現的原因。而說明萬物存有與變動的原因，就可以回答「為什麼萬物會是這樣，而且萬物為何會那樣變動」—— 這正是「物性學」的基本問題。所以物性學也要涉及

本性、形式、質料、實體、潛能、實現、四元素、原因及結果這些基本概念。那麼,「物性學」和「形上學」的差異何在?亞氏的區分是「形上學」主要討論「第一因」與「第一根源」,其他第一因與第一根源之下的各個種類實體、範疇等等,則是「物性學」的轄地。即使如此,在亞氏的理論中,形上學與物性學仍不易畫出明確的界線。

存有與變動

回到古希臘自然哲學家的共同問題:該如何理解「存有」與「變動」?亞里斯多德的理論如何回答這個問題?從上文可以看到,亞氏主張當我們問「X 是什麼」時,我們是在問 X 的本性或形式,亦即問 X 是哪一種實體,也在問 X 的核心存有(being)。但這並不是唯一也不是全部的答案,X 的存有(X 是什麼)還有很多依附的範疇:X 的各種性質、X 的經歷、X 的動作、X 的關係、X 的位置等等——這些依附性會帶來 X 的變動,例如,一個人 X 原本「是青少年」,後來「是中年」,「從青少年到中年」是 X 的性質、經歷及狀態等等的變動,也是 X 的存有的變動。因此,當 X 是青少年時,我們說「X 是青少年」而且「X 不是中年」;當 X 是中年時,我們說「X 是中年」而且「X 不(再)是青少年」,這兩組說法(語句)並沒有矛盾,因為前一組中的「青少年」是「中年」的「潛在狀態」,而後一組中的「中年」則是「實現狀態」。據此,青少年狀態的 X 作為一個

實體，它有實現為「中年」的潛能，而「中年」是它的實現狀態。
這是亞氏的「潛能－實現說」，可以用來說明各種變動並證明變動
的真實性。

變動其實就是一實體的潛能（組成實體的質料）被實現了（質
料與形式的結合）。亞里斯多德這個觀念主要來自對生物現象的觀
察，例如一顆種子長成大樹，即代表一顆種子有長成大樹的潛能，
當種子經歷一連串的變化過程後長成大樹，表示種子「實現」了大
樹的形式。顯然，在種子實現為大樹的整個過程中，種子必須以某
種比例組合種種其他質料。進而，在種子實現為大樹之中，種種質
料與大樹的形式都是「大樹實現」的「原因」，但只有這兩種原因
並不夠。對亞里斯多德來說，萬物的存在、萬物為什麼是現在這個
樣子，以及萬物為什麼會從一個樣子變成另一個樣子，都要由四種
類型的原因來說明才會完整，即「形式因」（formal cause）、「質
料因」（material cause）、「目的因」（final cause）、動力因（efficient
cause）。

在討論這四種原因之前，讓我們先看亞氏對「原因」的一般性
概念，亞氏也把這一般性的概念鑲嵌在他自己的理論體系下，在他
的《形上學》一書中，他這麼說：

我們稱一個原因：第一，一個事物因它（作為內在的材料
而言）而存在（come into being），例如青銅塑像的青銅與
銀杯的銀，以及包括這些的種類。第二，形式，即本性的
構成物，以及包括這構成物的種類與構成物的局部（例如

2:1 的比例和一般數目是八度音的原因）。[18]

他在這裡提到的其實是「質料因」與「形式因」。然而，在《物性學》一書中，他對四類型的原因提出一個更完整的說明。

現在，我們已建立這些區分，我們必須考察原因與它們的特性與數目。知識是我們探討的目的，除非人們已掌握「一個事物的為什麼」（即掌握該事物的原初原因），否則人們不會認為他們知道該事物。所以，清楚瞭然的是，我們必須針對生成與消失與每一種自然變動，都去回答它們的為什麼。為了知道它們的根源，我們可以試著去參考每一個問題根源。

(1) 構成一個東西並使其持存者，被稱為一個原因，例如那青銅塑像的青銅（材料）、那銀碗的銀（材料），以及那些青銅與銀所屬的類屬。

(2) 形式或原型，即本性的定義與它的類屬被稱為原因，例如 2:1 的比例和一般數目是八度音的原因。

(3) 變動或靜止的最初來源，做出青銅塑像或銀碗的工匠是一個原因、父親是孩子的原因，以及一般而言，造出被造事物者、改變被改變事物者是其原因。

(4) 在一個事物被造的目的之意義上，該物被造的目的是其原因。例如健康是散步的原因（為了健康，所以去散步）。[19]

　　這裡的一、二、三、四分別指質料因、形式因、動力因、目的因，亞氏使用高度抽象的語詞來刻畫這四類原因，但也舉出具體實例。對亞氏來說，這四種類型的原因是說明任何自然現象事物「為什麼會如此」所必要，而現象的出現或事物的發生與消滅都是變動，這也意味著任何變動都必定有其原因，所以，「潛能－實現」與「原因」都是「形上學」（物性基礎學）與「物性學」必須涉及的概念。「原因」也可被稱為「根源」，亞里斯多德從另一種分類方式來區分「根源」的幾個不同的意涵。用英文來說，origin 在不同脈絡下也意謂著 beginning、primary、foundation、agency 與 principle 等：

　　我們稱為「根源」（origin, arche, or principle）者的是：第一，作為開端（beginning）的某物，另一物由之而開始，例如一條路的兩個方向都有一個起點。第二，作為初始基礎的（primary）某物，例如我們有時不是從一物的最初起點開始學，而是從最容易學的那點開始。第三，作為一物產生的內在基礎（foundation），它是該物的一部分，例如一艘船的龍骨與一棟房子的地基；就動物而言，某人假想心臟或大腦或其他部位是該種動物的基礎。第四，作為一物產生的外在源頭，它不是該物的一部分，而是透過它的變動而自然產生，例如父母是孩子的源頭、打鬥起於辱罵。第五，由某個行動（agency, movement）使得被推動的某物被推動以及產生變動的變動，例如城邦的裁判官是寡頭制、君王制和暴政的起源。第六，一物首先被得知的即「原理」

（principles），例如假設是證明的根源。[20]

　　亞里斯多德認為把這六種意涵的「根源」都改稱「原因」也說得通，所以「所有的原因都是根源」。那麼，「物性學」與「物性基礎學」的差異何在？對亞氏來說，兩者差異是「物性基礎學」涉及到最根本的原因——即先前已討論的「第一因」、「第一根源」。原因和根源都會導致變動或變化，但什麼是變動？

一般變動理論

　　我們在此用「變動」與「改變」這兩個中文詞用來譯 change，包含「變化」、「變動」與「運動」的意思。改變、變動與運動這三個概念，在希臘文中並沒有明確區分。我們今日把「運動」理解成「空間性的變動」，亦即「運動」是一種特殊形式的變動。希臘文使用 kinesis 來表達變動，它其實包含了英文的三個字 motion, movement, change。英文的 kinematics（運動學）的字根即是來自於 kinesis；換言之，在日後的理論演變中，kinesis 已被理解成只是 motion。英文的 motion 特別強調「空間的變動」，即物體從一個空間位置變動到另一個空間位置，這個概念後來成為物理上的「運動」概念。Movement 則包含因果關係，一物體是被某個原因所「推動」。Change 則涵蓋最廣義的意思，包含種種現象上的**改變**。

　　亞里斯多德主張自然事物總是不停在變化和變動著，變化是從

事物的本質從潛能到實現的過程。這種主張在生物學中最明顯，亞里斯多德其實是把他在生物世界觀察所得到的理論，擴張到整個自然世界 —— 包括無生命的世界。在《物性學》中，他把變動分成三種：偶然地（accidentally）改變、局部地（partially）改變，以及本性地（essentially）改變。他是這麼說的：

> 每個變動的東西以三種方式變動。它可以偶然地改變，例如我們說某事是「音樂性」的散步時，指散步配合音樂節奏是個偶然。我們有時候不會特別描述某物的變動，是因為某物的部分改變了，例如身體恢復健康，是因為整個身體的一部分如眼睛或胸部恢復健康了。還有一種情況是一物既非偶然、也非其部分變動，而是該物本身直接變化。如此，我們有了本性改變的事物。[21]

這是從改變者與實體的關係來做的區分。亦即在偶然的改變中，實體的偶然性質是改變者；局部改變是實體的局部產生改變；本性改變則是實體的形式產生了改變。因為改變一定要有原因，亞里斯多德把改變的原因稱為「推動者」，改變的項目是「被推動者」（moved），另外還有進行改變後的結果。他說：

> 所以，我們有一個推動者、一個被推動者，以及進行改變的東西，而我們對改變的命名是根據進行改變者（that to which），而不是由之而改變者（that from which）。因此，

消滅是變成不再是原來的實體（not-being），雖然消滅是
從某一實體（from being）而來的改變；而生成是變成某一
存在的實體，雖然它是從非新實體改變而來的。[22]

換言之，改變是根據結果而不是原因來命名，**消滅**是因為某實
體變得不再是原實體（原實體變得不存在了）；**生成**是因為從某個
其他東西變成一個新類型（形式）的實體，我們說該形式的實體生
成了（例如一個人誕生了）。值得一提的是，「消滅」不宜理解成「從
存在變成不存在」。同理，「生成」也不是「從不存在變成存在」，
而是：

每個改變都是從某物到某物。換言之，之前是某物，之後
是另一物。所以改變可能以四種方式進行：從主體（subject）
到主體、從（肯定）主體到否定主體、從否定主體到主體，
或從非主體到非主體。在此，「主體」意謂「主詞」所表
達的東西，「非主體」就不是「主詞」所表達的。所以改
變有三種類型：從主體到主體、從主體到非主體，以及從
非主體到主體。從非主體到非主體不是改變，因為非主體
與非主體之間沒有相反或矛盾的對立。[23]

這裡亞里斯多德真正講的是針對「主詞」指涉的對象，有肯定
與否定兩種，因此可以從肯定到肯定、肯定到否定、否定到肯定、
否定到否定。扣除最後一種，至少有三種判斷。以具體的例子來說：

(1) 從「蘇格拉底是人」變成「蘇格拉底是鬼」（蘇格拉底
　　變成鬼），這是從主詞的肯定到主詞的另一種肯定。

(2) 從「蘇格拉底是人」變成「蘇格拉底不（再）是人」，
　　這是從主詞（指涉主體的本質）的肯定到主詞的否定
　　（主體本質的消失）。

(3) 從「蘇格拉底還不是嬰兒（是受精卵）」變成「蘇格拉
　　底是嬰兒」，這是從主詞的否定到主詞的肯定。

　　換言之，這是從針對主詞的肯定與否定而來的區分，即肯定或否定主詞指涉的某個實體是某一種實體（由述詞表達），所以它也意謂著：第一，某個實體從某一種實體變成另一種實體；第二，某實體本性到本性的消失（某種實體性的消滅）；第三，某實體本性的獲得（從沒有某種實體性到有某種實體性，即某實體的生成）。最後，因為沒有主體（實體）就什麼都沒有，所以不存在從否定主詞到否定主詞的改變。而這三種都是實體的「生成與消滅」。

　　然而，改變除了主詞（即實體）的改變外，還有述詞的改變。而且既然除了實體範疇外，還有其他九個範疇，但是亞里斯多德說：

　　如果範疇被分成實體、性質、場所、時間、關係、量，以及主動動作與被動反應，必然導出三種變動（three kinds of motion）——質的變動（qualitative motion）、量的變動（quantitative motion）以及空間變動（local motion）。[24]

　　他論證，時間、關係以及主動動作或被動反應等範疇都是一種改變，所以不能把改變當成主詞，並把上述範疇用來當述詞來肯定或否定改變。所以，只剩下「性質」、「量」及「場所」這三種範疇可用來描述（某實體的）改變，亦即：

(1)「蘇格拉底更聰明了（或更笨了）」是性質上的改變。

(2) 從「有三隻牛」到「有五隻牛」是量上的改變。

(3) 從「蘇格拉底在台中」到「蘇格拉底在嘉義」是場所的改變。

　　根據上述亞里斯多德的論述，後來的學者把廣義的「改變」（change）分成四種：第一，生成與消滅（generation and corruption），即本性的變化、實體的變化、形式的變化。如果我們把中文的「變動」與「變化」加以區分，則實體的改變可稱為「變化」，但有另一種沒有實體變化的「改變」。而「沒有實體變化的改變」又可以分成三種，即第二，質的改變，又稱為「變貌」（alternation），變貌是性質的改變。第三，量的改變，一般有增加和減少（augmentation and diminution），像大小尺寸的改變、質料的增加與減少都屬於這種改變。第四，場所的變動今日稱為「運動」（local motion），即場所（位置）的變動（改變）。[25]

　　把先前討論的形質說、潛能實現說、目的論等等拿來一起看待時，亞氏的一般變動理論是這樣的：生成與消滅是實體的變化，但消滅並不是實體完全消失，而是從一個實體變成另一個實體，例如從 A 實體變成 B 實體。在這個過程中，B 實體生成了，但 A 實體消

滅了。所以在這樣的理論中，生成與消滅總是相伴出現。又實體是形式與質料的結合，因此實體的變化主要是形式的轉換。例如 A 實體變成 B 實體，是 A 形式轉變成 B 形式。在這個過程中，A 形式消滅了，B 形式生成了。例如人死了變成屍體。人死了，是因為人的形式（靈魂）消滅，轉變成屍體的形式，而且人的形式衍生的性質（有生命、能活動、體溫恆定等等）也消失了，屍體的形式衍生的性質（僵硬、不動、冰冷等）則出現了。

正如種種 beings 中，作為實體的 beings 是根源。在四種改變中，實體的變化也是根源。其他變動則要依附在實體上，而它們依附的實體並沒有改變。「質的變動」是依附在實體上的屬性改變而已，例如一個人長大並不改變這個人的本性——他不會變成另一個人。「量的變動」是依附在實體上的數目或質料上的量改變，例如一個人變胖是構成人的質料（血肉）量增加；而一個城市的人口變多，是組成該城市的人數目增加。「場所的變動」（運動）是依附在實體上的場所產生改變而已。

其次，變動也是「潛能到實現」的過程。因為我們會問：為什麼 A 實體會變成 B 實體？以及為什麼 A 實體會有質、量及場所的變動？根據亞氏的理論，答案是 A 實體有實現為 B 實體的潛能，以及 A 實體有新屬性、新數量及新場所實現的潛能。當潛能被實現時，改變就顯現出來了。

但是，我們仍然可以進一步問：為什麼一實體會有實現新形式、新屬性、新數量及新場所的潛能？亞氏的答案有兩種：一種是外力所致，另一種是依其自然本性所致。第一種是有外在的原因（推動

者）推動實體而導致變化（動力因）；但如果找不到任何外在原因，就是因為實體的本性（本質）中擁有實現新形式、新屬性、新數量及新場所的內在目的。例如「自由落體」，一物體在空中被鬆開就會降落到地面才停止。此時找不到任何外力的作用，因此物體會有場所上的改變，純粹是因為物體本性所在是在地面上，所以它的本性「推動」它回到地面，這個「回復本性所處的狀態」是物體本性的「內在目的」。此時，物體本性同時是目的因又是動力因。那麼，因外物推動另一實體造成它的變動，其目的因何在？這可能是因為推動者的本性總有一個造成另一實體變動的內在目的，例如獅子吃羚羊，獅子會咬死羚羊，造成羚羊實體的變化。因為獅子的本性（天性），使得獅子有一個「去追捕羚羊並吃掉它」的內在目的。

宇宙與自然現象

　　前文所討論的內容，為亞里斯多德對於自然事物的根源 —— 存有、實體、本質及變動等等基本概念與理論的論述，大致出自《形上學》與《物性學》兩書。這些內容一般也被視為形上學，所有西方哲學史書籍都會討論。亞氏使用那些根本原理來說明並解釋宇宙的整個結構，以及宇宙內的各種事物與現象，都表達在他的《論天》（*On the Heaven*）、《論宇宙》（*On the Universe*）、《論生成與消滅》（*On Generation and Corruption*）、《流火之學》（*Meteorology*）、《論魂》（*On the Soul*）、《動物史》（*History of Animals*）等著作中。

本章主要針對天地與物質做討論，而不涉及生物。[26]

對希臘人而言，想像天體（恆星、行星等）附著在一個天球上，被天球的自轉帶動而旋轉是最合理的看法。若不如此，人們就必須交代為什麼天體不會掉下來？什麼力量讓天體可以周而復始地繞地球運轉？進而要說明人類看到星體的各種不同運動──假定天球分成許多殼層是進一步的合理推論。同時期的數學天文學家歐多克斯（Eudoxus of Cnidus, 390-337BC）的幾何模型（詳見第七問）與亞里斯多德的物性學論證鞏固了這個主張，使得多殼層的同心天球宇宙模型主宰西方世界幾達二千年之久。

亞里斯多德繼承在他之前的自然哲學家與天文學家，把他們針對不同對象的不同理論組成一個大理論。在天文學方面，亞里斯多德繼承歐多克斯的模型，而且相信這是真實的。他主張，宇宙是由多殼層的同心球體構成（像一個球形的洋蔥一般），中心地帶是地球，外圍則是多層天球，它們均有一個共同球心，即地球的球心。在元素論方面，他接受恩培多克利斯的四元素說，主張土、水、氣、火是構成萬事萬物的四種基本元素，它們以各種不同比例組合成萬物──但僅限於月亮之下的世界。換言之，亞里斯多德的宇宙依其本性而被分成兩個截然不同的界域，以月亮所在天球殼層為分界。在月亮殼層之上（含）的是「天界區域」（celestial region）或「超月區域」（supralunar region），在月亮殼層之下的是「地界區域」（terrestrial region）或「月下區域」（sublunar region）。月下區域的特徵是誕生、死亡及所有物種的短暫變化；天體區域的特徵則是永恆不變的圓周循環。

　　對於「天」作為整體的各種特性，亞里斯多德並不是理所當然地依賴直覺，他設定問題，並根據自己的整體哲學理論做了長篇周詳的論證。他問：「天是否只有一個？兩個以上的天是否有可能？」、「天是否是永恆的？還是天也會生滅變化？」、「天是什麼形狀？必然是球體的嗎？」、「天的運動是規律或不規律的？」[27] 回答這些整體問題之後，他進一步描述天的局部：天界區域由八個核心天球殼層組成，「七大行星」每一個都依附在一個天球殼層（celestial shell）上，整個「天體區域」共有八層基本天球殼層，除了七大行星殼層外，最外層則是各恆星所在的殼層。對於七大行星的排列順序，亞氏繼承柏拉圖的說法，認為其順序是月亮、太陽、金星、水星、火星、木星、土星，再加上最外圍的第八個恆星天球。[28] 天球的轉軸穿過北極星，其赤道面與地球的赤道面平行。恆星天球有黃道帶狀區域，形成一個大圓環繞天球，黃道十二星座分布於其間，這些天球持續地進行圓周運動。

　　月下區域由四種元素土、水、氣、火構成。亞里斯多德雖然同意柏拉圖的主張，認為這些元素可以化約成更基礎的東西，但他不接受柏拉圖的數學化傾向，所以拒絕它們可以化約成幾何固體與三角形。他由可感性質（sensible qualities）的方向來考察這四種元素，提出四種主要的可感性質：熱、冷、乾、濕。四性質與四元素的關係可被表達成下列的方形圖 6.1。元素與可感性質之間也是一種「實體－屬性」（substance-attributes）關係，預設了一個邏輯與形上學架構，這部分前文已討論。

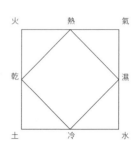

圖 6.1：四元素與四性質的關係圖。

　　圖 6.1 簡潔地顯示火「既乾且熱」；氣「既熱且濕」；土「既乾且冷」；水「既濕且冷」。亞里斯多德透過經驗觀察發現，這四種元素與性質會互相變化，幾乎可以說明一切月下世界的自然現象。例如，將水加熱會讓冷水變熱並轉化成氣；當火變乾而冷卻下來，就會得到灰燼（土），如此等等。所以這個系統可以輕易說明狀態的變化。

　　除了冷、熱、乾、濕之外，四元素還有重與輕兩種性質。土與水有「重性」（weighty），土最重、水次重；氣與火則「輕性」（light），火最輕。「重」蘊涵「穩定、不易變」；「輕」則蘊涵「浮躁、善變」（levity）。「重性」是一個絕對的性質，而不僅是相對的「量」大小而已。[29] 既然土與水是重的，依它們的本性就會傾向聚集在宇宙的核心地帶；氣與火是輕的，依它們的本性就會傾向在宇宙（其實只是月下區域）的周邊地帶。如此依四元素的重性與輕性，一個理想的元素在宇宙中的分布應該如圖 6.2：

　　實際的宇宙並非那麼理想，而是四元素間有所混合。儘管如此，地球大體是球形的，表面大部分是海洋（水），海底則是泥土（土），

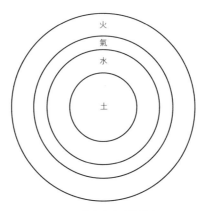

圖 6.2：元素在宇宙中的分布

海洋與陸地（土）之上則被氣所環繞包圍，火更在氣之外。為什
麼氣元素的外圍是火呢？因為這樣才能交代彗星（comet）與流火
（meteor，即流星）一類的現象——它們是火元素構成的東西。亞
氏並不認為彗星與流火是天體，因為它們並不具備天體該有的永恆
不變性質，而且它們不作圓周循環運動而是做直線運動，並且會生
滅變化。然而，經驗顯示它們會發光又來自天上，因此它們是「火」
元素構成的東西是對這些特性最好的解釋。它們是怎麼發生的？這
是亞里斯多德的專著《流火學》（*Meteorology*）想回答的問題。亞
里斯多德說明流火的成因是：「有時氣被冷凝縮擠壓而噴射出熱的
元素，使它們的運動看來就像是飛快運動的火（a running fire）。當
你在火芯下方呼氣的時候，火芯會使上方的火焰更亮，所謂的流火
即相同原理所致，因為火焰非常快地掠過，看起來就好像被拋射的
東西。」[30]

今天英文 meteorology 是「氣象學」，即研究大氣層各種變化的學問。可是，其字根 meteor 仍用來指稱流星（並進而指認它們是隕石），但氣象學已不再研究它們。Meteorology 沿襲自希臘字，可是亞里斯多德與希臘人把劃過天際的「流星現象」，理解成大氣邊緣的「流火」現象，而且不只包括今日的流星，也包括彗星、閃電甚至旋風等等；後兩者倒是今日「氣象學」的研究對象。因此 meteorology 應該稱為「流火學」。[31] 就研究範圍而言，氣象學與亞氏的「流火學」大致重疊，然而亞里斯多德認為那些現象是大地的「吐氣」（exhalation）作用影響大氣，甚至達到大氣外圍與火交互作用而產生的。地球（土）會產生兩種「吐氣」，一種是乾的，就像是（火燃燒後的）煙，大氣中的風、閃電、雷霆等現象是由此而生；另一種「吐氣」是從霧中形成的濕氣，並產生露、霜、雲、雨、雪及雹。[32] 不管今天的字義如何變動，亞氏對自然現象的理解大致吻合我們的感官經驗：土與水是構成地球的主要元素，氣與火（光是火的一種）則環繞在地球周遭，它們的互動產生了各種自然現象。

如同探討「天」一般，亞里斯多德同樣也先討論「地」作為一個整體的問題。他設定問題，並根據他的理論做嚴謹的論證以回答問題。他問：「地球的位置在哪裡？在宇宙中心嗎？」、「地球的形狀是什麼？是球形或圓柱形？」、「地球是靜止的或者有運動？」換言之，後來針對地球的相關問題與爭論，亞里斯多德當年都考慮到了，他是基於他的理論系統與論證才得到主張與答案的，而不是根據感官直覺。亞里斯多德的論證是：地球是球形的，因為地球主要是由土構成，土根據其本性會向中心聚集，而且必定聚集成對稱

狀，也就是球形。因此，地球也必定在宇宙中心。[33] 亞氏最後也報導數學家試圖計算地球的圓周大約是四十萬「史塔德」（stades，當時長度單位）。[34]

　　在討論整體地球之後，亞里斯多德描述地球（地表）的細部。地球上有各種不同的地形，其上寓居各種生命。雖然一般人相信大地主要是由大陸與島嶼組成，但他認為這種看法忽略了整個可居世界其實是一個大島嶼，被大西洋這個大海洋所環繞包圍。他推測可能存在其他大陸，只是希臘人看不到。接著他描述所知世界各地理區域的分布。[35] 亞里斯多德猜測：「最好的地理學家說，可居世界的寬度不小於四萬史塔德，其長度大約七萬史塔德。它分成歐洲、亞洲和利比亞。」[36]

　　月下區域由四種會生滅變化的元素構成，這說明了地球上的種種自然現象之變化。但我們觀察到的天空總是做永恆不變的圓周循環，因此亞里斯多德推論天空絕不是由地界的元素構成的。地界元素的本質是短暫的升起衰落之線性運動，沒有周而復始的性質。那麼天空是由什麼構成的呢？要滿足那些性質，只能假設天是由四元素之外的「第五元素」（quintessence; the fifth element）構成，這元素又被稱為「以太」（aether）。以太比火更「輕」，事實上是「無輕重性」且透明的固體物質，透明是因為它們可以透光；固體才能交代為什麼天球始終運轉不停。以太是構成天球且承載星體的唯一物質。天球殼層一層一層地緊密貼在一起，完全沒有縫隙，因此也不存在「虛空」（void; empty space）——沒有任何物質的空間，這被現代科學稱為「真空」。整個宇宙的任何地方都必定充滿物質。

對亞里斯多德來說，五種元素並非由細微粒子所構成，而是一個連續的整體，雖然我們經驗到的地界物質總是在混合的型態下出現。就算固體物質有空隙，那也必定充滿了氣。這個主張實際上是為了對抗原子論的宇宙模型，亞里斯多德設計了很多論證，由拒絕真（虛）空的存在來拒絕原子論的觀點。[37] 一個論證訴諸「運動比例」：首先，**任兩個運動之間必有比例存在**，也就是穿過一定空間所需的時間比例。快的運動與慢的運動不管差距多大都會有一個比例。其次，亞氏認為**時間比例與媒介的密度比例相等**，亦即物體穿過的媒介密度大，所需的時間長。若媒介是虛空的話，則媒介與其他物體間就沒有密度上的比例可言，因此穿過虛空的運動所需的時間理論上是零。如此一來，就與其他運動沒有比例可言，違反一開始的前提，故虛空不可能存在。

中世紀學者大致接受亞里斯多德的自然哲學與宇宙模型。然而，

圖 6.3 天球的盡頭想像圖

後來或許是為了強調哥倫布發現新大陸從而證明地球是圓，以及哥白尼天文學的革命性成就，產生一個神話，以為古代人與中世紀人們都相信地球是平的，[38] 如圖 6.3 想像中世紀旅人來到天球盡頭，把頭伸出天球之外所看到的景像。[39]

　　總而言之，從先蘇以來的「自然哲學」發展來看，亞里斯多德的自然哲學理論當然不只是他的《物性學》（自然學），也包括他的《形上學》、《論天》、《論宇宙》、《論生成與消滅》等著作的內容，這個自然哲學理論不僅能交代地界萬事萬物的自然秩序與生成變化，回應希臘自然哲學的核心問題，也包含一個宇宙構成與結構的模型。

想想看：

1. 亞里斯多德的形質論如何解決柏拉圖理型論的困難？
2. 亞里斯多德的邏輯理論與知識論密切相關，他的自然哲學又根據他的知識論架構來做論證，請嘗試探討兩者的關係。
3. 既然亞里斯多德列舉了十種範疇，扣除實體變化，為什麼不談九種變化（動）類型，而只談三種變動？（回答此問題必須回到原著的論證）
4. 亞里斯多德如何回答希臘自然哲學傳統的核心問題？

如何用幾何說明天象？
希臘數學天文學與宇宙論的發展

　　愛因斯坦曾說：「西方科學的發展是以兩個偉大的成就為基礎，那就是希臘哲學家發明的形式邏輯體系（在歐幾里得的幾何學中），以及通過系統的實驗發現有可能找出因果關係的方法（在文藝復興時期）。」[1] 愛因斯坦這個觀點其實是對西方科學的老生常談，也是早期科學史家與科學家對西方科學的「共識」，儘管這觀點後來面臨很多來自科學、技術與社會史的挑戰。不管「科學」是否要包括其他各民族的「自然知識」，也不管古埃及、古巴比倫、古印度及古中國的雛形科學多麼有成就，科學首度擺脫「實用」目的，而把純粹「想知道」當成一個求知的目的，還是得歸諸於古希臘人。

　　從先前諸章，我們已瞭解到古希臘自然哲學－科學家的共同問題是：**如何根據事物的天性（nature）來說明與理解大自然各形各色的現象**，特別是本書的兩個主題「天地（宇宙）」與「物質」。就物質而言，古希臘人想知道萬物是由什麼最基本的物質所構成、如何構成，以及萬物如何變化（生成與消滅）。這組問題自泰利斯以來經過兩三百年的發展，在亞里斯多德的四元素與形質論中得到一個統整的解答。亞里斯多德以他的理論為基礎，說明了幾乎所有的自然現象，之後並無其他理論可與之抗衡。在天地與宇宙論方面，亞里斯多德也提出了答案，然而他所提供的答案只是性質上的說明，缺乏數量上的計算，因而無法讓希臘天文學家滿意。

　　對天文學家而言，天文學不只是說明天體的性質與結構，還深深牽連到星體的位置與時間的界定（曆法），這涉及實用的目的，包括農業與政治：如何在感受到氣候變更之前就預知春季即將來臨，這樣就知道該播種了；或者如何透過天體相關位置的預測，來預言

人事的吉凶禍福。這些目的與星理學（占星學）的目的密切相關，涉及計算與預測。由於亞里斯多德的大系統理論無法滿足古希臘天文學家的這個目標，於是他們尋求數學工具的幫助。

希臘數學與天文學的發展是亦步亦趨的，很多純數學（幾何）的思考與成果其實是為了解釋並理解天體現象而被發展出來的，許多希臘的大數學家同時也是大天文學家，如金尼都斯的歐多克斯（Eudoxus of Cnidus, 390-337BC）、斐加的阿波羅尼烏斯（Apollonius of Perga, 210 BC）等等。當然，這不能排除部分希臘數學家仍有他們的純數學興趣，例如歐幾里得和阿基米德。以下讓我們只討論與天文學密切相關的希臘幾何學。[2]

幾何學

巴比倫人與埃及人是優秀的計算家，他們設計數目系統以便計算並解決實際的問題（如測量田畝、建築及分配財物等等）。但希臘人首度以抽象的眼光看待「數目」，並處理「數學」。因此，希臘數學有根本性的轉變。

對希臘思想家而言，算術（arithmetic）只是數學的一個分支，他們對數的性質更感興趣。希臘人區分奇數與偶數，並想知道它們各有什麼一般性質。如同我們在第五問談畢達哥拉斯的「正方形數」、「三角形數」等，希臘人也發掘了「質數」（除了1與自己之外無法被整除的數目）、「因數」（兩個以上的數目相乘得到第

三數，則該兩數乃是第三數的因素）、「質因數」（本身是質數又是其他數之因素的數目）等概念。

畢氏學派對於「比例」（ratio）特別感興趣，比例是人們在數量上掌握現象的初步工具，是基本的自然秩序，也是「理性」的最初運作。畢氏學派相信各種數之間都有一定比例，如果宇宙是整數構成的，而比例就是兩個整數之比，那麼宇宙的秩序就是比例，所有成比例的數就是「有理數」（rational number）。可是，沒想到一位畢氏學派成員卻發現無法形成整數比例的數目，例如圓周率和 2 的平方根，這些數就被稱為「無理數」（irrational number）。

除了部分數論外，希臘數學整體基本上是幾何學。希臘人最初對於圓形、三角形與平行四邊形的理想形狀及抽象概念很感興趣，對於解決實際的土地丈量問題則興趣缺缺。因此，希臘的幾何與埃及的幾何學有一個根本差異，即埃及幾何學主要是實用性的，用來蓋金字塔與丈量田畝。希臘人從泰利斯開始，嘗試對幾何形狀如圓形與三角形提出通稱性的陳述。埃及與巴比倫的計算家知道三邊為 3:4:5 的三角形是直角三角形，其兩邊的平方和等於斜邊的平方 $3^2+4^2=5^2$，但希臘人發現的畢氏定理（The Pythagorean theorem）是個通則，即如果直角三角形兩邊長是 x 與 y，而斜邊是 z，則可以證明 $x^2+y^2=z^2$。這個公式適用於所有直角三角形，據說是畢達哥拉斯證明了這個定理。[3]

然而，使得希臘幾何學新穎的不只是通則性，另一個重要特色是「證明」（proof）的概念與公理演繹體系的發明，亦即愛因斯坦所說的「形式邏輯體系」。希臘幾何學家的「證明」概念可以簡述為：

假設相對少數的共同觀念，再從這些觀念演繹出一個較複雜的觀念體系或真理，這個概念最清楚的表達與示範就是歐幾里得（Euclid）的《幾何原本》（*Element of Geometry*）。

　　《幾何原本》是希臘甚至人類數學的顛峰之作，是本永垂不朽的數學經典，部分內容直到今日仍是中學生必讀的東西。在《幾何原本》中，第一個高度精緻的數學公理演繹系統被建構出來。該書由一組關於「點、線（沒有寬度的長度）、直線、面、平面、直角、鈍角、銳角、三角形、矩形、正方形、平行線等等」的定義（definitions）而開始。定義之後是五條基本公設（postulates）：[4]

　　(1) 兩點之間可產生一條直線。

　　(2) 直線可從任兩端之一端延伸。

　　(3) 任何一點可畫出任何半徑的圓。

　　(4) 所有的直角都相等。

　　(5) 平行線永不相交。

　　這五條公設又預設了五條公理（axioms）。在《幾何原本》中，「公理」和「公設」的差別在於，公設可能只是假設，公理則是「自明的真理」。

　　(1) 等於同一件事的事物，彼此相等。

　　(2) 等數加上等數，總和相等。

(3) 等數減等數，餘數相等。

(4) 彼此重合的東西，彼此相等。

(5) 整體大於部分。

這五條是邏輯與算術公理，以現代語言來表述如下：

(1) 相等關係具傳遞性，即 a=b 而且 b=c，則 a=c。

(2) 加法公理，即如果 a=b 而且 c=d，則 a+c=b+d。

(3) 減法公理，即如果 a=b 而且 c=d，則 a-c=b-d。

(4) 同一律，即同一的東西是時空重疊的。

(5) 整體大於部分。

　　隨後，《幾何原本》展開了種種「命題」（propositions）的推演。一個典型的「命題」是由一項聲明（enunciation）開始的，然後是一個範例（example），然後做進一步的定義，接著是「證明」，最後做結論。得證的命題即可被視為幾何「定理」（theorems）。「證明」是一種演繹，一命題從其他命題推出，被蘊涵在被推出的命題裡。因此，最初的「定理」是由定義、公理與公設演繹出來的，已被證明的「定理」又被用來證明其他定理，如此層層演繹，形成一個完整的公理演繹系統。

　　此外，還有很多不同形式的數學論證法被發展出來，例如有名的「導謬證法」（reductio ad absurdum）。導謬證法的目的與形式可以表達如下：若想證明從前提 $P_1, P_2, \dots P_n$ 可以推出結論 C，而且 C

為真，則可執行下列步驟：

令 C 為假，即 ~ C，而且把 ~ C 當作前提之一
則得到 P₁, P₂,...Pₙ 與 ~ C 為前提
若可從此前提中演繹出任一組矛盾，如 Q 且 ~ Q
則根據排中律，可證明 ~ C 為假，故 C 為真

　　導謬證法預設了所謂邏輯三原理：不矛盾律、同一律與排中律。此三原理在亞里斯多德的著作中得到清楚的表述。不矛盾律是指「一命題不能同時是真又是假」。同一律則是「A 是 A」或「一物與自身同一」。排中律則是「一命題要麼真，要麼假，沒有第三種情況」。

　　希臘幾何學的另一項是成就是「窮盡法」（method of exhaustion）的發展，數學天文學家歐多克索斯首度探討此法。歐幾里得也在其《幾何原本》的第十二冊中使用窮盡法展示如何利用圓內接正多邊形（inscribed polygon）來窮盡圓的面積。只要把窮盡法進一步延伸，就可以用來計算其他曲線的面積。後來希臘著名的數學家與物理學家阿基米德（Archimedes）將窮盡法做了十分透徹的應用與發展，他使用圓內接正多邊形與圓外切正多邊形，證出圓周率（圓周與直徑的比例）落在 $3\frac{10}{71}$ 與 $3\frac{1}{7}$ 之間。他也應用窮盡法到拋物線、螺旋線與球體的表面積及體積的計算上，然後又被應用到天文學與地理學的計算上。

天文學的研究工具

數學幾何的觀念與計算，能否應用來理解自然？在西方的科學傳統中，有一個長遠的爭辯迄今未歇。爭論的焦點在於：自然本質上是不是數學的？使用數學才能掌握自然實在，還是數學的應用只局限在事物的量上，終極實在超出數學的掌握？哪一個答案才對？

在希臘哲學家中，柏拉圖與亞里斯多德恰好是最鮮明的對照。人們公認柏拉圖繼承畢達哥拉斯的數學傳統，主張自然與世界是數學的（幾何的），所以他有四元素是幾何固體的說法，也爭論是幾何比例使得宇宙成為一個統一的整體，而非其他物理或機械性力量。亞里斯多德則堅持，數學與自然哲學有根本差異，「物性學」或「自然哲學」應該考察事物的天性 —— 由感官經驗來刻畫。自然實在應該由存有的全部範疇來揭示，而感官經驗占據許多範疇如「質」、「主動」、「被動」、「場所」、「時間」等等，數學或「量」只是十範疇之一，量只占實在的一個面向。如果自然哲學企圖掌握實在，就不能單由數學來處理。

諷刺的是，柏拉圖雖然強調幾何在世界構造中扮演的角色，他自己並沒有真正對宇宙結構或自然現象的數學說明做出多少貢獻。如前文所論，柏拉圖提出的反而是神話式、神性式的主張。這或許和柏拉圖輕視物質世界，把他的思考重心放在理型世界與人類社會（理想國）這傾向有關。在雅典文明的黃金時代，真正對幾何應用到宇宙論與天文學上做出貢獻的是數學天文學家金尼都斯的歐多克斯。歐多克斯有時被說是柏拉圖的學生，他確實曾進入柏拉圖的學

院（academia）研習，但據說待了一陣子之後，覺得裡面的討論沒什麼幫助，就離開赴埃及遊學了。比起柏拉圖，歐多克斯擁有更徹底的數學心靈與才能，他首度構思高度精緻的幾何模型企圖解決天文學問題：說明太陽和行星的運動。

　　亞里斯多德雖然是柏拉圖的學生，也像柏拉圖一樣發展出一套無所不包的理論體系，可是比起柏拉圖，亞里斯多德對於地界的物與物性更感興趣。他是一位敏銳的觀察者，擅長從廣泛觀察與經驗中推出抽象的理論，他論證柏拉圖無法真正瞭解物質世界的實在，因為柏拉圖的「理型論」把想像的理型世界與感官經驗的物質世界區隔開來，並把後者當成前者的複製品，然而後者才是物質世界的真實。不管在柏拉圖或亞里斯多德的哲學體系中，數學與幾何模型更接近理型或形式的世界，亞里斯多德因此懷疑使用數學與幾何能真正掌握物質世界。

　　亞里斯多德從自己的廣泛敏銳的經驗觀察中，推出內在於自然事物的「本質」（本性、形式）才是真實的，透過數學工具得到的只是「量」的表象。他構思一個足以解釋當時感官所經驗的一切變化現象的自然學，也建立一個演繹邏輯系統（即亞里斯多德邏輯或傳統邏輯）與知識論，更提出解釋物性原因的「後物性學」（meta-physics，即形上學），說服了後來的大多數思想家。公元 2 世紀最偉大的天文學家托勒密也接受了亞里斯多德的大理論體系。然而，為了精確說明並預測天體的運動，天文學家不能不使用幾何與數學，托勒密因此結合亞里斯多德的物理論證及希臘數學家的幾何演繹方法，建構幾何模型來說明天體現象。可是，托勒密的做法也帶來新

的問題：**基於感官經驗及邏輯演繹方法而建立的物理理論體系，與基於幾何演繹方法而建立的天文理論，兩者之間的關係是什麼？如果兩者之間有所衝突，究竟哪一個更正確？**

幾何天文學和宇宙論

　　從第四問中，我們知道埃及人與巴比倫人觀察了太陽的運動，觀察了星星的變化（星星的相對位置不變），知道所有的天體會日復一日地升起落下，也能精確描繪出太陽周年運動的軌道（即黃道）。然而，這些知識都只是規則現象的直接觀察或間接推導，埃及人與巴比倫人對「為什麼這些天體會有這些運動？」、「什麼樣的宇宙結構造成天體這樣的運動？」這類問題並無解答。或許他們並無興趣回答這類問題；或許是他們已有一種「神話式」的答案，而且他們相當滿足於神話的答案——神明的喜好興趣決定了天體的運動方式；又或者，天體就是各個不同的神明。希臘人則不同，希臘人總是嘗試去回答：宇宙有什麼樣的結構？宇宙是由什麼構成的？它的結構如何說明天體的運動？天體運動的機制是什麼、如何運作呢？在古希臘的自然哲學家——特別是柏拉圖與亞里斯多德——的影響之下，希臘人堅信天體是完美的，而最完美的形狀是圓形，所以要說明天體的運動，必須要透過等速圓周運動。

　　一直到希臘時代，人類所認識的天體只有恆星與七大行星，當時沒有衛星、彗星及流星的概念。希臘人當然觀察到流星與彗星，

但並沒有把它們看成「天體」，因為在畢氏和柏氏的強烈影響下，希臘人相信天體是永恆世界，瞬間消逝的流星及軌道奇怪的彗星並不符合「永恆」的條件，而被排除在天體之外。如第六問所述，亞里斯多德提出一套「流火理論」來說明這些現象。

　　恆星並非固定不動，而是繞著北極星做圓周運動（在北半球向北望看到的現象），但是恆星之間的相對位置卻始終不變。而且恆星如同太陽、月亮一般，會規則性地升起落下，每日約略出現在相同位置上，沿著相同軌道運轉，之後落下。太陽與月亮這兩個天空最明亮的天體亦是每天規則性地升起落下。這很容易讓人想到這些天體是掛在天空上，而天空猶如天幕一般在轉動。

　　本來，除了上述解釋之外，這些現象可以有另一種解釋，即我們居住的地球是球狀，繞著自己的中軸每天自轉。然而對古代人而言，人類不曾感受到大地在動，因此要想像地球在轉動是相當不可思議的。所以，天空是一個半球狀的天幕，以地球為中心而轉動，就是古代人感官所見現象的最合理說明。從這個說明中誕生了兩球宇宙的模型。

　　總而言之，希臘人繼承古埃及人與古巴比倫人的長期觀察，累積了下列主要的天體規律性現象，都是有待理論來加以說明的。它們各自也都構成一個重要的天文學問題。

(1) 天上世界有幾千顆恆星，恆星間相對位置不會改變。

(2) 有七大行星在恆星間穿行。

(3) 太陽每日的升起落下。

(4) 太陽每日升起落下的位置會逐步改變，（在北緯地帶）春秋分時是正東、夏季偏北、冬季偏南。

(5) 太陽每天與每年（每個季節循環）在天空運行的固定軌道。

(6) 月亮每日的升起落下。

(7) 月亮每月的盈虧現象。

(8) 恆星每日的升起落下。

(9) 季節的循環與長度，每個季節看到的恆星天幕並不一樣。每個季節的長度也不相同。

(10) 七大行星在天球上的固定軌道與周期。

(11) 水星與金星總是出現在太陽附近，而且只有在清晨與黃昏時才出現。

(12) 七大行星在天球上的距離與位置。

(13) 行星的逆行現象（retrogression）。

要說明這些現象，全指向一個核心問題：**天體的性質與宇宙的結構是什麼？** 這個問題的答案或是假設有助於上述諸問題的解答。

這些現象之所以會構成問題，與希臘哲學家（特別表現在柏拉圖的思想上）的幾個觀念有關。第一，表象與真實的區分：我們眼中所見的天體運動只是表象，不是天體的真實狀態。第二，天體的真實狀態只能由理性思想（nous）來加以把握，理性思想使我們知道天體進行勻速圓周（uniform circular）運動。第三，若要說明天體的運動表象，我們必須組合勻速圓周運動；要做到這一點，只能求助幾何模型的構思。

　　希臘人試圖把宇宙的結構描繪成一個立體幾何圖形，並在此圖形上決定各天體的軌道。第一個嘗試回答上述部分問題的完整天文宇宙理論是「兩球宇宙」模型。兩球宇宙模型的起源為何？大概巴門尼德斯、恩培多克利斯、畢達哥拉斯學派與柏拉圖都有貢獻。柏拉圖的模型可算是原型（prototype），後來很多希臘思想家都各自提出不盡相同的兩球宇宙模型的版本；天文學家歐多克斯提出了「同心球」模型，被亞里斯多德繼承，成為主宰日後西方天文學一千五百年的「多殼層同心球體的兩球宇宙」版本。

一、從兩球宇宙模型到多殼層的同心天球理論

　　天文學研究的第一個課題是指認並分類天體。如同前面所指出，人類在古埃及與巴比倫時代已能分辨行星與恆星的不同。如果所有天體每天都會升起落下，也就是都在「運動」，那為何要區分出兩種不同的天體呢？古代人觀察到恆星的相對位置永遠不會改變，而行星相對於其他恆星的位置卻會隨日期緩慢地變化或移動，就好像行星穿過恆星的天幕在運動一般。更特別是人類肉眼可辨認的七大行星，它們穿過天幕的軌道剛好都位在黃道帶之內。

　　在巴比倫時代，太陽於春分日位在白羊座，然後慢慢穿過黃道十二宮，約三百六十五個日出日落後又回到白羊座，這即是一個太陽年。而太陽這種繞行黃道一圈的運動，被稱為周年運動。從地球上的北半球看來，這個穿過黃道的運動方向是由西向東，剛好與每日運動的由東向西方向相反。其他行星也有同樣的現象。在古代人看來，所有行星基本上都有兩種運動，一種是每日升起落下繞地球

的周日運動，[5]另一種是穿過黃道十二宮的周期循環運動。周日運動可由天球繞其中軸每二十四小時轉動一圈來說明。可是，行星的周日運動與繞行黃道的周期循環運動發生在天球上的什麼位置？特別是軌道最簡單也最重要的太陽。

　　太陽周年運動的軌道是黃道，太陽以怎樣的規律繞行黃道？這個問題等於是在問黃道在天球上的位置何在，以及天球赤道又有什麼相對位置，以致我們在地球上會看到太陽每日升起位置的改變，而且形成了春分、夏至、秋分、冬至這四個特別的日子？兩球宇宙模型假定黃道與天球赤道呈二十三點五度的傾斜角，如圖 7.1：

　　當太陽在春分和秋分時，它的周日運動軌道即是天球赤道，並逐日沿著黃道上升，改變周日運動的軌道。當太陽達到北天半球的

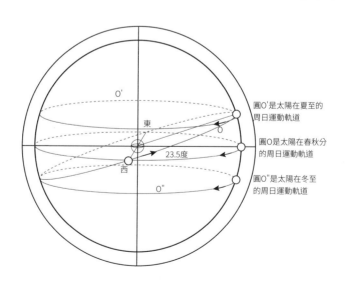

圖 O' 是太陽在夏至的周日運動軌道

圖 O 是太陽在春秋分的周日運動軌道

圖 O" 是太陽在冬至的周日運動軌道

圖 7.1：太陽的周年和周日運動軌道

最高點時，即是夏至當天，太陽周日運動的軌道是天球北回歸線圓周；當太陽達到南天半球的最低點時，即是冬至當天，太陽周日運動的軌道是天球南回歸線圓周。如圖可見在地球北回歸線上，我們會看到夏至當天正午太陽直射頭頂，而升起與落下位置偏北方；春秋分當天正午太陽偏南方，但升起落下位置在正東與正西方。如果我們在地球上的位置越往北移，當達到北極點時，太陽不管哪一天升起落下，位置都會在正東與正西方（注意，不能以上圖地球與天球的幾何位置來看，因為該圖僅是示意圖，不能反映出地球與天球的精確比例）。上述模型解決了與太陽相關的現象，但其他行星的黃道周期運動與相對位置又該如何說明？

　　希臘人已經觀察並確認水星與金星出現的位置總是距離太陽很近，但水星、金星、太陽的位置，哪一個距離地球比較近？古希臘的黃金時期認為是太陽－金星－水星（畢達哥拉斯、柏拉圖、亞里斯多德）；後來的希臘化時期主張水星－金星－太陽（托勒密）。由於托勒密主張後者，所以在公元 2 世紀以後，後者比起前者更流行。這個分歧緣於水星與金星較難觀測，很難判斷它們繞行天球一周的時間。然而，一旦能決定水星與金星的繞行天球時間，自然就能判斷其距離。因為月亮繞行天球一周的時間約為二十八天，太陽「繞行」天球一周則約三百六十五天。繞行一周所花的時間較長，理當距離地球較遠。我們今日已能精確知道水星與金星的周期比太陽年要短，火星則比太陽年更長（約五百八十五地球日），木星更長（約十二地球年）、而土星最長（約三十地球年）。行星的不同周期，讓希臘人得以判斷它們距離地球的遠近，或許它們的循環運

動分別由不同的天球來負責，這促成了「多殼層天球」觀念發展。

　　由於太陽的周日與周年運動最為規律，因此多殼層的兩球宇宙模型很自然地先由解決太陽的運動而出發。歐多克斯假想負責太陽運動的是兩個同心天球殼層，一個負責周日運動，其運轉軸與地軸為同一直線，垂直於赤道平面；另一個位在內層的殼層負責周年運動，其運轉軸與地軸呈二十三點五度夾角，與黃道面垂直。外殼層天球每日由東向西運轉一周，造成太陽每日的升起落下，內殼層天球每年由西向東運轉一周（即每日轉動約一度），造成太陽每年穿行黃道十二宮的現象。如下圖 7.2 所示：

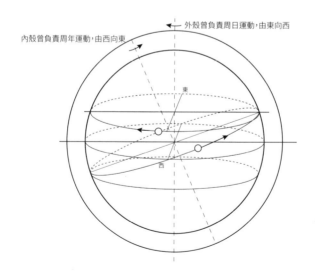

圖 7.2:負責太陽周日與周年運動的兩個殼層

最後，最外層的恆星同樣也可使用兩個殼層的天球來說明。一個殼層天球負責每日升降，另一個殼層負責每年的緩慢運動 —— 黃道十二宮也是每年會繞地球轉一周。因此，類似太陽的雙殼層同心球模型，也可以應用到恆星上。然而，太陽與恆星的運動現象相對規律，因此也比較好解決，但天空還有其他難纏的天體，如水星、金星、火星、木星、土星等行星。

二、行星逆行問題的解決嘗試

外圍行星如火星、木星及土星，除了每日升降與繞行黃道的正常現象外，還被觀測到一種異常的運行 —— 它們會產生「逆行」現象，也就是在公轉周期的某一段時間中，突然會向西運動，一段期間之後再轉回原來的向東運動。以火星為例，它可能在 4 月時進入白羊座，然後 6 月時在白羊座與金牛座之間慢慢轉向西方逆行，直到 8 月底左右才再轉回原來的向東運動。[6] 內圍行星如水星與金星也有這種現象，但比較不易觀察，因此多數天文學史的書籍大致上以火星逆行為範例，來示範天文學對這個課題的處理。

逆行現象迷惑了古代的天文學家與思想家，對他們來說，天體應該以完美圓形軌道運行，有完美的秩序與規則性。這種觀念在柏拉圖之後特別強烈，因為柏拉圖堅持天體是「完美的」，而完美的幾何必定是正圓形；而且永恆才是完美的，永恆代表靜止不變。勻速運動雖然不靜止，但相對於地面上來說仍然是不變的。因此，柏拉圖堅信天體必定是正圓、勻速且完美的。因此，外圍行星逆行的現象對這種信念是一個重大挑戰，也難怪柏拉圖大聲疾呼：拯救現

象（save the phenomena or appearance）—— 也就是拯救規律性！據說（但不是很可靠）柏拉圖問：行星的表面運動如何由勻速（等速）有序的圓周運動來加以說明呢？這個問法設定了希臘天文學的基本課題與方向。

　　不管拯救現象一詞或者天文學的基本課題是不是由柏拉圖設定，至少柏拉圖的學生及後來的希臘天文學家都相信，我們可以透過完美的圓周運動來說明這一切的不規則性 —— 這也稱為「保全現象」或「拯救現象」，就當時的數學而言，這是一個困難但並非不可能解決的問題。

　　所謂的行星運動，乃是因為在固定的地球上觀察，行星的位置才顯現出令人迷惑的複雜性與不規則性。對希臘天文學家來說，這種觀察上的複雜性、不規則性只是一種**表象**，必定有**真實**隱藏在其後，而**真實**是有秩序、規則、可理解的。面對複雜與不規則的行星位置及速度，唯一的辦法似乎是使用規則且可理解的勻速圓周運動之組合，來說明這種不規則的表象是怎麼產生的 —— 這是希臘天文學的基本信念。歐多克斯是第一位提出一個完整答案的數學天文學家。

　　對於太陽與恆星的運動，歐多克斯的同心球理論提出了兩個同心殼層即可解決，上文已有所討論。至於外圍行星的逆行現象，歐多克斯則擴張同心球的殼層，讓更多殼層來解決逆行的問題。火星的逆行需要四個同心球殼層來解決，當四個同心球殼層分別有不同角度的轉軸及轉速時，從地面上觀察火星的軌道時就會產生逆行現象。在四個同心球殼層中，火星位在最內殼層的天球，最外面兩殼

層則負責火星的每日運動與繞行黃道的運動，內層第三殼層使火星
產生倒退的運動，最內的第四殼層再把火星帶回原來的順行方向。
因為這些殼層都是勻速圓周運動，而非間歇性的運轉，所以四殼層
的運轉綜合會在黃道上造成一個 8 字形軌道，這個幾何組合的 8 字
形軌道，十分接近實際觀察到的火星逆行現象，如下圖 7.3。

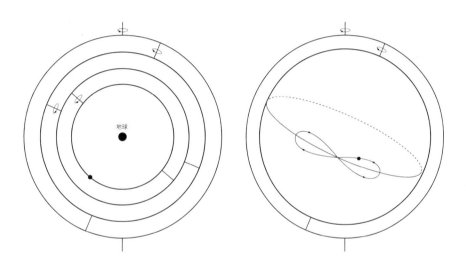

圖 7.3：歐多克斯的同心球理論和 8 字形軌道，用來解釋火星的逆行現象。

現在，問題是歐多克斯的模型是否代表了真實的宇宙結構？歐
多克斯如何看待他的同心球模型？這些擁有不同角度轉軸的同心球
是真實的天球嗎？答案是否定的，歐多克斯並沒有如此主張。他並
不認為天上世界是由不同的同心球殼所構成，並以幾何模型呈現般
的機制在運作。他只是提議以一個數學模型來理解複雜的行星運動，
並滿足柏拉圖的訓令。

　　第二個問題是，這個模型能否做預測？亦即預測火星在未來周期時逆行的時間與位置？歐多克斯的模型很難做到這一點。可是，量上的預測也不是早期希臘科學的目標，希臘人只要求在理論（模型）與觀察之間有性質上的一致性即可，至於量上的精確預測，那不是希臘科學家的興趣。換言之，他們感興趣的是「說明」（explanation）與「理解」（understanding），而非預測與控制。這當然不是說希臘人不做預測，占星學的目的就是要做預測。可是，希臘自然哲學家改變了希臘思想的主要方向，他們把天文學的方向重新定位在對於觀察現象提出一個合理而有秩序的說明。

三、推估天地的結構與大小

　　對於「物性學」與「物性真實」有強烈興趣的亞里斯多德，並不滿足於歐多克斯以「數學模型」來定位同心球。他採納了歐多克斯的學生卡利帕斯（Callippus, 370-300 BC.）改良的同心球模型。他並不把它們視為虛構的模型，而是當成宇宙的真實結構。[7] 但這樣一來會產生許多新問題：真的有不同角度的轉軸嗎？如果宇宙沒有真空，表示天球殼層緊貼在一起，那麼不同的天球殼層如何繞著不同的轉軸轉動？如果天球殼層緊貼在一起，外層殼層轉動時，不會影響內層殼層嗎？亞里斯多德必須嚴肅地思考殼層的運動是否會互相干擾的問題。

　　基於亞氏的宇宙模型，他認為每組行星的球殼都緊密地貼在一起，所以行星（如土星）的最內層球殼，必然會將它的複雜運動傳給在它底下的另顆行星（如木星）之最外層球殼。這兩個互相密接

的球殼方向可能相反，因而打亂所有運動。因此，亞里斯多德在行星與行星（如土星與木星）之間插入一組反作用的球殼，以便把正確的每日繞地運動傳給每個行星的最外殼層。他做了十分簡略的報導，宣稱負責行星運動的殼層有八個負責月亮與太陽，二十五個負責其他五個行星，加上負責反傳動的球殼各有六個與十六個，故總共有五十五個行星天球，[8] 再加上一個恆星天球。可是，我們並不是很清楚亞氏究竟怎麼算出這些數目。總之，亞氏的論述很簡略，他只花了一兩頁篇幅來討論歐多克斯式的模型並提出他自己的觀點。

在討論天的數目之餘，亞里斯多德也報導地理學家對可居住區域大小的估算，以及數學家對地球圓周的估算（約四十萬史塔德，見第六問）。問題是，亞氏並沒有告訴我們數學家如何得到這個數字，目前也沒有其他文獻記載亞氏之前的數學家是如何估算地球圓周的。可是，在亞氏之後約一百年內，確實有位數學家曾精確地估算地球的周長，他是塞倫尼的埃拉托斯色尼（Eratosthenes of Cyrene, 276-195 BC）。[9] 他的估算方法如下述。

首先，他知道賽倫尼（即今日埃及的阿斯旺〔Aswan〕）有一口深井，夏至正午井水正中會反映出日影，表示太陽在當天直射地表（與地表呈九十度）。在同一天正午，他在北方的亞歷山卓城（Alexandra）使用日晷測量陰影長度，並從這長度推算陽光入射地表的角度（即光線方向與日晷夾角）。如果地球是圓的，根據幾何定理，從塞倫尼到亞歷山卓兩地與地心的夾角就是陽光的入射角 α。埃拉托斯色尼算出這夾角約七度多一點，是三百六十度的五十分之

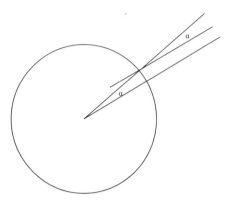

圖 7.4：計算地球圓周

一。如圖 7.4 所示。

　　他知道塞倫尼到亞歷山卓直線距離約四萬五千史塔德，約八百公里，即地表圓周的弧長。已知地球圓周長是這段弧長的五十倍，所以地球圓周長約二十二萬五千史塔德，約亞里斯多德報導的數字的二分之一強。這數字約今日的四萬公里，十分近似今日的估算。

托勒密的天文學和宇宙論

　　托勒密是古希臘天文學的集大成者，他也寫了科學史上最偉大的著作之一《天文學大全》（*The Almagest*），拉丁文或阿拉伯文的意思為「最偉大者」（The Greatest），中文另譯《至大論》。這本書支配了西方天文學研究近一千五百年，直到 16 世紀才被哥白尼開

啟的天文學革命終結。除了《天文學大全》外，托勒密也寫了星理學（占星學）著作《星理四書》（*Tertabiblos*）與地理學著作《地理學》（*Geography*），[10] 這是回答「宇宙的結構」問題之合理擴張。在托勒密時代，由於亞里斯多德的理論論證，地球是球形已成為公認的「事實」，現在的重點是地球究竟有多大？陸地的範圍有多廣？各地的相對位置是什麼？能夠以幾何繪圖來掌握它們嗎？如果可以，該怎麼做？這些是《地理學》一書面對的問題。此外，希臘化時期的羅馬人普遍相信天體運行影響了地球事務的演變，例如日夜、季節、氣候，以及動植物的生長與活動等等，這些影響有多深？對於人類的事務的影響又是什麼？是否也對個人有影響？如何影響？有什麼規律可循？這些是《星理四書》企圖討論的問題。可以說，這三本書合起來一起構成托勒密廣義的「宇宙論」——探討天、地、人的密切相關性。

托勒密其實是希臘兩條思想路線的集大成者，亦即集合了**柏拉圖的數學幾何路線與亞里斯多德基於經驗觀察的物性學路線**。他一方面發展大量的幾何模型（假設）去說明天體的現象，另方面也使用亞里斯多德的物性學與形上學論證來建立宇宙結構的理論。

一、天體世界的說明

我們並不清楚《天文學大全》中處理天文現象的幾何模型是否為托勒密首創，根據書中說法，那些主要模型得之於前人，特別是阿波羅尼烏（Appollonius of Perga, 240-190 BC）與希帕恰斯（Hipparchus of Nicaea 190-120 BC）兩位古代的天文學家。阿波羅尼烏與

希帕恰斯的著作並沒有流傳下來，他們的成就被得知，就是來自托勒密的記載。阿波羅尼烏可能是「副輪－主輪模型」（epicycle-deferent model）[11] 的發明人，而希帕恰斯則加以發揚光大並改良。希帕恰斯還提出一個新的星圖，發現春分點的進動現象，發明新的天文觀察工具，並首度為幾何模型指派數值，引入理論預測與觀察數量間的配合要求，改變了希臘天文學。做為一位「集大成」者，托勒密自言從阿波羅尼烏與希帕恰斯那兒學到了「偏心圓」（eccentric model）和「副輪－主輪」兩個模型（細節見下文）。第三個重要的「對等點模型」（equant model）則可確定是托勒密自己的貢獻。

　　《天文學大全》共十三冊，第一冊的內容討論宇宙的結構與建立圓、球、弧及弦的換算表；第二冊乃是以前一冊的幾何學來處理宇宙的結構——一個擁有赤道與黃道的想像天球，並建立黃道十二星座上升位置表。這是在建立天球的參考坐標系統。前二冊建立了天文學研究的方法學，第三冊開始處理太陽的運動。第四、五、六冊都集中在月亮的運動。第七、八冊處理恆星天球，明確定義恆星為相對位置保持不變的天體，此外北半與南半天球上的主要恆星位置均被詳細定位列出。第九、十、十一冊討論太陽、月亮與其他五顆行星的排列順序，以及依序展示水星、金星、火星、木星及土星的運動。第十二冊集中解決行星逆行現象。第十三冊也是最後一冊處理殘留的行星軌道問題。以下我們將透過建立托勒密宇宙論與天文學的基本架構，來介紹托勒密的天文學。所謂基本架構，是指基本宇宙模型與幾個重要的說明行星運動的數學模型。

　　托勒密在第一冊中處理宇宙的結構，一致於亞里斯多德的學說。

我們可以說他建立了一個宇宙的「物理模型」（physical model），因為托勒密並不只是視它為「模型」，而是視為「物理真實」——它們不是以「假說」的名義被提出來的。在這個模型中，天進行圓球狀運動（move spherically），因為星體的可觀察圓周軌道是顯而易見的，而且星體的升起落下是在平行的圓圈上，由此可導出同心天球的觀念，而且天球是由以太構成的。接著，大地整體也是球狀的。托勒密的理由是其他形狀都不可能恰當地配合我們觀察到的天體位置。大地（地球）位在天球的中心，靜止且不可能運動，其大小相對於天球約莫只是一小點。托勒密如同亞里斯多德般論證：地球必定是靜止的，因為如果地球自轉運動，動物與其他重物將會被拋到空中，地球會在高速自旋中快速瓦解。天球有兩個不同的基本運動（prime movement），一個運動是以等速圓周、彼此平行地由東向西運轉，另一個運動的方向與前者相反。亦即在一年之內，我們會看到黃道的天體也轉動一圈。

　　宇宙的物理模型被建立後，托勒密的進一步任務是以數學處理我們觀察到的天體運動現象，也就是第二冊的數學幾何模型。第三冊使用幾何模型處理太陽的運動，一方面區分了「規則運動」與「不規則運動」（又稱「異常運動」〔anomaly〕），另方面也重新確認了「柏拉圖原則」，即希臘天文學研究的基本方法原則——以等速圓周運動的組合來說明不規則的運動。托勒密是這麼說的：

　　接下來的事情是說明太陽表（象）面上的不規則性（apparent irregularity），首先必然假定一般而言在方向上與（恆星）

天球運動方向相反的行星運動，依其天性都是規則與圓周
循環性的，就像宇宙（天球）也是依其本性而運動一般。
換言之，連接星體和圓心的半徑，在同等時間內掃過同等
的角度。它們表面上的不規則性則是它們所在球殼（由此
產生了這些運動）的諸圓圈之安排與位置所造成的。關於
它們表象上的想像失序，並沒有偏離實際發生在它們天性
上的不變性（unchangeableness）。[12]

為了配合柏拉圖原則，以解決星體（行星）表面上的不規則性，
托勒密在第三冊第三節提出了三個基本模型（托勒密稱為「假說」）：
偏心圓模型、副輪－主輪模型，以及對等點模型。

首先，偏心圓模型是如下的幾何圖形，可說明當行星（太陽）
走向遠離地球那端時（冬季），其運行速率似乎變快了；而當行星
走到接近地球那端時（夏季），其運行速率似乎變慢了。為什麼？

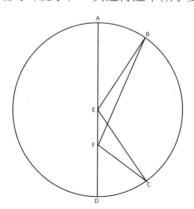

圖 7.5：偏心圓模型

托勒密的幾何證明如下：假定圓 ADCB 的圓心是 E，再假定 $\overset{\frown}{AB}$ 與 $\overset{\frown}{CD}$ 相等，現有一點 F 在直通過 E 的直徑上，那麼從 F 看來，∠ CFD 大於∠ AFB。因此在 E 點看來，行星在相等時間內通過 $\overset{\frown}{AB}$ 和 $\overset{\frown}{CD}$ 是勻速的；但在 F 點看來，行星通過 $\overset{\frown}{AB}$ 時比通過 $\overset{\frown}{CD}$ 時要慢。如果地球的位置不是在圓心 E，而是在 F 點，則地球看到行星運行就會呈現不均速的現象。

　　偏心圓模型被用來處理太陽運行黃道不勻速的現象。古代人觀察到季節的長短不一（從春分到夏至是九十三天，從夏至到秋分是九十四天，從秋分到冬至是九十天，從冬至到春分是八十八至八十九天），這顯示了太陽的運行速率並不均等。如果地球不是真正位於太陽運行軌道的圓心，而是偏離圓心一段距離，則我們在地球上觀察太陽，就會觀察到太陽運行的速率不均等。然而對圓心而言，太陽的運行速率仍是勻速的，如此不會違反行星運行必定是勻速圓周運動的信念。可是，後來的天文學家卻批評說，這是用特別的「角速率」來取代「速率」，仍違反柏拉圖的訓令。

　　最令古代天文學家迷惑的逆行現象，托勒密以「副輪－主輪模型」來處理。這個幾何模型假定在行星繞行地球的主要圓圈（主輪）上還有一個小圓圈（副輪），行星其實在位在副輪上，而副輪的圓心在主輪上，如下頁左圖：ABCD 是主輪，FGHK 是副輪，E 是主輪的圓心。托勒密論證說：行星在 FGHK 上，顯然在 F 點與在 H 點將不一樣；而且行星從 F 到 G 的運動大於從 A 到 G 的運動。托勒密的論證是靜態的，後來天文學家都動態地解說主輪與副輪的同時運轉，亦即當副輪圓心繞著主輪勻速轉動時，在副輪上的行星也繞

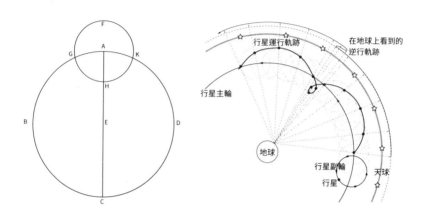

圖7.6 左：托勒密的主輪－副輪幾何抽象模型。
圖7.6 右：主輪－副輪模型用來說明行星逆行現象。

著副輪勻速轉動，如此在平面上劃出的運行軌跡，就能顯示從地球上看到行星逆行的現象。

　　如圖7.6 右所示，副輪－主輪都位於相同平面上；因此當行星走到主輪內部時，在地球看來就好像產生了逆行現象。而且當行星逆行時，其亮度似乎較大，表示它可能比較接近地球。副輪－主輪的模型也顯示當行星逆行時，其位置在主輪的內部，所以較靠近地球。此外，天文學家可以調整副輪－主輪的半徑比例，使得模型上的數值吻合於觀察數值。有關五大行星逆行現象的觀察數據與幾何模型的配合，托勒密在第十二冊中做了完整的處理。

　　最後一個是「對等點模型」，它也是用來「保全」行星運行速度不勻速的現象（以木星的運行為範例，正如偏心圓模型以太陽的運行為範例）。托勒密的幾何證明相當複雜，我們無須在此複述，

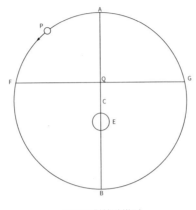

圖 7.7：對等點模型

後來天文學史家均用下列簡潔的圓形來說明對等點模型，如圖 7.7。

假定一直徑 $\overline{AB}$，Q, C, E 是直徑 $\overline{AB}$ 上的點，C 是圓心，地球位於 E 點，而線段 $\overline{QC} = \overline{CE}$，Q 即是「對等點」。$\overline{FG}$ 則與 $\overline{AB}$ 垂直。托勒密容許從對等點 Q 上看，行星在相等時間內掃過相等的角度，即行星 P 穿行 $\overarc{AF}$、$\overarc{FB}$、$\overarc{BG}$、$\overarc{GA}$ 所花的時間相等，因此符合勻速的條件。換言之，Q 取代了圓心 C 的角色。但實際上 $\overarc{FB}$ 比 $\overarc{AF}$ 長，$\angle FEB$ 大於 $\angle AEF$，因此在地球上看來，行星通過 $\overarc{AF}$ 時要比通過 $\overarc{FB}$ 時慢。如此可說明為何在地球上看來，行星也有時快時慢的現象。

現在「偏心圓模型」、「副輪－主輪模型」與「對等點模型」可以組合起來，成為下列的簡潔幾何圖形，見下頁圖 7.8。我們可以把它看成托勒密用來說明五大行星運動的整合模型。當然，它不是太陽和月亮的運動模型。

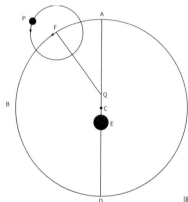

圖7.8:行星運動的整合模型

　　至於水星與金星總是距離地球很近、而且不會出現在半夜（太陽的對立面）這樣的觀察現象，該如何解決？托勒密假定太陽、水星與金星三者呈一直線，同步繞著地球運動，因為水星與金星也有逆行現象，所以它們在自己的主輪軌道上運動，主輪的圓心繞著地球同步運動時，水星與金星也同時在副輪上繞著主輪運轉。這樣在地球上看來，就可以發現水星與金星總是出現在太陽附近。這被稱為「同步模型」，如圖7.9所示：

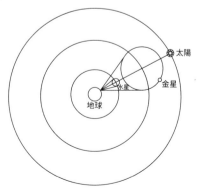

圖7.9:水星、金星和太陽的同步運動模型

　　托勒密並沒有明白提出上面的圖形（模型），但他對水星與金星的副輪及運動軌道的處理蘊涵了這樣的模型。[13]

　　《天文學大全》的天文理論分成兩部分，第一部分是第一冊的「物理模型」。如同前述，托勒密顯然視它們為物理真實。第二部分則是處理各種天體運動現象的數學（幾何）模型，它們是不是代表真實的宇宙結構？該如何看待它？若把他的數學模型看成真實，會有很多困難。第一、主輪與副輪的設計違反亞里斯多德主張天球是固體結晶殼層而且每層皆密實緊貼的說法。托勒密一方面引用亞里斯多德的物理實在論證，另方面又使用違反「物理實在」的幾何模型，兩者無法緊密配合。第二，偏心圓模型使得地球變成不是宇宙中心，再度違反亞里斯多德的物理實在論證。第三，對等點模型並不能真正解決行星運行不勻速的現象，因為它只是做到角速度勻速，而非真正勻速（但這個對等點模型暗示了日後克卜勒的橢圓軌道）。第四，說明水星與金星總是在太陽附近的「同步模型」，會導出水星、金星與太陽的黃道周期運動時間一樣，但這與觀察經驗不合。水星與金星繞行黃道一周的時間不同，也不是約三百六十五天。可是在中世紀，這些都不算是困難，或者說這些困難並沒有被意識到。為什麼？

　　若可以把歐多克斯的理論模型視為純數學的（幾何的），那麼托勒密的模型也可以做如是觀。雖然托勒密在《天文學大全》一開始做了地球是宇宙中心的「物理論證」，但如果把「物理實在」與「數學模型」兩者加以區分，不必互相一致，就可以規避先前的難題。中世紀的哲學家與科學家普遍不在意數學模型是否表徵了物理

實在 —— 因為數學模型只是「假設」，而真實與實在已經由《聖經》與大哲學家亞里斯多德提供了。因此，他們接受一個數學模型可以適當地配合經驗數據，同時承認它不必表徵宇宙的真實。這種觀點在科學哲學中稱為「工具論」（instrumentalism），亦即數學理論或模型只是一項說明與預測的工具，只需「保全現象」（Saving the phenomenon）就夠了。可是在 15 世紀時，自然哲學／科學家有方法論的轉變，一種「實在論」（realism）的態度慢慢興起，主張數學模型也必須要能說明真實才行 —— 這種觀點可能隨著西方世界引入阿拉伯天文學家的理論而產生。例如普爾巴赫（Georg Peurbuch, 1423-1461）在 1473 年時曾出版《新行星理論》（*New Theories of the Planets*）一書介紹阿拉伯天文學家哈珊（Ibn al-Haytham, 965-1040）的宇宙結構模型，該模型結合了亞里斯多德的晶體天球之物理實在觀及托勒密的「副輪－主輪」幾何模型，如圖 7.10 所示，黑色部分為晶體天球，白色部分為中空管道。[14]

圖 7.10:阿拉伯天文學家哈珊的宇宙結構模型。

　　不管數學模型或物理實在究竟如何，所有希臘天文學家發展出的模型都必須在「勻速正圓周」的預設下建立。為什麼希臘人如此堅持？這是不是一項「教條」？還是說，這才是科學的「本質」——科學其實是建立在一些基本假定上，再由這些假定去發展模型，以便配合經驗資料？

二、大地的結構與天體對地界的影響

　　托勒密不僅是古代世界最偉大的天文學家，在地理學（geography）方面，他也是權威。Geography 是 geo-（Gaia，大地）加上 graphia（圖形），希臘字本意為「地球全球的繪圖學」，也是透過幾何學來理解地球表面各地點位置與形勢的一門學問。因此，正如天文學必須建立參考坐標系統一般，地理學也一樣必須建立地圖（map），然後把人類對於地表上地點的具體知識，投射繪製到地圖上，所以地理學包含「地圖繪製學」（cartography）。[15]就像《天文學大全》綜合古代世界的研究而變成天文學權威，托勒密的《地理學》也綜合並修正古代世界的既有成果（地圖）而成為地理學權威。

　　《地理學》總共有八冊加上一系列圖片，目前已有英譯節譯本，譯出「理論性的章節」，其中最重要的是第一冊（Book I），闡述了托勒密的「地圖繪製學」的方法論，一共有二十四條命題或指引以及對這些命題的解釋，再加上兩個基本幾何圖形 —— 把三度空間的球形表面投影到二度空間的平面 —— 的繪製方法。這二十四條指引的前五條是：

(1) 論世界地圖繪製與區域地圖繪製的差異。

(2) 論世界地圖繪製的先決條件。

(3) 地球圓周周長可從任何直線區間的長度求得，即使它們不是位在單一個子午線（meridian）上。

(4) 天文現象必然優先於旅行紀錄。

(5) 必然追隨最新的研究，因為世界會隨時間而變動。

　　從第六條命題起是對前人成果（如地理學家泰爾的馬里納斯〔Marinos of Tyre〕的世界地圖繪製、大地與海洋旅行者的報導等等）的一系列修正，接下來諸冊是一系列地名的經緯度計算和紀錄。對於地圖學來說，《地理學》最重要的成就是根據第一冊的曲面作圖法畫出一個幾何梯形曲面，它是圓球面上的截面，如圖 7.11 所示。托勒密在這樣的曲面上，繪製出如下這張環地中海區域的地圖，如圖 7.12 所示。這幅地圖把地球表面上的地點與地形表現在上述幾何曲面上，相當精確地顯示歐洲、地中海、阿拉伯半島及北非的地形與相關位置。

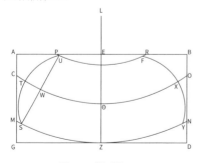

圖 7.11：梯形曲面

圖 7.12：托勒密繪製的環地中海圖

　　《星理四書》拉丁文 *Tertabiblos* 的本來意義只是「四冊書」的意義，當然它的內容是處理後來所謂星理學的題材，它也變成星理學的一本經典。如果我們從托勒密的本意與當時的思想背景來看，星理學是天文學的合理延伸，它處理的是天體對於地界事務的影響。[16]《星理四書》開宗明義就說：「大自然多數事件的原因是來自環繞包圍的天」，托勒密論證說：

> ……來自永恆的以太實體（譯按：即天球）的一定力量遍布在地球的一切區域之中，整個地球都因而受到改變，因為月下區域的元素——火與氣，會受到以太天球的環繞包圍與運動而改變，火與氣又環繞包圍著水與土，從而改變它們狀態，而動物與植物是生長在水中與土中。[17]

　　《星理四書》第一冊繼續論證各個行星對地界事務的影響，他的論證是基於亞里斯多德的物性學與四元素冷熱乾濕的性質，例如太陽的物性影響是發射熱，從而造成乾；月亮則帶來濕性；土星冷而乾；火星偏紅因而有乾且燃燒的效果；木星與金星熱且濕，不過木星的主要性質是熱，金星的主要性質是濕。水星有時乾有時濕，要看它與太陽、月亮的相對關係。諸行星對於地球的影響力和它們與地球的距離有關，當太陽越靠近夏至的天頂時，熱且乾的效果就越強；月亮則會造成霧而帶來濕性，因為它與地球最近。火星、金星有加熱的影響都是因為它們靠近太陽，金星會導致濕性則因為它也靠近月亮。

　　根據上述，我們可以看到托勒密的論證十分合理，他是基於亞氏理論來建立天體對地界事物的因果影響。可是，這樣的一般性因果如何影響個人的命運？托勒密透過古希臘醫學的「體液說」與「四氣質」，來合理連結物理特性與人的性情，[18] 亦即人的身體有四種體液：黃色的膽汁、紅色的血液、白色的唾液及黑色的膽汁，分別對應了火、氣、水與土。火是熱且乾，氣是熱又濕，水是冷且濕，土是冷且乾。熱且乾表現出「急躁」的氣質（short-tempered, fast or irritable），熱又濕表現出「樂天」的氣質（optimistic, active and social）；冷且濕表現出「沉靜」的氣質（relaxed and peaceful）；冷且乾則表現出「多慮」的氣質（analytical, wise and quiet）。如此透過冷、熱、乾、濕這四種物理性質與人體體液及氣質的配合，托勒密相信七大行星對於個人的命運也有其影響。

　　這一整套思想系統在科學革命之後已被廢棄。可是，科學史家與天文史家依然承認托勒密的《天文學大全》是科學，卻幾乎從未處理過《星理四書》，這是沒有把托勒密的天文學理論與星理學理論當成一個完整的宇宙論來看待的結果。

想想看：

1. 為什麼說在中世紀時，托勒密的天文學理論所產生的困難
   都不算是真正的困難？

2. 為什麼本書把托勒密的占星學當成他的科學之一部分？本
   書的理由是什麼？你贊同嗎？

3. 希臘天文學堅持必須以勻速圓周運動與其組合來說明天體
   的現象，以保全它們的規律性。這似乎只是一種信念，會
   不會淪為獨斷與教條？可是，如果沒有這樣的基本信念，
   會有天文學嗎？或者是，這樣的做法（從基本信念中建立
   可資說明經驗現象的假設或模型）有其理性的依據？

4. 到目前為止，如果你精讀本書，已大致瞭解古希臘的古典
   自然哲學與科學，你是否能為它描繪出一幅整體的圖像？

如何調和理性與信仰？
中世紀的科學

　　在現代科學家的想像與科學教育中，西方中世紀時代總是被賦予一個「黑暗時代」的形象：這個時期只有神學、女巫、神話、傳奇、迷信、愚昧，而完全沒有「科學」；而且據說一直到中世紀晚期 15、16 世紀左右，羅馬教會仍然迫害科學；教士仍然是反動蒙昧的，只知固守羅馬教會的教條。這幅形象正確嗎？事實上，在這幅圖像中，中世紀的科學整個被省略了，或者被直接視為非科學，伊斯蘭的角色也被置之不顧。西方中世紀的確有過一段戰亂與蠻族入侵的時期，學習與知識都被荒廢了，但這不是全貌。中世紀仍然有其科學，雖然異質於近代科學，但仍然大量延續古希臘科學的思想，也有創新的發展，形成自己的特色。[1]

　　導論已論及 Science 這個英文字來自中世紀拉丁文 *scientia*，即「知識」之意。換言之，理性知識就是科學，或者科學就是理性知識。神學也需要理性的運作，所以神學也是理性知識。可是，對教會學者或「科學家」來說，神學源自《聖經》的記載或聖徒們直接接受上帝的啟示（apocalypse），兩者都是必然真理，它們是宇宙的創造者——上帝的言說，因此神學超越理性。反觀人類理性的運作常常會超出啟示的界限，有必要受到約束；然而，上帝又把理性能力如此珍貴的禮物賦予人類，上帝必有其旨意。就在這種矛盾糾結的思想背景下，形成了中世紀「科學－知識」的核心問題：**如何調和理性運作成果與基督信仰的衝突？**

中世紀的「科學」觀

中世紀，過去在英文中稱為 Medieval period，此字帶有貶意，即中古、落後、黑暗的時期，義大利的人文主義學者於 14、15 世紀文藝復興時期首度使用這個字，目的在區隔他們眼中的新未來與過去。然而，現在的歷史學家則抱持中立觀點，不再一昧視中世紀為落後黑暗的世紀，故改稱為 the Middle Age。

歷史學家一般把中世紀區分為兩到三個時期，第一個時期是西元 476 至 1000 年，從西元西羅馬帝國覆亡開始，乃中世紀早期（early middle age，在哲學上亦為「教父時期」）；第二個時期從西元 1000 至 1200 年，乃阿拉伯科學與學術開始輸入的轉折期（transition period）；第三期是中世紀晚期，從 1200 至 1450 年，乃中世紀科學與學術的頂峰時期（high or late middle age，哲學上為「士林學派」當道）。

最初中世紀的科學頗受忽略，現在則慢慢被發掘出來，還涉及伊斯蘭科學的傳入與互動，史料非常豐富。[2] 本章只能介紹一個輪廓大要，聚焦在理解中世紀的科學圖像，並評估中世紀科學在整個西歐科學發展中扮演的角色。因此，本章預設的歷史問題是：中世紀如何使用 *scientia*（科學）這個詞？中世紀學者對於「科學」有什麼獨特看法？中世紀科學包含了什麼內容？中世紀的科學與哲學的關係又是什麼？兩者的變遷有什麼關係？中世紀的哲學 —— 特別是形上學，對科學的發展有什麼影響？中世紀科學對近代科學究竟是阻礙還是有所助益？中世紀的科學與思想，對人類的文化有什麼重大啟示與影響？

　　整個中世紀的科學發展大致上就是基督教信仰不斷接受希臘哲學的結果。依中世紀三階段的分期，科學在每個階段中的發展各有不同的特色。首先，中世紀早期，《聖經》的啟示與教父的權威為知識的唯一來源；轉折期是基督教信仰與柏拉圖思想的調和；中世紀晚期則是透過與伊斯蘭的接觸而再發現亞里斯多德，他的思想成為本階段的主導，亞里斯多德主義成為此時的真理。但亞里斯多德思想的權威性不因中世紀而落幕，一直貫穿文藝復興，直到 17 世紀現代科學崛起後才慢慢消退。

　　對中世紀而言，科學即是知識或理性知識，或者說，所有被視為知識的都是科學。因此，以《聖經》為基礎的「神學」，在中世紀被視為不折不扣的知識，有時又特別稱為「啟示知識」，因為它是在上帝啟示之下產生的，所以神學也是一種「科學」。如此一來，中世紀的「科學」可粗分為兩種：神的科學與非神學（人的）科學。例如，13 世紀英國主教基瓦德比（Robert Kilwardby, 1215-1279）曾提出如下的學科架構：

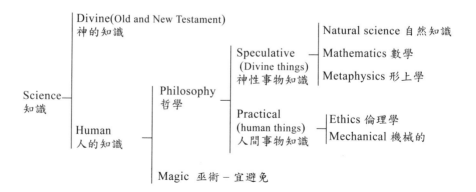

其中，科學（知識）分成「神的科學」與「人的科學」，「人的科學」又分成哲學與巫術，而哲學即理性知識、理性科學，可再分成針對神造事物的思辨（理論）知識與針對人造事物的實踐知識。[3]

中世紀對於非神學的「科學」（理性科學或知識）有一個基本態度：理性科學必須服從神學（啟示知識），所謂的「服從」是指當理性推論的結果與神學判斷有所衝突時，學者應放棄理性思辨與推論，接受神學的判斷。**服從神學權威這一基本態度**形塑了中世紀科學的第一個特色。然而，仍有少數學者沒有完全遵從這個態度，有時會質疑甚至反抗它。雖然神學在中世紀也是一種知識，本章不打算全面性地討論中世紀的所有科學，也沒有必要。本章集中在介紹中世紀對「自然」的一般概念，以及對物質的變化與運動的理論，而這些主題的背景觀念與理論基礎主要來自亞里斯多德的哲學。很多中世紀的科學與哲學作品，皆是以注釋亞里斯多德的作品為主，再應用到實質對象的探討，這一點也構成中世紀科學的第二個特色：**接受與反對亞里斯多德**。

中世紀的學術與科學概覽

中世紀有其獨特的科學觀、科學知識體系與科學方法，也是知識追求的專門體制「大學」（universities）誕生的時期，這個獨特性與它的社會背景及文化條件密切相關，從而使得中世紀的科學有別於古希臘羅馬。也是這樣的社會背景塑造了獨特的「科學觀與科學

方法」，使得基督教神學與亞里斯多德哲學結合，形成了中世紀科學。因此，下文從描述中世紀的社會文化背景開場。

一、中世紀歐洲的學術與社會

　　西羅馬帝國滅亡後，西歐逐步變成一個基督教的社會。基督教誕生於公元 1 世紀，今天的公元紀年也是西元紀年，以創教教主耶穌誕生當年為西元元年。基督教發源於猶太教，猶太《聖經》也是基督教的「聖經」，但被稱為「舊約」，即「舊誓約」；基督門徒編寫的著作則稱為「新約聖經」（*The New Testament*）。耶穌誕生於羅馬帝國統治之下，被門徒尊為「基督」（Christ）或「彌賽亞」（Messiah），即「救世主」之意，在傳教初期受到猶太教與羅馬帝國迫害，耶穌本人被羅馬帝國總督釘上十字架。基督徒相信耶穌為世人犧牲，洗淨世人罪惡，此一信念使得十字架成為基督教的象徵。

　　在基督徒的堅忍毅力之下，誕生不到五百年的基督教迅速擴張，透過羅馬帝國而傳布到歐洲。當羅馬帝國分裂成東、西帝國之後，東羅馬帝國（拜占庭帝國）的君士坦丁大帝皈依基督教，其後東羅馬帝國慢慢變成一個基督教國度。西羅馬帝國則屢受東方蠻族入侵，在滅亡之後，基督教信仰很快填補了歐洲人的心靈空缺，歐洲變成一個教會國度，從信仰、生活、社會、教育到政治，教會控制了歐洲社會的每一面向；從出生到死亡、從搖籃到墳墓，教會在歐洲人的生活中的角色無所不在。

　　約莫 5 世紀起，隨著希臘羅馬文化的衰敗，古典式的學校也紛紛關閉。歐洲出現了修道院制一類的宗教學術結構。知識與學習上

的領導權，從希臘羅馬知識分子手中轉移到修道院教士的手上，古典傳統微弱地苟延殘喘，變成基督神學與宗教的女僕。

希臘羅馬的學校始於柏拉圖創建的「學院」（Academy, Academia），亞里斯多德也在亞歷山大大帝的資助下創建「學園」（Lyceum, Lykeion）——這是希臘羅馬式學校的代表，是古典時期傳布知識（哲學）的基地。雖然希臘羅馬式的嚴肅學術在中世紀沒有完全消失，但質與量都大幅降低了。學術以新的形式與焦點而延續下來，新的焦點是（基督）宗教或教士學術，他們問全新的問題——主要想調和希臘哲學家的思想與《聖經》的宗教信仰。其中，如何理解《聖經》是核心，最好的學者心思全都被解釋經文給占據了。不過，修道院的學校並沒有完全取代其他種類的學校，一些自治城市的學校仍然留存下來。宮廷學校也沒有完全消失，大家族也會安排家教。儘管如此，修道院成為中世紀早期教育與學術的支配力量。

公元 10、11 世紀中期，歐洲內部的政治趨於穩定，羅馬天主教廷不僅是宗教國度的最高權力，也變成政治上的最高權威。中世紀歐洲形成一種以「莊園經濟」為主的封建制度。莊園是一個自給自足的經濟單位，一個莊園控制一片土地，由一位貴族階級的領主統治一群農民與工人，負責生產莊園居民的一切生活所需，因此也少有貿易。可是，基督教世界於 11、12 世紀發起十字軍東征，雖然仍不足以破壞封閉的莊園經濟，卻造成貨物的流通，導致貿易與商業興盛。一些商業繁盛區域慢慢變成人群聚居的都市，歐洲開始「再都市化」（re-urbanization），金錢經濟擴張到鄉村，提升了農產品的貿易。穩定的生活帶來技術上的發展，供應更多生活必需品與生

產財富。在農業上，馬軛（horse collar，套在馬肩上的勒帶）與帶有輪子的耕犁（wheeled plow）被發明出來，這些工具取代人力，足以大幅增加農人耕作的面積，導致食物的增產。食物增產進而帶來人口增漲，歐洲人口相較於 5 世紀時，可能增加達四倍之多。為了尋找更多經濟機會，人口向都市聚集，使得都市人口比例快速增加。都市化提供了經濟機會，使得財富集中，從而鼓舞學校與知識生活的成長。

教育與都市化之間有很密切的關係。古代學校的消失，是隨著古代城鎮（都市）的衰亡而來的；教育上的快速恢復，也是跟隨著 11、12 世紀歐洲的再都市化而發生。中世紀早期學校的原型是修道院學校，與世俗世界隔離，而且奉獻給一個狹窄的教育目標 —— 追求靈修生活與必備的宗教知識。隨著人們的需求擴張，修道院教育開始世俗化，也教授一些世俗生活必備的知識。可是，鄉村的修道院很難完全滿足城市人的需求，於是城鎮人們自行開辦各種學校，以便補足修道院學校之不足，這也導致修道院學校為了競爭而進一步世俗化。

世俗化的同時，也激起修道院內部的抗拒——希望降低修道院與世俗世界的關係，並且再次強調修道士渴望的精神性本質；也就是修道院內部再度強調到修道院學習，應該是要獻身給靈修生活，而非為了謀得世俗知識。於是，一般不想修道只是想學習知識的人，越來越不易在修道院學到世俗知識，只好成立一般學校、延聘教師，來教育自己的下一代。可是，知識仍然掌握在教會手中，一般都市居民不得不商請教區神職人員來任教，而教區神職人員為了宣教的

需求，也樂於使用自己的世俗知識來引導都市居民進入宗教信仰的世界中，在此彼此互利的狀況下，教會在都市設立學校、開放給一般人，而且在教學上沒有連結到靈修上的需求。

　　新的都市學校之教育目標比修道院學校更廣闊。每個學校的教學計畫不盡相同，根據教師的專長與視野來設計課程，但多半會配合顧客的實際需求。這些客戶通常是中上階層的貴族，他們在教會與國家中占有領導地位，具有雄心。即使比較類似修道院學校的羅馬教會學校，其課程也不只是為了宗教目的。而且如果教師與學生的教育雄心超出了羅馬教會的架構，他們可能就會離開教會，獨立運作。「學校」可能不斷移動而不固定在某個定點，有魅力的教師只要有學生追隨，到處都可以教學。除此之外，各種課程快速增加，在都市學校內這些課程的深度已遠遠超出修道院學校教授的程度。新學校在數量與規模上都相當多樣化，最好的學校散發出一種熱烈求知的氣氛，吸引了最有才能的教師與學生。

　　從中世紀以來直至今日，發展科學（不含技術）的主要機構是大學。大學源起於中世紀中期，是教會學校世俗化的結晶。university（universitas）這個字的字根是 universe，意即宇宙。Universals 在中世紀指「共相」或「共性」，即不同的個別事物之間的「共同性」，university 字面上指「宇宙性」，代表一個普及整個宇宙的「共同性」，因為所有事物都在宇宙之內。因此，university 的最初含義並沒有學術或教育上的意思，而是指追求最大共同目的的一群人志願組織成學會社團（association）或同業公會（guild）。就此而言，大學並不是一片土地或建築物的集合，而是教師（被稱為 master）

與學生的自治團體。大學並沒有精確的創建日期，而是慢慢顯現出來的。今日，我們並不是很確定哪一所大學是世界上第一所，科學史家霍爾認為，10世紀時義大利的「沙倫諾學校」（school of Salerno）可能是候選者；但也有人不把它視為大學。根據林伯格（Lindberg）的說法，至少12世紀中約在1150年誕生的波隆納大學（Bologna University）可以確定是最早的大學之一；稍晚一些在1200年左右形成的巴黎大學（Paris University）與1220年左右形成的英國牛津大學（Oxford University）、1225年的英國劍橋大學（Cambridge University）都相當古老。1222年成立的義大利巴杜亞大學（Padua University）與牛津、劍橋差不多同時。[4]

　　總而言之，上述的社會條件塑造了中世紀獨特的「科學觀」與生產知識的「科學方法」。

二、學術專業與大學

　　中世紀的整個學術架構可從大學教育來看。在大學裡，要接受專業知識的訓練，首先要通過基本學科的學習。這些基本學科是七門文藝（liberal arts）課程，包括較基本的、與語言與表達有關的三學科（*trivium*）：文法、修辭與邏輯；以及較高等的、與數學有關的四學科（quadrivium）：算術、幾何、音樂與天文。中世紀的學生約以四到五年的時間研究三學科後，可獲得文學士學位（bachelor's (young man's) degree）；進一步想得到碩士學位（M. A., master of arts）的話，則需以三到四年的時間研究四學科。更高級的學位如醫學博士與法學博士（doctorate of law or medicine），則是醫藥與法律

的職業性專業訓練，至於想當教士則需研究神學與哲學，並獲得哲學博士（Ph. D）學位——他們即中世紀的「科學家」。

今天大學的「學士」、「碩士」與「博士」學位名稱，實乃得之於中世紀的大學傳統。如果把今天的學術當成對照，中世紀大學的三學科約莫相當於高中到大一、大二階段；而四學科則相當大三、大四至碩士班程度。這也是一些大學「博雅教育」（education of liberal arts）的源頭，它們根據這個精神設計通識課程以供大一、大二生修習。[5]

雖然中世紀大學有為世俗設計的法律與醫藥學科，但它們仍是個教士組織，大多數教師都是教士，社會地位很高，大部分學生也準備在將來繼承他們。教會教育系統的最高目標是教授宗教知識，各種學科都是實現這個目標的必需品，其他「普遍知識」如天文學與哲學，則是為了透過理解上帝創造的世界來榮耀上帝。但是，教會在名義上禁止教士接觸醫藥專業，所以在眾多知識之間，醫藥與外科手術由教會外的人來培育。很多教士甚至恐懼這些異教的技能，主張只要讀聖經來學習如何拯救靈魂就夠了。

中世紀對理性知識（科學）有一個基本態度：理性知識必須服從啟示知識（神學）。雖然神學在中世紀算是知識，但它照樣有強烈的宗教約束，束縛了知識探求的方向。神學以《聖經》為不可違逆的無上權威，因為它是上帝的言語，牴觸《聖經》的信念是危險、偏離絕對真理的，應該被視為禁忌。然而，《聖經》畢竟由人類語言所寫下，其內容的真正意義是什麼？這需要詮釋。「聖經詮釋學」（hermeneutics）因此在中世紀被發展出來。

　　不管宗教的目標與禁忌力量有多大，都壓抑不了人天性的好奇心，總有人 —— 特別是身為合法求知者的修道院教士 —— 對於神學外的知識與獲取知識的方法有著強烈的欲望。研究中世紀哲學的哲學家艾可（Umberto Eco），[6] 在 1985 年出版的小說《玫瑰的名字》（*The Name of Rose*）中寫道：「世俗人的誘惑是通姦，神職人員的渴求是財富，而教士的欲望是知識。」神學以外的普遍知識 —— 針對自然物的奧秘，特別能激起修道院教士的欲望，引誘他們逾越教會的規範，但教士們卻在不違背教義的情況下讓這種知識欲望合理化：因為上帝創造宇宙，為了讚頌上帝，認知祂的作品（世界）乃是適當、甚至是必要的。修道院慢慢形成一種默契：一位修道士若對自然萬物無知，即使不是罪惡，也是一種恥辱；更何況教士們相信，自然知識的追求與掌握對宗教目標的達成十分重要。例如，為了使基督教的年曆正確，要懂天文學才行；為了能實踐博愛，要懂醫學與醫療才可以；為了要理解《聖經》，要懂哲學才是。到了 14 世紀前夕，由於這迂迴的途徑與信念，討論極深奧的哲學與物理問題已變成神職人員教育養成中的必要元素。

　　在實務上，大學教師大抵博學，精通各種不同學科，或自然哲學、或數學、或語言學。而且他們在各種專業上講課可以任憑己意，想講多深入都沒關係。即使如此，《聖經》與神學能提供的知識範圍卻十分狹小，實在無法滿足求知欲望強烈的教士。關於自然萬物的廣大知識，教士們只好尋求其他來源，即阿拉伯的伊斯蘭文獻 —— 這是基督教世界與伊斯蘭世界長期交流的成果。[7] 伊斯蘭文獻提供的古希臘哲學，對於教士的世界觀來說是個強大的衝擊，讓

他們得以產生與《聖經》內容不同的觀念。儘管有聖經的權威與教會的管制，中世紀的大學仍算是個相當自由的場所，因為學者可以假裝對自然世界提出假說，或針對教會欽定的解說提出合理反對，然後自由地討論關於物理世界的種種想像觀念，但這不表示他們被容許去肯定那些牴觸《聖經》內容的觀點——不管是基於外在的權威或是內在的信念。

三、科學觀與科學方法

在基督教世界觀的架構下，自然哲學／科學必定觸及如下的問題：宇宙的形成、年紀與持續存在的原因；宇宙結構的安排（其空間必須能包括天堂與地獄）；神的計畫之物理層面；身體與心靈的關係；以及星星對人類意志自由的影響。所以，中世紀哲學家對於宇宙的宏觀觀念特別感興趣，遠遠高於關於特定對象的細節知識。中世紀的哲學家會問：**宇宙如何形成？宇宙的結構是什麼？為何太陽移動？海洋的水來自哪裡？**他們在希臘與伊斯蘭的學者著作中尋找答案。

希臘與阿拉伯的學者是異教徒，他們的答案雖然合理，卻與《聖經》抵觸，必定被視為不正確的。然而，如果沒有希臘與阿拉伯的科學遺產，中世紀的科學家無法開始進行研究，因為《聖經》沒提供他們相關的概念資源——他們無法從零出發。對他們而言，實在沒有比希臘哲學更好的起點。因此，一位中世紀學者的研究步驟是這樣的：首先，他必須廣泛閱讀與他感興趣主題相關的文獻，一旦他知道了前人的理論與宣稱之後，就會開始檢查其中的概念、邏輯

與理論。透過研究每一個項目的本性、結構與含義，他們會問前人的理論對於該項目的概念、邏輯及結構，是否能恰當地滿足它們在宇宙中的地位與功能。接著，再比較各個理論家的說法，看看誰的觀念與理論系統最為一致而完整。長期閱讀文獻之下，他們發現古希臘的大哲學家亞里斯多德已提供了一個無所不包、足以解釋一切已知自然現象的哲學。亞里斯多德的「神學」—— 例如萬物必有第一因，甚至在理性面支持了基督教信仰。所以，亞里斯多德哲學在13世紀後被很多學者視為《聖經》之外的另一個權威，特別是在自然哲學領域。

在這樣的思想背景下，中世紀的科學家會做出如下反省：用來回答自然哲學問題的一組觀念，彼此之間是否一致？**它們是否合於理性？它們是否符合大哲學家亞里斯多德的理論？以及它們是否牴觸他們已知的世界 —— 特別是《聖經》的記載？**這就是中世紀一般的「科學方法」。在這個方法中，亞里斯多德的權威扮演了十分重要的角色，因為他的理論是理性的顛峰之作，高於普通人的經驗與理性；然而《聖經》（神的啟示）才能提供最終的真理。理性有可能出錯，如果自然哲學家純粹任由理性引導他的論證，可能會得到違反基督教義的結果。當理性與信仰衝突時，唯一解方是服從信仰的啟示。那麼，為什麼還需要理性與論證？

理性論證的目的在於增加信仰的強度。例如，14世紀某個自然哲學家就曾討論過地球是否可能運動，把它當成一個假說的問題來處理。他發現，相信地球旋轉比相信它固定更合理，但是結論卻拒絕了前者，理由是《聖經》說地球是不動的。他自我開釋說，關於

地球旋轉的合理論證「似是而非」，是理性的誤導，只有《聖經》的啟示可以挽救人們免於理性導致的錯誤。[8] 因此，對中世紀的自然哲學家來說，由於人的有限性，特別針對上帝保持沉默的問題，基於經驗的理性推論極可能出錯。那麼，要如何防止掉入這種錯誤？最好的保護措施是什麼？這是中世紀哲學的核心問題，也因此是知識（科學）的核心問題。因此，**中世紀的科學思想的主要任務是探討希臘概念並加以批評**，例如天體的圓周運動、生理學上的體液概念，以及哲學家的物質概念等等。神學則提供啟示的真理，因為神學的根源來自造物主上帝的直接啟示，不可能出錯。如果神學內容有不一致或矛盾，那是人為紀錄的疏失，需要權威當局來確認。

在中世紀時，「理性」與「經驗」不像近代哲學與科學一般被進一步區分，「理性主義」和「經驗主義」的對立是近代哲學的產物。對中世紀而言，「經驗」是「理性」的一部分，「理性」泛指從感官經驗與直觀命題來推出結論。17 世紀的近代科學又進一步分辨「純粹觀察的被動經驗」與「主動尋求經驗」的「實驗」。純粹觀察的經驗打從人類有意識以來就已存在，但標誌近代科學最主要特色的「主動尋求經驗的實驗」，其實是源自於中世紀晚期。

中世紀的「實驗」當然不同於現代的「實驗」觀念。倡議「實驗」的思想家可說是「中世紀經驗主義者」。最有名的兩位「中世紀經驗主義者」是英國人葛羅謝特（Robert Grosseteste, 1168-1253）與他的學生羅傑・培根（Roger Bacon, 1219-1292）。根據科學史家克隆比（A. C. Crombie），葛羅謝特甚至可被視為「實驗科學」的源頭，因為他首度提出檢驗科學知識命題的觀念與方法。[9] 他論證「光總是

直線傳播」這種命題應該由參考經驗來檢證。葛羅謝特進一步指出，命題也應該受到經驗否證的測試。

要注意：中世紀的經驗主義仍不是近代經驗主義。例如，葛羅謝特的「實驗」其實是「檢驗」（test），只是主動尋求經驗，而不是後來主動產生新經驗的「干預自然」實驗。又如，羅傑・培根寫了很多關於「實驗」的作品，也做了很多關於「實驗」好處的宣稱，然而自己實際做的很少，而且他似乎沒有意識到「實驗」與「實作技術」的差異。雖然他預測了輪船、汽車、飛機的發明，但那只不過是技術品。又因為他相信古代的寓言，便以為那些技術品都是古代的功績。而且對他來說，技術與巫術並沒有清楚的分別。換言之，即使「實驗」這個概念起於中世紀，但在當時並沒有清楚的意義。

因此，所謂「經驗取向」並不代表他們有如近代科學一般，開始進行真正的主動觀察與實驗來獲取證據，而是指他們開始發現「經驗」是獲得知識的重要管道，不像過去一樣，以為《聖經》的啟示是知識的唯一來源，頂多再加上理性的推論與思考（柏拉圖主義）。他們開始接受如果有公認的權威知識 —— 如教會對一年長度的規定 —— 與經驗發現不符的話，那麼經驗所得的結果有資格與教會的權威知識進行比較。也因此，他們開始尋找可能與權威說法衝突的經驗。換言之，經驗取向的萌芽，一開始是拒絕啟示權威與權威做為知識的**唯**一來源。一旦權威與經驗有所衝突，哲學家必須想辦法加以調和。後來，經驗比重不斷增加，一直發展到拒絕權威的知識。

以曆法為例，羅傑・培根已經發現當時朱里安曆的一年長度，比真正的太陽年（即這個春分點再到下個春分點的時間長度）的長

度要長十一分鐘。換言之，基於「地球中心不動說」這個一致於《聖經》的托勒密天文學所計算出來的年曆，與經驗有所不合。結果，每隔一百二十五年，誤差便累積為一天，一直到培根時代（13世紀），誤差已達九天。春分點已從 3 月 21 日前移到 3 月 12 日。培根相信，基督徒會在錯誤的日子裡慶祝復活節與耶誕節。因此他呼籲教皇要儘快改革年曆。一直到 16 世紀末的 1582 年，教皇葛瑞果利十三世（Gregory XIII）才終於更正了曆法──即現行的葛瑞果利年曆，這個新曆法是根據哥白尼系統建立起來的。

自然哲學：亞里斯多德主義的興起

熟悉西方文化史的讀者都聽過亞里斯多德哲學是西方中世紀的權威，他的思想統治西方人一千五百年──從 2 世紀到 16 世紀。其實這是一個誇大的說法，亞里斯多德哲學作為知識權威其實只有五百年，精確說來是從 13 世紀到 17 世紀。在 12 世紀之前的中世紀，亞里斯多德的自然哲學並沒有受到特別的尊崇。在希臘化時期（非中世紀）到中世紀早期，希臘教父哲學家如聖奧古斯丁（St. Augustine, 354-430）主要是受到柏拉圖傳統的影響。[10]

一、12 世紀的自然哲學：從柏拉圖主義到自然天性主義

自然哲學並不是 12 世紀學校與學術的核心，但仍然頗受重視。由於柏拉圖的《迪邁烏斯篇》是中世紀早期少數被譯成拉丁文而一

直流傳下來的希臘哲學典籍，又兼為當時宇宙論與物理學最融貫的討論，所以它的思想成為 12 世紀自然哲學的主導。在該世紀末，柏拉圖的工匠神宇宙論開始受到亞里斯多德的形上學與物理學之挑戰。儘管如此，一直到 13 世紀，在處理亞里斯多德思想之前，還是要先討論柏拉圖的自然哲學。柏拉圖主張工匠神（德米奧吉）使用現成的物質質料，以形式塑造質料而成為萬物。可是，柏拉圖的工匠神理論與《聖經》的神創論有兩個問題必須解決：物質質料從何而來？萬物如何被創造？在基督教思想背景下創造世界的是上帝，而且上帝「無中生有地」創造了基本物質，這一主張解決了「物質質料」從何而來的問題。然而，各種形式的萬物都是上帝所造的嗎？

　　柏拉圖主義的自然哲學家把「形式」賦予「質料」產生萬物的過程，理解成依其天性而自律自發，而非出於上帝的創造，這又是一種「自然（天性）主義」（naturalism）的主張。自然主義也是 12 世紀自然哲學的一個顯著特色，它是指自然萬物是個自律而合理的東西，在不受到干預的狀況下，能根據自己的原則與天性生發變動。這個基本觀念產生了「自然律」（natural law）與「自然秩序」（natural order）的觀念——亦即自然物依其被創造的內在天性而規律地行動，並成為影響他物規律行動的因，這就是「自然秩序」。當然，12 世紀哲學家仍然承認上帝創造了世界，但相信祂不會干預世界的運行。上帝創造世界也創造自然力量，並習慣以自然力量來管理世界，自然的運作乃是神性運作的工具。因此他們總試圖尋找「自然原因」，看它能說明世界到什麼程度。上帝當然是第一因，但上帝創造了第二因，並利用第二因來管理宇宙。這個觀念在 17 世

紀時被許多近代哲學家與科學家所繼承。可是，《聖經》明白啟示上帝創造世界。因此，12世紀自然哲學的核心問題是：如何調和《聖經》權威與天性主義的隱然衝突？換言之，**一方面世界是上帝所造，另方面萬物卻又自然地形成且自律，這樣的思想如何可能？**另一個衍生的問題是，如何以天性主義來詮釋《聖經》的「創世紀」？

　　夏爾特的希瑞（Thierry of Chartres, ?-1156）發展了一套理論，主張上帝在一瞬間創造了四元素；在創造的最初行動中本來就存在的秩序自然地展開了，從而形成每件事物。一旦創生，火立刻旋轉（因為它很輕，無法靜止），也照亮了氣（這說明了白天與黑夜）；在充滿大火的天空第二次旋轉之後，火加熱了底下的水，使它們變成水蒸氣，充滿空中；正如聖經所說「水在天空上」（第二天）；底下的水減少，陸地就從海洋中浮起（第三天）；天空上的水加熱，就造成天體的形成（第四天）。最後土地與底下的水帶來植物、動物與人（第五天與第六天）。顯然在這種詮釋下，「創世紀」的敘述應該被理解為某種隱喻，這一點首先跨出了《聖經》的字面權威。

　　這樣的「自然主義」仍會衍生一個神學問題：**自然律的概念是否限制了上帝的意志與行動？**自然主義者透過以下兩個論點去爭論一個固定的自然秩序並不會侵害上帝的全能與自由：第一，上帝有無限的自由去創造任何祂想要的世界；第二，事實上，祂選擇創造了這個世界，而且完成創造之後，並沒有去干預這個產品。第二點對13、14世紀思想的發展很重要。可是，仍然留下一個進一步的問題：**為什麼上帝不去干預祂的創造品？**

　　12世紀自然主義的另一個思想特點是人也是自然的一部分。

人與自然之間有一種類比關係，即大宇宙（macrocosm）與小宇宙
（microcosm）的類比：人實際上是模擬宇宙的存在。個人與宇宙有
結構及功能上的相似性。例如，宇宙由四元素構成，根據《迪邁烏
斯篇》，世界魂把生命賦予宇宙，而人也是由四元素的身體與靈魂
所構成。跟此大宇宙及小宇宙類比密切相關的是占星學（astrology）；
中世紀早期的教父們相當反對占星學，如奧古斯丁就攻擊占星學是
一種偶像崇拜的形式，因為傳統上占星學與行星崇拜連結並且抵觸
自由意志（free will）的觀念。然而，由於柏拉圖、伊斯蘭天文學與
占星學文獻的影響，占星學在 12 世紀被一些自然哲學家所接受。在
《迪邁烏斯篇》中，德米奧吉製作了行星與天神，而且委任它們來
產生下層區域的生命形式。這個暗示性的說明結合了宇宙一統的觀
念、大宇宙－小宇宙的類比，以及天上與塵世現象之間的關聯（如
季節與潮汐），使得占星學重獲重視。12 世紀的占星學與托勒密的
占星學一樣，不是超自然的（supernatural），相反地，它蘊涵了連
結天與地的自然力說明。不過，教會當局對於占星學一直抱持反對
的態度。

　　12 世紀的自然主義雖然不是亞里斯多德主義，但是對於亞氏思
想在中世紀晚期的擴張有相當的助力。因為自然主義的潛在動機，
在於鼓勵教會學者跨出《聖經》的字面權威，去理解上帝創造的偉
大產品 —— 自然。然而，亞里斯多德的理論與 12 世紀自然主義也
有很多或隱或顯的衝突。

二、亞里斯多德主義的傳布

亞里斯多德思想——特別是自然哲學（物性學與形上學），從12 世紀開始便因為西方與伊斯蘭世界的交流而興起，並傳布到西歐世界。但在 13 世紀開始，它一度被巴黎教會所禁。對於常聽說亞里斯多德思想主宰西方二千年的人們而言，似乎很難想像它曾經被禁。為什麼他的思想在 13 世紀初期會被禁？原因是亞里斯多德自然哲學在當時主要是透過穆斯林（Muslin，即伊斯蘭教徒）學者的詮釋與評論（commentaries）而被閱讀。對中世紀的學者來說，亞里斯多德的作品並不好閱讀，必須依賴詮釋。穆斯林學者的詮釋與他的作品一起被譯成拉丁文，激起教會學者的興趣，他們主要是透過這些詮釋來瞭解他的思想。大部分亞里斯多德的作品與某些詮釋，特別是11 世紀時的阿拉伯學者亞維塞納（Avicenna, Ibn Sina, 980-1037）之著作，在 1200 年之前已被翻譯成拉丁文而流通。13 世紀初，另一位著名的阿拉伯詮釋家亞維洛艾（Averros, Ibn Rushd, 1126-1198）的詮釋也被翻譯引入。亞里斯多德思想與兩位阿拉伯哲學家的詮釋可適切地合稱為「亞氏思想」。

13 世紀是大學興起的年代，其前身是教會的修道院教學。當時學者是否已經講授亞氏自然哲學，我們並不確定。不過，13 世紀的最初十年，亞氏的作品已出現在牛津大學與巴黎大學課堂上。可是，亞氏著作由於穆斯林身分而在巴黎受到打壓。巴黎的教會擔憂其異教色彩，在1210 年召開主教會議，採納保守派的神學教授群之意見，禁止在技藝課程上教授亞氏自然哲學。1215 年，這項法令只限於巴黎地區。然而，1231 年教皇葛瑞果利九世（Pope Gregory IX）承認

1210 年的禁令，特別指定說教技藝的教授不能閱讀亞氏著作，除非它們「所有可疑的錯誤都被檢查且淨化」。

但值得注意的是，葛瑞果利九世承認亞氏自然哲學有效益，卻因為它的危險性，堅持必須淨化後方能使用。主持淨化的神學家當年去世，所以一直沒有出現淨化的亞氏版本。然而 1210 至 1231 年間，禁令成功阻止了亞氏著作的講授。約莫 1240 年，禁令開始失去效力。一個原因可能是葛瑞果利九世死於 1241 年，他的早死使得保守派神學家失去凝聚力；另一個原因是巴黎的教授們開始意識到，若不教授亞氏的自然哲學，他們說明世界的權威性可能會輸給牛津大學和其他大學的對手。雖然亞氏邏輯與倫理方面的作品並沒有被禁止，而且教士們還發現亞維洛艾的詮釋能讓當時學者對亞氏思想的興趣大增。很快地，在 1240 年代間，亞氏作品已成為課堂講授的主體。

亞維塞納的地位約在 1230 年起被亞維洛艾所取代。在亞里斯多德思想主導中世紀時，亞維洛艾被稱為「大詮釋家」（the Commentator），亞里斯多德本人則被尊稱為「大哲學家」（the Philosopher）。在他們對亞里斯多德哲學的詮釋中，有不少主張牴觸了基督教教義，特別是以下三個衝突點引發教會對亞氏思想的禁令。

第一個衝突點是關於宇宙永恆性（eternity）的主張。對亞氏來說，宇宙既不能生成，也不會消失，它必然是永恆的，無始無終。亞氏主要的理由是：元素總是根據它們的天性而行動，因此我們無法說宇宙是從哪個時刻開始，也無法說它會在哪個時刻停止。換言之，就算今天所謂的宇宙毀滅了，那不過意味著它變得與現在完全

不一樣，只是元素的重組而已。宇宙變成另一個樣子，但不是消失。

第二個衝突點是：世界純粹是因果性的，沒有奇蹟出現的可能。「神」只是推動這一連串因果鏈的第一因，是「原動者」，祂不會改變世界的因果序列，也不會介入世界的運作。結果，亞里斯多德的理論可能對占星學提供有力的支持，威脅到人類的自由意志，因為占星學認為人事的起落是由於星體的運行位置決定的。如果星體的運行位置是人事起落的原因，那麼根據亞氏的因果理論四因說，即使星體位置不是人間事務的質料因與動力因，還是可以說星體的位置是人事的形式因。

最後一個衝突點是靈魂的本質問題。亞里斯多德認為靈魂是形式，肉體是質料，而形式依附在質料之上，因此當肉體毀壞時，形式也隨之消失，所以靈魂並未不滅不朽。亞里斯多德的「魂」（psyche）其實是生命原質，有三種：植物魂（生魂）、動物魂（覺魂）與理智魂（靈魂），分別負責生命維繫、知覺與理性思考這三種功能。這種「靈魂觀」是很功能主義的立場，與基督教的靈魂不滅觀念不合。亞維洛艾更有一種稱為「一靈論」（monopsychism）的特別詮釋，主張人類靈魂中有某種非物質與不朽的理智魂（intellectual soul），不是個別或個人的，而是被一切人類所分享的統一理智；這個統一理智是不朽的，但不是單個人（靈魂）的不朽。[11]

由於亞氏思想在 1240 年後迅速擴張，其間更有中世紀的大哲學家持續調和亞氏哲學思想與《聖經》內容的衝突，這個調和過程持續了幾十年。調和的方式是區分神學與哲學，重新詮釋亞里斯多德的思想以區分亞里斯多德與亞維洛艾，並駁斥亞維洛艾的觀點。其

中最有力者是多瑪斯‧阿奎納（Thomas Aquinas, 1225-1274）。

三、阿奎納的解決

　　阿奎納常被譽於中世紀經院哲學最偉大的哲學家與神學家，他的學說在日後成為羅馬教會官方學說，一般西洋哲學史一定至少會有他的一章。[12] 本章不可能全面處理他的思想，因此本節只著重他的哲學系統中解決亞氏思想與教會官方立場的衝突點。

　　在一個最基本的哲學架構上，阿奎納對「哲學」與「神學」做了截然分明的區分：哲學依賴自然的理性之光，使用人類理性所能及的原理來進行推論，所得的成果雖然有可能掌握上帝創造的自然秩序，但終究可能出錯，因為理性所得的原理只是假設。神學家也使用理性，但他們最終依賴《聖經》權威，透過啟示而獲得基本原理，並以信仰來接受它們。啟示的原理不是假設，而是自明的真理，是推論的前提。在這樣的區分下，即使像亞里斯多德這樣登峰造極的大哲學家，他的理論與原理當然可能出錯，需要依賴啟示原理的修正。

　　上述區分可以推出，啟示之光的真理至少在兩方面優於來自理性之光的假設：第一，啟示真理源於世界造物主，在關於世界的真實上必然為真；第二，啟示真理也可以透過理性論證來加以鞏固，化解懷疑論者對於啟示真理的疑問。因此，阿奎納整合五個論證來證明上帝存在（有些是之前的神學家與哲學家已提出），其中有三個論證可用來解決亞氏思想與教會神學的衝突。

　　第一論證與第二論證分別從變動與因果角度切入。根據亞里斯

多德，任何變動都是從潛能到實現的過程，而且除非藉由某個已實現的東西，否則一個東西不能從潛能到實現。在這個意義上，任一物的變動因此都由他物所推動，而他物必定再被另一物所推動，如此一環一環上溯，我們會得到一個最終的「不受動的原動者」（unmoved mover），又稱「第一動者」或「原初動者」，就是上帝。第二個「因果論證」只是換個名詞，事物的發生或形成必有其原因，如此上溯到最初的原因——第一因，它不能是自己的原因，也必須永存永在，它就是上帝。

事實上，「不動的原動者論證」與「第一因論證」都是亞里斯多德在《形上學》一書中提出的思想與論證，只是亞里斯多德沒有把視它為基督教的上帝。但是，阿奎納把「第一動者」與「第一因」等同於基督教的上帝。既然有「第一動者」與「第一因」，那麼宇宙的實現也是來自另一存有者的推動——即上帝的推動，因此宇宙就不是無始無終的永恆存在物；同理，根據基督神學，上帝是三位一體的位格，祂有意志，而且已在世界施行許多奇蹟。如果上帝是原動者，祂以意志創造世界，這世界就不會是純因果決定的世界。如此便解決亞氏思想與教會神學的前二個衝突。此外，證明上帝存在的目的論論證也可用來證明這世界不是純因果的世界，換言之，沒有意志的物質看似有目的的行動，必定是有一個外在目的或意志在指引它們行動，這就是上帝。[13] 換言之，總有一個外在目的介入這個因果世界的變動之中。

關於靈魂本質的問題，阿奎納特別針對亞維洛艾的「一靈論」寫了駁論。阿奎納與所有基督教神學家一樣相信靈魂不朽，這個學

說主張每個個人的靈魂都是不朽的，而不是所有人共有一個理智魂。如果所有人共有一個理智魂，無法說明為什麼在不同的人之中理智的運作與觀念不同；也無法保證人在死掉之後，還能接受道德上的賞罰。道德的賞罰起於人的自由意志成分，如果亞維洛艾的主張為真，那麼人死後，靈魂除了理智不滅之外，沒有其他成分，也不能因其意志的選擇而被獎賞或懲罰。

四、對亞里斯多德思想的批判

阿奎納的詮釋與解決雖然在日後成為權威，但這並不代表當時保守的教會馬上接受他的學說，阿奎納本人也於 1274 年去世。隨著亞氏哲學的傳布與興盛，保守的教會官方擔心教士們被亞氏思想所吸引，又亞里斯多德原版思想與教會官方神學的衝突點並未完全解決，憂心教會權威受到損害，因此 1277 年，教皇約翰二十一世在諸多神學家勸導之下，譴責二百一十九個命題，發布禁單 —— 禁止主張禁單內的任一命題，違反者將受到開除教籍的懲罰。這稱為「禁單事件」，它對於短期內迅速建立的亞氏權威造成打擊，並使其他知識見解得以被提出來 —— 最立即的結果就是 14 世紀奧坎的威廉（William of Ockham）的唯名論（nominalism），見下文。

不管教會如何打壓，亞里斯多德的體系結合基督教會神學，在 13 世紀結束前，已形成了一個無所不包的大綜合系統。稍晚的唯名論、已有雛型的經驗觀察以及煉金術傳統下的實驗工作，雖然屢屢使得學者懷疑亞里斯多德主義的正確性，但都不足以破壞亞里斯多德的哲學系統，因為他的科學價值與說服力並不在於觀察與理

論一一對應，而是在於整個理論系統的廣泛而無所不包，在所有脈
絡中都使用同一套的術語、觀點與理論，來說明各種不同現象的廣
泛，並擁有把各種不同面向與層次的理論統整起來的統合性、整個
思想的融貫性，再加上完整的邏輯推論系統（定言三段論，中世紀
學者補充了選言三段論與條件句三段論），以及由直覺上難以質疑
的形上學原理貫徹下來的邏輯一致性。這些理論優點或德性，鞏固
了亞里斯多德自然哲學不可或缺的地位，如果沒有另一個夠強又全
面的對手被建立起來，這個無所不包的理論不可能被近代經驗主義
所推翻。

　　亞里斯多德思想在經歷禁單事件的打擊後依然屹立不搖，並在
13 世紀末成為中世紀學者公認的「真理」，亞里斯多德本人也被冠
上「大哲學家」的尊號。然而，貫徹整個 13、14 世紀，對亞里斯多
德思想的懷疑也不曾間斷過，加上亞里斯多德的詮釋家彼此之間的
對立，例如一些基督教的亞維洛艾主義者不滿阿奎納的學說。其他
學者如柏拉圖主義者，主張應該透過數學來理解自然與亞里斯多德
不同調；又如托勒密的世界系統與計算模型，也與亞里斯多德採用
的歐多克斯模型不盡相同（不過，托勒密仍接受後者的物理宇宙模
型，這是為什麼天文學經常把亞里斯多德－托勒密並稱）。但是，
這些差異反而反映出學派發展的兩個基本性格：第一，亞里斯多德
思想確實有「典範理論」的地位，因此能發展出一個龐大的自然哲
學思想學派；第二，亞里斯多德主義或思想學派並非一個一致的科
學共同體，異議仍無所不在，始終有不同的理論版本在互相競爭。[14]

　　亞里斯多德的科學、自然哲學或物理學的衰退與被取代，是一

段漫長的歷史，持續了數百年，其開端可說由形上學開場，即從物理學的形上學之根開始。中世紀的哲學家在亞里斯多德思想復興不到一百年間，就開始懷疑他的形上學，從而質疑其方法學，開啟了新型態的經驗主義。這些哲學家就是唯名論者 —— 以奧坎的威廉為代表。他最著名的原則：「如無必要，勿妄添實在。」（Entities shouldn't posit without necessity），又被稱為「奧坎剃刀」（Ockham's razor），它不僅反對亞里斯多德的本性（質）論，也反對柏拉圖的實在論。[15]

　　亞里斯多德是個本性論者，亦即不同個體被分為一類，乃是取決於它們的共同根本或本質（essence）或根本形式（essential form）。從本質我們可以導出事物的各種性質，因而獲得知識，例如一個三段論式的推論「所有人都會死，蘇格拉底是人，蘇格拉底會死」，即是典型的知識；「會死」這個可感的性質，是從人做為「理性動物」的本性中導出的。至於對事物本性的掌握，要依賴於我們的理智直觀（intellectual intuition），也就是我們的理智對不同個體被歸為一類的標準（即該類的形式）之直觀。唯名論者認為，不同個體被歸為一類純粹只因為我們把一個名稱加諸在一群個體上而已；只有個體才真正實在。既然一事物的名稱並不代表它的本質，也就沒有說明它的能力，因此共相或形式不能做為說明的原則（因為根本沒有共相或形式存在）。這就意味了要說明自然事物必須另尋他法，所以必須改弦易轍，從個別事物觀察起，再尋求把許多個別事物歸為一個類，這種主張開啟了「歸納法」的思考。

　　奧坎的唯名論推動了「經驗做為知識來源的管道」這樣的見解，

催生了中世紀的經驗主義，並使得「實驗方法」得以萌芽。可是，禁單事件與唯名論只能打擊亞氏已建立的權威之一小部分，亞氏的思想體系仍持續擴張，其宇宙論與物理學的基本觀念之影響維持到17世紀末；物質與化學觀念則維持到18世紀末；生物學觀念甚至維持到19世紀中。

中世紀運動理論的發展與演變

　　自14世紀開始，亞里斯多德的整個哲學體系、科學體系或思想體系開始受到各種不同批判，這些批判持續了數百年，終於撼動了它的知識宮殿。中世紀的亞里斯多德主義者常被稱為漫步學派（Peripatetic school）[16]。漫步學派的形上學與方法論，在14世紀時被唯名論與中世紀經驗主義者所批判；漫步學派的運動理論也在14世紀中葉之後開始受到「衝力理論」（impetus theory）的挑戰。

一、亞里斯多德學派的變動──運動理論 [17]
　　變動與運動的概念在希臘文中並沒有明確區分。然而，我們今日把「運動」理解成空間性的運動，也可以說是「空間性的變動」，亦即「運動」是一種特殊形式的「變動」。
　　亞里斯多德主張自然事物總是不停在變動著，變動是事物的本質從潛能到實現的過程，這種主張在生物學中最明顯。可以說，亞里斯多德把他在生物世界觀察所得到的理論，擴張到整個自然世

界 —— 包括無生命世界。亞里斯多德的中世紀追隨者繼承他的變動理論。首先，把「變動」分成四種：第一，生成與消滅（generation and corruption）。第二，變貌（alternation）。第三，增加與減少（augmentation and diminution）。第四，運動（local motion）。生成與消滅是實體的變動；變貌是性質的變動；增加與減少是量的變動，如大小尺寸的改變、稀化與濃縮都屬這種變動；最後的「運動」是場所（位置、空間）的變動。17 世紀的物理學把「運動」視為核心，其他三種變動都可用「運動」來說明 —— 亦即微粒子的場所變動導致生成與消滅、性質變動及量的改變。

在亞氏學派的物性學理論中，雖然處理的是廣義「變動」，但他們也有一個「場所變動」（運動）的理論。運動是從一個場所轉變到另一場所。亞氏主義的運動理論有兩條根本原理：

(A1) 運動必定要有推動者，它絕不可能自行發生。

(A2) 所有運動都可被歸為兩種基本類型：自然運動（natural motion）與受力運動（forced or violent motion）：(A21) 自然運動是物體依其天性而朝向其自然場所運動。

(A22) 受力運動是違逆其自然方向的運動。

物體為何會發生「自然運動」？因為它受到外在推動者的「推動」，使它先產生受力運動，離開其自然所在。當外力消失時，它就會依其本性，朝向其自然場所而運動。可是，第一運動原理又主張「運動必有推動者」，所以「自然運動」必須有推動者，即物體

的天性。現在問題是：什麼是物體的自然場所？亞里斯多德的宇宙論提供了一個固定而絕對的秩序，即土、水、氣、火四元素在宇宙中的位置。土最重，故天性朝向宇宙中心凝聚。火最輕，因此在氣的外圍。大多數物體都是四元素的混合，其運動方向依其組成元素的比例而定。自然運動的物體回到自然位置時，運動就停止了。天體的自然運動則是永恆不停息的圓周運轉。受力運動的推動者賦予物體一個推動力（motive force or motive power），它迫使物體違反它的天生傾向，而朝向非自然場所的方向移動。當外力被撤消時，運動就停止了。

　　除了有造成運動發生的推動力之外，也有阻礙運動的力量。亞里斯多德觀察到在地界中存在著阻抗或反對力（resistance or opposing force），他推論運動的距離與時間，要依賴推動力與阻抗來同時決定。亦即當推力大、阻抗小，則運動的距離大、花費時間少；當推動力小、阻抗大，運動距離就小、花費時間就多。阻抗是由於物體運動時穿越場所間的媒介而產生，阻抗與媒介的密度成正比。他在《論天》與《物性學》中宣稱，像自由落體這樣的自然運動與物體的量有關。兩個物體掉落時，經過同一段距離所需的時間與兩物體的量成正比：亦即較重的物體，所需的時間較少。如果物體掉落時受到的阻抗越大，則它所需的時間就越多，時間與阻抗成正比。又阻抗與物體穿過的媒介密度成正比，所以亞氏也宣稱，物體掉落時間與媒介密度成正比。

　　在受力運動的部分，推動力、量、阻抗、距離也呈一定的比例關係。在《物性學》中，亞里斯多德指出，如果給定一定的力量去

推動一物體，使它在給定時間內移動一段距離，相同的力量可在相同時間內，使得量為一半的物體，移動距離是先前物體移動距離的兩倍。此外，若給一半的力量則會使量一半的物體在相同時間內移動相同的距離。如果要用符號來表達，令 s＝「移動距離」，f＝「外力」、r＝「阻抗力」，t＝「時間」時，亞里斯多德的公式就會是：

(A31) 如果推動力大小一樣，阻抗力也一樣，那麼 $\frac{S1}{S2} = \frac{t1}{t2}$

(A32) 如果時間一樣，阻抗力一樣，那麼 $\frac{S1}{S2} = \frac{f1}{f2}$

(A33) 如果時間一樣，推動力一樣，那麼 $\frac{S1}{S2} = \frac{r1}{r2}$

亞里斯多德理論的蘊涵，使得中世紀的追隨者嘗試做出一個公式：即速率 v 與推動力 f 成正比，與阻抗 r 成反比。

(A4) v 成正比於 f/r

這個公式是建立一個數值化的運動定律之嘗試，乃中世紀之成就。雖然定律 A4 是亞里斯多德定律 A1, A2, A3 的合理整合，它與原版的概念仍有如下三點差異：首先，希臘的「比例」概念是同一範疇的量才能構成比例，例如兩個距離、兩個力、兩個時間等等，不同範疇的量之比例關係對亞里斯多德來說是不可理解的；這也是為什麼必須把亞里斯多德的「運動定律」表達成三條。第二，在亞里斯多德本人的著作中，並沒有清楚的「速率」或「速度」這樣的量度概念，他只是使用「距離」與「時間」來描述運動；換言之，

在亞里斯多德的理論系統中，花費較少時間走較長距離是「快速」，反之是「慢速」，正如「重」與「輕」是物體的性質一般，它們是運動的性質。「速率」做為一個測量的術語，由一定時間內移動的距離來定義，這是中世紀的貢獻。第三，亞里斯多德的根本目的是理解運動的「本性」，而不在探討任何量的關係。對他而言，探討時空的量度關係對於本性的理解無所助益。同時，不同本性物體的運動也會有不同的本性，例如天界與地界的運動本質上是不同的。天體的運動是一種與地界運動截然不同的現象。天由第五元素構成，是永恆且不會朽壞的物質，也不會有量上的變化，因此天的運動必定是最完美的勻速正圓周運動——這仍然延續了柏拉圖的訓令。

　　如果我們暫時擱置現代科學的知識，浸入亞里斯多德的理論整體中，就會發現它相當符合我們的常識經驗。例如馬拉車，當馬停止走動時，馬車就不動。又如，若有一塊石頭阻擋車輪，石頭越大，就越難推動車子。可是，這個理論面對三個明顯的難題。**第一，推動力門檻難題**：當一物體受到的阻抗大於推動力時，物體無法被推動，而會保持靜止。推動力必須大於阻抗力，物體才會開始運動。換言之，亞里斯多德主義的「運動定律」有一個門檻，在推動力小於阻抗力時並不適用。**第二，自由落體難題**：為什麼物體依其天性運動，越接近地面時會越快？在受力運動中，如果增加推動力，會使得物體越來越快；但在自由落體中，推動者是它的天性，物體的天性為什麼會讓它越來越快？**第三，水平拋射體難題**：沿水平方向丟出一個拋射體時，當拋射體脫離推動者之後，推動力的作用隨即停止，即使推動力會使它水平運動一段距離，當物體超過此距離時，

為什麼它不會立刻垂直掉下來？反而是持續前進，呈現水平拋物線的軌跡？

亞里斯多德自己在他的《物性學》第八冊中提出拋射體問題並試圖回答，他的答案是媒介接管了推動者的角色。當我們拋擲一物體時，我們同時也作用在媒介（如空氣）上，我們給它一個力量，使它推動物體。這個力量從連續媒介的局部傳達到局部，使得水平拋射體持續在水平方向上運動，然後慢慢弱化，最終回到物體的自然位置。

二、亞里斯多德運動「定律」的發展與批判

發現大自然的定律是 17 世紀以降近代科學的核心目標。科學發現的定律典範是近代力學的運動定律，如伽利略自由落體定律或牛頓運動定律，皆是以數學比例來表達量度之間的關係。事實上，這種定律的形式也起於中世紀晚期，特別是經院的自然哲學家企圖解決亞里斯多德的運動理論之難題。

解決「推動力門檻」的難題，推動了中世紀的自然哲學家與運動理論家以數學公式來表達「運動定律」。公元 6 世紀的亞里斯多德詮釋家菲羅波諾士（John Philoponus of Alexandria, 490 - 570）是第一位對亞里斯多德理論提出挑戰的人，主張速率只與推動力成正比，媒介的阻抗力會降低速率。12 世紀時的經院學者西班牙阿拉伯學者亞文佩斯（Avempace, Ibn Badga, 1085-1138），就據此提出 $v \propto f - r$（速率 v 成正比於推動力 f 減阻抗力 r）這樣的公式，[18] 他也提出比亞里斯多德的「快速、慢速」更清楚的「速率」觀念。回憶亞里斯多德

曾主張運動的時間比例與媒介的密度比例相等，如果媒介密度是零（即虛空），則運動不需任何時間，但這不可能，以此來拒絕虛空的存在（見第六問）。亞文佩斯則論證，根據上述公式，物體可以在媒介密度為零的虛空中運動，而且速率不會無限大，因為物體經過一段距離仍需一段時間，這個論證蘊涵了「一定時間內經過一定距離」的「速率」概念。不過，亞文佩斯的公式當然有很多問題，也無法計算與實驗檢驗，因為他並沒有清楚的「測量」與「量度」的觀念。

14 世紀的布拉瓦汀（Thomas Bradwardine, 1295-1349）可能是第一位企圖以代數函數來表達運動定律的自然哲學家，他比起先前的哲學家有更清楚的函數觀念，並顯示亞里斯多德與亞文佩斯的「公式」都不配合事實。為了解決「推動力門檻」難題，他改良亞氏主義的運動定律為 $v \propto f/r$，主張只有當 $f/r > 1$ 時，物體才會被推動；而且物體速率變成二倍時，推動力與阻抗的比值不是相應地變成兩倍（$2f/r$），而是變成平方（f/r）^{2}。速率剩下一半時，與 $\sqrt{f/r}$ 成正比。所以真正的運動定律公式是「速率 v 與 f/r 的指數（次方）成正比」。[19] 因此，當速率是零的時候，f/r 的零次方是 1，代表推動力與阻抗力一樣大，物體保持不動。可是這個定律公式當然也有問題，亦即指數是 1 的時候，如果 f/r 是分數，即推動力小於阻抗力，那麼 v 仍是正數，違反 $f/r \leq 1$ 時，v 必定是零的前提。換言之，這個公式並不能真正用來計算。儘管如此，這種使用數學公式來表達運動定律的企圖，仍然推動了科學朝數學化的方向發展。

包含布拉瓦汀的牛津大學墨頓學院（Merton College）有一批具

數學心靈的哲學家，也開始嘗試以數學來描述加速運動。他們首先區分了論及運動原因的動力學（dynamics），以及不涉及原因、純粹描述運動狀態變化的運動學（kinematics）。單就運動學而言，他們具有更清楚的速率觀念，甚至開始定義等加速率（uniform acceleration）的觀念並計算之。他們發現一個公式，稱為「墨頓規則」：

> 任何均勻增加的變動形式（uniformly varying form）（如等加速率）所產生的總和變動量，等值於中間值的均勻變動形式（如等速率）在相同時間內產生的總變動量。例如，如果一物體從零開始，以等加速率經一段時間 T 之後，增加到 V，那麼它旅行的距離是 VT/2。

法國的歐瑞姆則以幾何證明墨頓規則。如圖 8.1 所示，x 軸代表時間或延伸（extension）T，y 軸代表速度或是強度（intensity）V。從原點的 O 到 A 的斜線 $\overline{OA}$，代表一個均勻地從零增加到 A 的變量，而 $\overline{BC}$ 代表沒有增加或減少的均勻變動，而 $\overline{BC}$ 與 $\overline{OA}$ 交會的 M 點是 $\overline{OA}$ 中點，即 $\overline{BC}$ 的變動值是 A 的一半。如此一來，兩者的總變動一樣（即 ΔOAD 的面積和矩形 OBCD 的面積一樣）。[20] 換言之，若一物體的速率在時間 $\overline{OD}$ 內從零增加到 A，則其旅行的距離將是 (1/2)A×D ＝ C×D，其中 C ＝ (1/2)A。

針對拋射體的難題，亞里斯多德相信是因為投射者把力量作用在周遭媒介上，所以由媒介推動物體繼續前行。但是這個說明似乎有內在矛盾而不能令人滿意，因為亞里斯多德也主張媒介會阻礙運

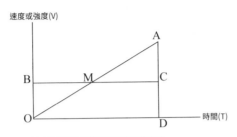

圖 8.1：法國的歐瑞姆將墨頓規則幾何化。

動，那麼為何在拋射體的案例中，它會變成推動者？菲羅波諾士也是第一個爭論媒介不可能是拋射運動原因的人，他首先提出一連串的質疑：如果空氣（媒介）是丟出石頭後石頭前進的原因，為什麼一開始手必須接觸石頭？為什麼風吹石頭卻不能推動它？為什麼重的石頭會比輕的樹葉丟得更遠？

顯然媒介是拋射體運動原因的理論很難回答這些質疑，因此與其說媒介推動拋射體前進，毋寧說媒介只會阻礙它。為了說明拋射體為何在丟出後仍然繼續前進，菲羅波諾士提出一個全新的觀念：拋射者在拋射物體時施加的推動力不是作用在空氣上，而是作用在物體本身。然而，這推動力只是借來的，會隨著物體的趨近其天性場所而減少，也會隨著阻抗力增加而減少。菲羅波諾士這種「推動力」觀念在 14 紀時發展成「衝力理論」（theory of impetus）。[21]

在 14 世紀時，對衝力理論做出最大貢獻的自然哲學家是法國的布里丹（Jean Buridan, 1300-1358）與歐瑞姆（Nicole Oresme, 1320-1382），兩人都在巴黎教書，前者把衝力理論發展完全，並用來解決拋射體與自由落體難題；後者把衝力理論應用到天體上，企圖論證地球運動在理性上比地球不動更合理。很多科學史家把他們視為

近代物理科學與使用數學方法的先驅者。

三、衝力理論與地球運動的可能性

就像菲羅波諾士一樣，布里丹拒絕空氣媒介可以推動拋射體，他接受菲羅波諾士的觀念，主張物體受到推動力而運動時，推動者施加一種衝力（impetus）作用在物體上，即使推動者停止施加推動力，衝力仍然會持續推動物體，使之前進，但因為媒介的阻抗力使衝力逐漸變小，終至消失，物體因而會停止運動。使用這樣的「衝力」觀念，布里丹可以恰當說明拋射體的運動並解決相關的難題：第一，當被拋射體脫離推動者時，因為衝力之故，拋射體能持續前進，但受到空氣媒介阻抗，衝力逐漸變小；又物體有重性持續推動它向下運動，兩種運動組合使得拋射體的運動軌跡呈拋物線。第二，風吹石頭（或重物）不能推動它，是因為風的衝力小於石頭受到的阻抗；風吹拂時可以推動輕物，是因為衝力大於輕物的阻抗。第三，為什麼丟重物比輕物飛得更遠？布里丹說：「一物體擁有的物質量（quantity of matter）越大，它就越能接收衝力，而且接收的強度（intensity）越大。」[22] 所以，即使推動者以相同的推動力丟一個重物與一個輕物，它們接收的衝力不同，前者接收的力量大，所以飛得遠；後者則因為接受的力較小而飛得近。再者，「如果一個人以同樣速率拋投相同大小尺寸的一片輕木塊與一片重鐵塊，鐵塊會飛得較遠，是因為施加予它的衝力強度較大。」[23]

上述看起來有點像是近代科學的「動量」概念，不過我們要小心 14 世紀的自然哲學家並沒有任何近現代科學的「物理量」

（physical magnitude）的概念，他們仍然受限於亞里斯多德哲學的範疇架構。對布里丹而言，衝力是一種性質（quality），是「大自然為了推動受到作用的物體而設計的性質，就像磁鐵作用在鐵上、移動它朝向磁鐵。」[24] 換言之，衝力與磁性是同類的性質。

　　亞氏主義運動學的第三個難題是自由落體加快的問題。亞里斯多德可以說明自由落體因其本性推動而向地面移動，但無法清楚說明自由落體為什麼會加快。有里丹的解決方式是這樣的：「必須設想一個重物不只是從它的原初推動者 —— 即它的重性（gravity）—— 獲得運動，它也會隨著自己的運動而獲得一定衝力，它與自然重性一樣有推動相同物體的能力。因為衝力可以與運動成比例地獲得，因而運動越快，衝力就越大越強。」[25]

　　根據上文討論，布里丹的「衝力理論」可以被總結成三條基本定律或原理：

(I1) 任何物體運動時都會產生衝力，並保持在運動中的物體體內。

(I2) 衝力能使物體持續運動，直到阻抗使得衝力消失。

(I3) 物體運動越快，衝力越大。物體越重（或重性越大），衝力越大。

　　雖然衝力理論並沒有反對亞氏運動學的 (A1)「物體運動必有推動者」的原理，但它在以下兩點不同於亞氏動力理論：第一，它拒絕亞里斯多德主張媒介也能扮演推動者的觀點；第二，不像亞氏主

義區分天界與地界，衝力理論打破兩者的分界，把「衝力」的觀念一體適用。布里丹主張：「天體運動沒有阻抗，所以在世界創造之初，上帝以祂想要的速率推動任一個天球，祂停止推動後，天球運動會因為施加的衝力而永恆持續。這是為什麼上帝在創造世界的第七天休息了。」[26]

巴黎另一位衝力理論家歐瑞姆的驚人成就，在於駁斥各種反對地球運動的論證，使得後來人們得以突破亞氏的理性論證與教會的信仰權威，爭論地球運動是更合理的。[27] 可是，歐瑞姆在提出許多有力論證之後，卻以理性思辨必定要服從啟示真理來拒絕地球運動，他的論證鮮明地顯示出中世紀科學的一大特色：科學是神學的婢女。

亞里斯多德主義完全無法容許地球運動（包括地球自轉）的可能性，而且亞里斯多德自己與托勒密都已經提出符合經驗與理性的論證，來駁斥地球運動的可能性。這些論證可重新整理成如下幾點：第一，我們實際觀察到天體在運轉；第二，如果地球持續由西向東轉，那麼應該會有由東向西的氣流（風），但我們經驗不到這種風。第三，如果地球由西向東轉，垂直上拋的石頭掉下來時，落點會在上拋位置的西方。但這種情況沒有出現，所以地球不可能自轉。第四，很多運動是自然運動，預設了物體的自然位置。地球是土元素構成，其自然位置在宇宙中心，做為天體運轉的中心必定固定不動。

針對第一點，歐瑞姆爭論，我們能觀察到的只是相對運動（relative motion）——物體的運動必定相關於另一物體才能被觀察到，例如一個人坐靜止的 A 船，如果有另一 B 船相對於它而前進，倘若沒有其他參考物，他便會看到 B 船靜止，而自己坐的 A 船在後退。

因此，我們觀察到天體在運轉，未必是天體真的在運轉，也可能是地球自轉才讓我們觀察到天體在運轉。針對第二點，歐瑞姆認為空氣分享了地球的運動，所以才不會出現所謂的東風。第三點是第二點的延伸，歐瑞姆的答覆是：石頭的運動是兩個運動的組合，一個是垂直方向的直線上下運動，另一個是地球自轉的圓周運動，這兩個運動的組合使得石頭落在原來上拋的地點上。針對第四點，歐瑞姆主張除了天球外，地界的每一種元素都有兩種自然運動，一個是直線運動，另一個是圓周循環運動。當元素在自己的自然位置時，它只有圓周循環運動，當它離開自己的自然位置時，才會有回到自然位置的直線運動（當然，根據衝力理論，是被天性重性產生的衝力推動的）。最後，歐瑞姆還提出一個正面支持地球運動的柏拉圖主義式論證（後來被哥白尼沿用）：天是高貴的，應該保持靜止不變或運動較慢，讓較卑微的地球運動更能符合理型的秩序。[28]

儘管提出那麼多論證來駁斥反對地球運動的論證，從而在經驗與理性上都支持了地球運動的合理性，歐瑞姆卻結論說：地球不動，上帝固定地球，所以它不動。那麼，他提出那些論證究竟用意何在？事實上，歐瑞姆的用意在於利用理性來混淆或反對理性，以顯現理性的不可靠並且無法指引人們獲得真理。可是，他這種運用理性的方式，反而開啟了科學探索的新天地。

如上所述，衝力理論很妥當地解決了亞氏主義運動理論的難題，它的說明也十分符合人們從經驗中衍生的直覺。然而，從「理論整體性」的角度看，亞里斯多德認為自由落體的速率不是重點，也不是物體的重要性質，所以他的理論系統不會引導他去思考自由落體

為什麼加快的問題。對亞氏主義者而言，相較於廣大的自然現象，加速問題不過是無足輕重的小麻煩。可是，14世紀自然哲學家基於思想（方法學、自然觀、形上學等）的持續發展而衍生新問題，使得拋射體與自由落體問題都變成重要且有待解決的問題。儘管在理論評價上，衝力理論在一致性、融貫性與說明力上都強過亞氏主義的運動理論，但是衝力理論終究不是一個針對亞氏主義動力學的科學革命。因為衝力理論家雖然提出很多新觀念與新論證，但是都屬於亞里斯多德世界觀的補充或對照性推論。例如，在最基本的運動原理（如運動必有推動者）與其他變化的部分，他們終究依賴亞氏的形上學理論（四因說、目的論、潛能實現說、本質論），因此無法全面取代亞氏的變動－運動理論。再者，衝力理論家敢於質疑亞氏主義這個異教思想，卻無法擺脫基督信仰，這使得他們無法再往前推進一步。然而，14世紀牛津與巴黎的研究讓中世紀的運動理論達到高峰，為17世紀的科學革命搭建了必要的背景。他們最重要的貢獻不是提出異於亞氏學派的理論或概念，而是對於自然現象的數學處理與數學方法的強調，種下了科學革命的種子。

想想看

1. 中世紀所謂的科學與現代人所知的科學有極大的差異。你認為中世紀的科學仍可以被稱為「科學」嗎？如果能，理由是什麼？如果不能，理由又是什麼？哪一種看法比較好？

2. 試比較中世紀的「衝力」概念與牛頓力學的「動量」概念，描述它們的歷史演變。

3. 理性與信仰不是互相衝突嗎？它們真的可以調和嗎？如果理性與信仰是衝突的，它們的衝突代表科學與宗教的衝突嗎？

4. 試找出一個重要的觀念（例如「自然」或「運動」或「原因」等等），考察它從古希臘到中世紀的演變。

5. 想想中世紀晚期科學與近代科學（如運動理論）的關係。

【第九問】

徵象能揭露自然嗎？
文藝復興的徵象主義與化合哲學

通俗的科學史圖像通常告訴我們，發生於 16、17 世紀的大科學
革命（The Scientific Revolution）推翻了中世紀的亞里斯多德思想，
開啟現代（近代）科學嶄新的一幕。這場大科學革命的開端是波蘭
天文學家哥白尼（Nicolaus Copernicus, 1473-1543）的《論天體運行》
（*On the Revolutions of Celestial Bodies*, 1543）一書。可是，這種科學
史圖像忽略了文藝復興（Renaissance），而它才是大科學革命的歷
史背景。

文藝復興是科學史非常奇特的一個時期，從 1450 年起至 1600
年止。[1]所以有不少近代科學的創建者，如哥白尼、克卜勒、伽利略、
笛卡兒等，他們要不也被算成是文藝復興晚期人物，就是前半生成
長於此期間。換言之，文藝復興上承中世紀的傳統，下開 17 世紀的
科學革命，夾雜在舊與新之間，塑造出既舊又新、既保守又開創的
風格。可是，文藝復興開創的新科學，並不全都是大科學革命的先
行者，文藝復興有另外一種自然哲學思想，相信人們應該揭露自然
徵象（natural signs），使用帶有神秘玄奧色彩的方法（occult meth-
od），透過物質的轉型與化合，來理解這個世界奧秘，這套自然哲
學夾雜著巫術、煉金術與占星學，被稱為「徵象主義」（Hermeticism）
或「徵象傳統」（Hermetic tradition），[2]有時也被稱作「化合哲學」（the
chemical philosophy）。[3]正因如此，文藝復興在科學史家的筆下呈現
出兩個不同的形象：一個是 17 世紀大科學革命的前身，大科學革命
是文藝復興的繼承、開展與完成；另一個則有與大科學革命的理性、
透明形象截然有別的神秘面貌，文藝復興科學呈現出混著巫術、宗
教與近代科學的風格。這兩個「不同形象」帶來了文藝復興科學史

的爭議。

　　以下第一節先討論文藝復興的科學史形象之不同面貌。接著討論煉金術，因為它是徵象主義與化合哲學的基礎。之後討論徵象主義的內容與一般特色。然後分析徵象主義和化合哲學的代表人物帕拉塞瑟斯的思想與工作。最後討論從中世紀到文藝復興的科學思想發展過程。

文藝復興科學的形象爭議

　　「文藝復興」一詞的英文名稱 Renaissance 是「再生」（rebirth）的意思，它不只意指藝術與文學的再生，也蘊涵知識的「再生」。這是 17 世紀知識份子的自覺，因為他們感到 16 世紀是新科學萌芽的時期。之所以稱為「再生」，是因為文藝復興晚期的歐洲人在充分掌握古希臘古典文獻的同時，由於大航海時代的探險成果，加上征服自然的雄心抱負，並受到人文主義的薰陶，對於人類本身產生無比自信，也開始輕視之前中世紀時期的「神本文化」，將那段期間稱為「中古世紀」（medieval age，此名稱有愚昧、落後與黑暗的貶義），並自稱所生活的年代為「再生時代」，因為相較於缺乏「知識」的中古世紀，文藝復興時期的人們自認他們真正學到了古希臘的黃金文化（柏拉圖主義）。「再生」，意謂著雅典時期的希臘文化（藝術與知識）重生於義大利。

　　文藝復興的這個「自我形象」，經 17、18 世紀的大科學革命，

被西方文化傳承下來，成為正統的形象 —— 古希臘雅典文化的重生
與新生、大科學革命前奏，並與大科學革命密不可分。20 世紀 20、
30 年代的實證史觀與 50、60 年代自然哲學史觀的科學史家，大致
都傳達了這個形象；他們把 16 世紀的文藝復興併入大科學革命中，
在天文學和宇宙論方面，從哥白尼革命談起，經克卜勒、伽利略到
牛頓；在物理學與動力學方面，從微粒子哲學、伽利略力學、笛卡
兒的機械主義談到牛頓力學；在物質本性與實驗方法上，從培根、
波以耳到牛頓。在這幅圖像中，文藝復興時的科學並沒有什麼神秘
玄奧氣質，或者說，當時由神秘玄奧的徵象主義與化合哲學所構成
的科學傳統，整個被忽略了。[4]

　　20 世紀 60 年代起，對實證主義、進步主義的反省與反彈，一
些科學史家開始挖掘文藝復興科學的另一面，亦即與巫術、宗教、
煉金術、神秘玄奧風格結合的「科學」，進而把這種「科學」風格
看成文藝復興科學的一個整體的混雜形象，而把之前由科學史家建
立、聯結大科學革命的形象，視為實證主義的科學史觀。例如，科
學史家德布斯（Allen Debus）在他的《化合哲學》第二版序言中說：
「在四十年前，大科學革命一般被解釋為一場進步，從哥白尼到克
普勒、伽利略，於牛頓的《自然哲學的數學原理》（1687）一書達
到頂峰。……這大致是實證主義取向，對準精確科學，而把化學、
生物學與醫學當時重要的發展貶為側線。」[5] 這種說法也簡化了複雜
的科學歷史。

　　德布斯企圖提出一個文藝復興科學的新形象：對近代科學有所
貢獻的文藝復興學者，對於巫術（魔法）、煉金術與占星學的興

趣，並不下於對數學抽象、觀察與實驗的興趣。三位代表人物帕拉塞瑟斯（Paracelsus, 1493-1541）、狄（John Dee, 1527-1608）與弗錄德（Robert Fludd, 1574-1637）都試圖透過玄奧哲學（即巫術、宗教、煉金術等）結合科學的進路來理解自然。因此，德布斯認為，我們今天可以輕易地區分科學與巫術，這個區分有其必要性，但是文藝復興時期不行。換言之，文藝復興的自然哲學特色總是結合科學（數學及實驗）及神祕方法（徵象及宗教信念）。甚至，這種傾向一直貫徹到 17 世紀（例如波以耳與牛頓對煉金術的興趣）。[6]

　　德布斯的理由大致如下：第一，文藝復興的科學價值觀影響了 17 世紀的革命性科學家。整個 17 世紀之間，有不少大科學家抱持文藝復興時期的價值信念，例如，「和諧」（harmony）。尤其在克卜勒與牛頓的作品中，對宇宙和諧的尋求並不下於文藝復興時期的思想家。這一點明顯超出了經驗與實驗的領域，因為「宇宙是和諧」的信念並不能付諸實驗檢驗。第二，文藝復興的科學實踐風格也影響了 17 世紀的革命性科學家，如波以耳與牛頓都對煉金術感興趣。牛頓甚至十分像是文藝復興時期的科學家，結合宗教與煉金術，寫了上百萬字的煉金術與神學手稿。[7]因此，在文藝復興時期，研究自然的人們基於對自然的獨特理解，混合了巫術與經驗、實驗的傳統，塑造了此時期特有的自然哲學。第三，近代科學的兩大革命：哥白尼在宇宙論上的日心系統與哈維（William Harvey,1578-1657）在生理學上的血液循環理論，其實誕生在文藝復興晚期。當時它們引發許多爭論，而且一直持續到 17 世紀。對文藝復興時期的自然哲學家而言，要不要接受自然巫術與大宇宙－小宇宙的類比之爭議，跟是否

接受日心系統或血液循環的爭議一樣重要。[8]因此，文藝復興科學的特色不能被近代科學的機械主義所掩蓋。

　　這兩個衝突的形象不單只是內容上的差異，也蘊涵了「科學觀」（即對「科學是什麼」的觀點）的轉變。換言之，對塑造文藝復興科學革命形象的科學史家而言，他們並非不知道帕拉塞瑟斯與徵象哲學。對實證史觀的科學史家來說，除了「醫學化學」的部分之外，帕拉塞瑟斯的徵象哲學混雜宗教、神秘主義與煉金術的部分，不能被視為「科學」；對自然哲學史觀的科學史家來說，帕拉塞瑟斯的思想並不具近代現代的性格，因此不該被納入大科學革命的科學行列中。[9]可是，60年代後的科學史家在孔恩的影響下，採納了一套「思想整體論」（intellectual holism）的看法，亦即我們不能把一位自然哲學家的整體思想，切割成「科學實證」的部分與「非科學」的玄思成分，而應該當成一個整體來看待。在這樣的意義下，「科學」的概念與「科學性」的標準被放寬並擴大了，只要是企圖理解自然、提出一套合理的自然哲學，那麼即使採納神秘主義與煉金術的方法，也應該被視為「科學」。

　　本書採納「自然哲學與科學同一」的概念以及對科學思想的整體論觀點，因此把帕拉塞瑟斯的思想視為自然哲學－科學來對待。可是，本書並不認為「徵象主義」與化合哲學代表了文藝復興的科學形象，也不認為一個時期的科學形象應該被視為一個統一的整體來看待。

　　文藝復興的科學形象究竟是哪一個？這個問題預設了文藝復興科學有一個、而且只有一個統一的形象，來自於當時主導、主流的

自然哲學－科學理論，即使它其實有一個混雜的面貌。因此，進一步的問題是：主導文藝復興科學的主流理論是什麼？徵象主義與化合哲學，還是強調數學天文學的柏拉圖主義？如果主張徵象主義與化合哲學是文藝復興時科學的主流，那麼，截然有別於徵象主義的新柏拉圖主義與哥白尼的數學天文學就不算是主流嗎？肯定的答案顯然不合理，反之亦然。因此，問題可能出於一開始的提問可能就誤導了，[10] 亦即為什麼要預設文藝復興科學只有一個主流且主導的自然哲學理論，並提供一個統一的形象呢？為什麼文藝復興科學不是同時並存著不同的主流理論，很難被統一成單一個自然哲學－科學形象呢？事實上，後者正是本書採取的觀點。

本書主張，文藝復興時期至少有三個不同的理論或哲學傳統：第一，以庫撒的尼可拉（Nicholas of Cusa, 1401-1464）與布魯諾（Giordano Bruno, 1548-1600）為代表人物的思辨宇宙論（speculative cosmology）；第二，以帕拉塞瑟斯為代表人物的徵象主義與化合哲學；第三，以哥白尼為代表的柏拉圖主義與數學天文學。這三個理論傳統雖然都企圖回答一個一般性的共同問題：**人類居住的世界與宇宙究竟是什麼模樣？**但它們分別提出相當不同的理論來回答。進而，它們不僅在理論內容上不同，就連獲得理論的方法也截然有別。更甚者，雖然它們回答共同的問題，但是關注與強調的面向十分不同，在這個意義上，我們可以說，它們分別探討十分不同的問題，目標也相當不同。

庫撒的尼可拉與布魯諾最關心宇宙究竟有多大、人類居住的世界在宇宙間的地位是什麼；哥白尼關心如何建立一個數學幾何理論，

來回答天體運行的問題，以便建立正確的曆法，把太陽放到宇宙中心的宇宙結構問題只是這核心目標的附帶產物；至於帕拉塞瑟斯與徵象哲學家仍然主張地球為宇宙中心，因此關心宇宙——特別是人類生存的大地，而不只是天體——如何構成；既然大地由各種物質元素所構成，那麼物質如何結合與轉型以便構成大地，就成了他們的核心問題。這樣看來，相對於中世紀亞里斯多德主義的正統自然哲學，這三個理論傳統雖然都有「離經叛道」之處，但也有繼承與保守中世紀傳統的地方。然而，三者保守與新創的地方各不相同（看後文章節討論），很難被統一成一個整體形象。

　　就時間次序來說，庫薩的尼可拉重要著作《博學的無知》（*On Learned Ignorance, De Docta ignorantia*, 1440）出版最早，帕拉塞瑟斯的作品次之，[11] 哥白尼的《論天體運行》最晚。可是，尼可拉的思辨宇宙論與哥白尼的數學天文學都影響了 17 世紀科學革命，因而被延續下去；帕拉塞瑟斯與徵象哲學在 17 世紀中葉後逐漸消失，與中世紀的正統亞里斯多德哲學一同被機械哲學及伽利略與牛頓的新物理學所取代。本書因此先在本章討論化合哲學與徵象主義，再於下一章論述思辨宇宙論與數學天文學。

煉金術

　　在討論文藝復興的徵象主義與化合哲學之前，有必要先討論對它們有深遠影響的煉金術傳統。

　　煉金術的目的，在狹義上是追求把賤金屬轉變成貴重金屬（特別是黃金），在廣義上則是普遍地轉化各種物質。為了達成狹義的目的，煉金術必須有一套普遍性的物質轉化理論。雖然煉金術有其希臘根源，但西方中世紀與文藝復興時期的煉金術是阿拉伯文化傳入的結果，因為煉金術的英文 alchemy 這個字，其實源自阿拉伯文。al 是阿拉伯文中的定冠詞，相當於英文 the。今天英文化學 chemistry 一字的字根 chemi- 就是煉金術的 chemy。另一個相關字源是「酒精」（alcohol），在阿拉伯文中是「葡萄酒的精神」（spirit of wine）之意，是使用煉金術的重要技術蒸餾（distillation）而提煉出來的物質。

一、煉金術的「科學性」爭議

　　煉金術是不是科學？這一直是有爭議的課題。抱持較狹義「科學觀」的科學家、科學哲學家與科學史家，要不是把煉金術當成非科學的一種，就是把它當成被現代化學取代的老思想與技術。例如，科學史家霍爾認為現代化學起於 17 世紀，煉金術雖然常常被視為化學的祖先，但不是一種知識的傳承。因為煉金術應用自然巫術，而且具有神秘主義氣息，甚至是故做神秘的結果，缺乏清楚的觀念，也拒絕清楚的描述。霍爾說：

> 如煉金術的暗示，實驗（煉金）可以意指玩火、耽溺於熟習秘傳或禁制知識的欲望。煉金術士（實驗家）是個擁有令無知者恐懼的奇異（如光學、磁學、或煙火技術）力量者；他甚至是浮士德式的人物，被某種欲望所驅使，追求不神

聖的作惡知識。雖然煉金術士距女巫較遠而距占星家較近，
但是占星家的怪誕符號與對命運算計，也在數學上投擲了
一道汙名的陰影。[12]

　　顯然，煉金術在霍爾筆下是負面的。科學史家德布斯則為煉金
術與徵象主義提供正面的形象。然後，也有介於兩者之間的科學史
家如林伯格，一方面重視煉金術合理的理論基礎，另方面也提到了
煉金術在漫長的歷史中感染了巫術、宗教與其他成分。[13]誠如上節
所論，煉金術是徵象主義整體思想的一部分，它們無疑有一套自然
哲學，所以不管我們對煉金術的態度是什麼，都很難不承認煉金術
對推動化學實驗操作上的影響，更何況煉金術有一套物質轉化理論。

　　本書把煉金術視為近代化學崛起之前的「化學」，可以算是現
代化學的起源，並從心理、理論方法與技術三種面向來說明煉金術。
從事煉金術的心理動機，乃是欲求把賤金屬轉變成貴重金屬。人類
之所以會產生這種欲望，是因為他們發現似乎有一套理論可以說明
物質的轉變，如果能把理論的想像加以實現，他們的目標即可達成，
接下來的重點就是如何去發現實現這種目標的方法與技術。

　　中世紀的煉金術之理論基礎，建立在亞氏的四元素學說上。阿
拉伯的學者在吸收希臘思想之後產生對煉金術的興趣，並在追求過
程中改良其理論基礎。我們看到地下出現的泥土、石塊與金屬都是
化合物，由土、水、氣、火四元素以不同比例化合而成。金屬是化
合而成的，可是金屬跟一般的泥土與石頭有極大差異，因此需要一
套特別的「金屬理論」。一般的金屬如銅、鐵、銀、黃金等都有光澤，

或銀色或金黃色。同時，一般金屬在高熱下會流動，冷却後才凝固成堅硬的金屬器物。煉金術家在大自然中發現在常溫時即可流動的銀色水銀（mercury），以及出現在火山區域的黃色硫磺（sulfur）。根據四元素理論，水銀含有水，硫磺含有火，這些理論與發現使得煉金術家相信，黃金是由水銀與硫磺化合而成的，因為水銀可提供光澤，硫磺則能提供黃色的顏色。從這兒推出：把水銀與硫磺放在一起，透過某種未知的過程，可以使它們組合成黃金。可是，煉金術家經過無數的實驗，總是無法單靠水銀與硫磺以及各種操作程序而化合成黃金。既然元素理論已經提供了可行的理論基礎，問題可能就在未知的成分。因此，煉金術家假設有一種特別的物質，稱為「智者（哲學家）之石」（philosopher's stone，或「煉金石」或「煉金液」〔elixir〕），水銀與硫磺要透過它的作用才化合成黃金。之所以稱為「智者之石」，是因為只有具智慧的哲學家才能找到它，這種假設當然也為煉金術染上了神秘色彩。

　　結果，從亞里斯多德與伊斯蘭的元素理論發展而來的煉金術在長期實踐之後，產生一股隱密與神秘主義的氣氛，特別是煉金需要智慧的假設；而這種智慧又常被理解成必須透過秘傳、神秘的宗教體驗來獲得，事實上，這一點也被煉金術家用來解釋為什麼他們始終產生不了黃金，因為那些實踐者的智慧不足，無法理解自然的徵象與寓意，以致找不到「智者之石」。可是，這並不表示煉金術總是神秘、宗教性、純信仰且耽溺於意義的詮釋，煉金術家也強調實驗與觀察證據，這個過程體現在他們的實作中。對他們而言，正確的操作步驟與程序也是通往成功不可或缺的一環。在這個意義上，

煉金術確實是近代化學與實驗科學的源頭之一。

在技術層面上，從希臘時代到中世紀的歐洲人已經能透過化合手段製造很多物質，如玻璃、顏料、火藥與其他煙火物、藥劑，以及一些像硫磺、明礬等等化學物質。種種化合物質的技藝完全來自經驗，很多是從阿拉伯人的煉金術中學來的；在追求煉金術的漫長過程中，煉金術家發展的許多重要技術被日後的化學繼續沿用，其中最重要的技術是蒸餾（distillation），在15世紀時甚至變成萬靈丹。在煉金術中，蒸餾是核心操作，其程序又可依不同操作而被分成各種不同步驟，以便萃取一切物質的菁華（quintessence）。正是這些貢獻，讓本書接受煉金術是近代化學科學的前身。

二、煉金術的理論

為什麼阿拉伯人與歐洲人會追求煉金術？除了心理動機外，理論基礎也是必要的。煉金術家認為，我們經驗中的各種物質是四元素以不同比例化合而成，因此只要找到分解它們的方法，或許就可以把「純元素」分離出來。沒有這種理論與它所提供的信念作為基礎，煉金術也很難擴展，並發展出許多特殊的技術。但是，如果這個理論沒有告訴我們四元素如何以各種比例化合成萬事萬物 —— 即提供一套「複合理論」（theory of mixture），煉金術的理論基礎也不穩固。亞里斯多德主義者確實提供了一套物質的複合理論。[14]

亞里斯多德的「形質說」、「潛能實現說」、「四因說」說明了萬事萬物的變化，包括不同類物質間的轉變。形質論告訴我們，所有物質實體都是形式與質料的結合，形式形塑了物體的外觀表象，

物質轉變則是形式與質料的結合轉變。可是在物質的轉變現象中，不同外觀的物質會聚集、混合或形成全新外觀的新物質，會衍伸出新形式如何產生以及舊形式如何不見的問題。

亞氏主義者首先區分兩種物質組合的形式 ——「機械的堆積」（mechanical aggregate）與「複合物」（mixtum）；前者是兩種不同實體的成分微粒被混雜在一起，但每種實體都沒有失去它們的個體性與外觀特徵，例如把白鹽與黃沙混在一起 —— 這類似今天化學所謂的「混合物」；後者則是不同的成分結合形成一個「同質的複合物」（homogeneous compound），擁有新的形式、新的本質與新的性質，原初實體的形式與特徵則都消失了。例如固體方糖溶解在水中，方糖的固體性與白色都消失了，變成無色透明的液體（雖然保特其甜味）。[15] 這個新的形式與性質滲透到所有的成分局部，而且大致是原先的形式與性質的平均（糖水不像方糖那麼甜）。

這個理論為後來的哲學家與其詮釋者帶來一個問題：複合物的新形式與新特徵是怎麼出現的？成分物質原來的形式與特徵跑到哪裡去了？如何以「形質論」來加以說明？另一個重要而相關的問題則是起於經驗觀察。經驗上，人們觀察到所謂的「複合物」有可能透過某種程序被還原為成分實體，例如把鹽水曬乾後，會回復原先的白色鹽結晶。這等於是說原初的形式與特徵會在消失後重現，那麼它們在「複合狀態」時，究竟是以怎樣的方式而存在於複合物內？

亞里斯多德的支持者與詮釋家都同意，成分元素的實體形式被複合物的新形式給取代了，而新形式的產生必須訴諸於一種更高層次的力量 —— 天體力量或天上的理智力量，可能就是上帝本身。這

個高層力量在物質結合成複合物時，把新的實體形式注入原初質料中。而成分物質原來的形式與特徵，由於在理論上可能重新出現，因此必須假設它們**隱藏**在新的複合物中，等待適合的機會再度現身。可是**隱藏**的方式是什麼？不同的詮釋家有不同見解。

　　亞維塞納認為，成分元素的形式（本質）原封不動地保存在新物質中，只不過它們的性質弱化成不可感知的一點。如此一來，當還原發生時，舊形式就可以重新出現。問題是：形式如何變成「不可感知的一點」？若舊形式原封不動，它如何與新形式共存？亞維洛艾則主張，成分元素的形式與性質之強度及密度會大幅減少，以一種潛存的方式存在於複合物內，其形式（本質）已不再是實體的形式，而是處在一種實體與屬性的狀態之間。因此，當新物質還原成原成分時，潛存形式就復原了。問題是，這代表存在一種實體與屬性之間的新狀態，而那是什麼樣的狀態？是否亞里斯多德原來「實體－屬性」的區分也要加以修改？教會官方大師阿奎納則認為，在複合過程中原始成分的形式消失了，但它們的性質對於該複合物有一種虛擬的影響。因此當還原時，此虛擬影響重新顯現出原始形式；換言之，原始形式就像物質化合的新形式產生一樣地產生。這種詮釋的好處是不必修改亞里斯多德的「實體」與「屬性」之區分；問題則是，在還原時成分的形式為什麼與原始形式一樣？對這類的問題的爭辯，就成為中世紀晚期到文藝復興期間的主要「科學研究」。

三、煉金術的實作

　　如同先前所提，煉金術的動機是把賤金屬轉變成貴重金屬——

特別是黃金。可是要注意，alchemy 並沒有特別指明要得到「黃金」。既然亞里斯多德主義已提供了物質實體轉變的理論保證，接下來的問題就只是如何在技術上做到。亞氏理論告訴煉金家，如果可以透過一定程序變更一物質的性質與形式，就可以改變物質。例如，如果可以把黃金的「黃色」、「光澤」、「延展性」移植到其他賤金屬上，就可以把它們轉變成黃金。在煉金家的眼中，水銀的流動性類似於黃金的延展性，水銀的銀色光澤也很像黃金的明亮光澤，唯一欠缺的是「黃色」的特徵；而硫磺是最易找到的黃色物質，因此是否可以把硫磺的「黃色」轉植到水銀上？如果找到方法，就可以把水銀變成黃金。

由於水銀和硫磺的普遍性，煉金家甚至相信所有金屬都是由這兩種物質、再加上其他各種不同的物質複合而成。在地底發現的各種金屬，乃是在自然狀態下，由水銀和硫磺加上其他物質，長期自然複合、發育與成熟而成。如果能模擬地底的自然歷程，並找到複合的物質比例，就可以人工生產所有想要的金屬。進一步來說，煉金家還想要縮短並加速金屬成熟的過程，因此他們在「實驗室」中尋找各種方法與配方。

實際上，大多數的煉金家都徒勞無功。然而亞氏理論給他們相當強烈的信心，相信總有一天能成功。無法成功的關鍵在於不知道「正確的比例與配方」，以及可能有某種關鍵物質能發揮轉變的力量 —— 特別是黃金。他們試圖去尋找這個關鍵物質 —— 煉金液或智者之石。在煉金家的長期努力中，儘管他們從未成功，卻發展了許多現代化學使用的處理程序與實驗方法，例如蒸餾、溶解（solu-

圖9.1：煉金家和他的實驗室

tion）、分離（separation）、昇華（sublimation）、沉澱（precipitation）、同化（digestion）、鍛燒（calcination）、融合（fusion）等等，還有特別針對生命物質的腐化（putrefaction）與發酵（fermentation）等。他們也創造許多不同類型的化學實驗工具，像加熱與鎔解所需要的鍋爐、蒸餾瓶、燒瓶、收集瓶，還有許多可進行煉金物質熔化、混合、搗碎與收集的容器。

　　在煉金術的漫長發展與演變歷史中，它與很多不同的技藝和思想系統結合，例如冶金、染色、藥物製作、醫療、巫術、占星等，因而擁有許多技術性、巫術性、寓言性及秘教性的面目，逐漸變成一門無所不包的神秘哲學或知識體系，從而受到教會的敵視與禁制。一直中世紀晚期與文藝復興時期，它甚至被連結到煉金術士的「精神轉型」。某些人相信，「煉金液」不只能把賤金屬轉變成黃金，也能使人長生不老。[16] 信奉這種觀念也使得煉金術士成為不折不扣

的「（自然）巫師」，也因此，煉金術在科學史上擁有多面的形象，並受到相當不同的評價。

徵象主義

徵象主義者相信上帝把徵象或徵兆（signatures, symptoms）放在一切事物之間，例如《聖經》文字、占星學的星座記號、大自然的突發現象、實驗室中的特殊結果等等。由於徵象是一種記號或符號（signs or symbols），可使用各種記號來表達，[17]因此必須通過注釋或詮釋的方式來揭示其意義，而這一切也密切相關於自然巫術（natural magic，不同於「超自然巫術」）；換言之，大自然的徵象與記號之間，甚至宇宙的所有局部之間，都存在著特別的連結與力量，至少有一種普遍的同情共感（sympathy），而且可以跨越距離，無須接觸即可作用。透過這種力量，萬事萬物互相影響，人與萬物之間也不例外。

文藝復興的「徵象主義」，可以借用 20 世紀法國思想家傅柯（Michel Foucault, 1926-1984）的《詞與物》（*Les Mot et les choses*）一書的描述來加以說明。[18]傅柯描述文藝復興時的知識基本型態是：事物與字詞（符號）都統一在一個「相似性」的大網絡中。這種「相似性」概念比起今天的「相似性」要廣得多，包含了一些具神秘氣息的相似性。傅柯認為，文藝復興時期有四種相似性：鄰近（convenience）指彼此在空間上靠近的事物；相仿（emulation）

指兩物的相像聯想，如天有日與月，猶如人有雙眼，所以天與人臉相仿；類比（analogy）指關係上的相似性，例如國王與人民類比於身體的頭部與腹部；同情共感（sympathy）與反感（antipathy）則是存在於一切相吸相斥事物之間的感應力。這四種相似性足以涵蓋一切事物，把它們全部織入這個大羅網中。人類正是透過「徵象」與相似性，從一物聯想到另一物。「徵象」提供了訊息（information）與意義（significance）。

徵象主義有下列幾個特色：[19]

第一，徵象主義者一般相信整個宇宙與人體具有相同的結構，是同形同構的（isomorphic）。整個宇宙是「大宇宙」（macrocosm）、

Fig. 6. A Group of Great Alchemists and Physicians: (*reading down, left*) Hermes Trismegistus, Morienus Romanus, and Raimundus Lullus; (*right*) Geber (Djabir), Roger Bacon, and Paracelsus. Title-page of *Basilica chymica*, by Oswald Crollius (d. 1609), physician and alchemist

圖9.2：徵象主義者也是煉金家和自然生理學家。本圖來自一本17世紀初著作 *Basilica Chymica* 的標題頁，列出歷來偉大的煉金術家，包括 Hermes Trismegistus、Roger Bacon、Paracelsus 等人。

而人體是「小宇宙」（microcosm）。這個觀念源遠流長，可以上溯到巴比倫時代的占星學，大宇宙與小宇宙的同構是人體各部位對應到天球的黃道十二宮（參看第四問）。後來 11、12 世紀時的自然主義又興起大宇宙與小宇宙的信念，在這個傳統下，15、16 世紀的徵象主義者也相信並使用占星學。然而，中世紀的大小宇宙觀混入了基督教成分：人們相信宇宙萬物（包括人）都是上帝所造，而且人是根據大宇宙的形象而被造。不僅如此，天體與地面的事物之間也彼此對應，存在這種大宇宙與小宇宙的結構，構成一個「存有物的大鏈鎖」（the great chain of beings）。但人在存有的大鏈鎖之間有一特別的連結，使得人不只是被動接受星體的影響，也能透過這種內在連結去影響世界，重點是必須找出那關鍵的連結，這種主動影響世界的觀念就使徵象主義蘊涵了「巫術」思想。[20]

　　第二，徵象主義研究者不是只能被動等待自然徵象的顯現，還可主動創造徵象並影響世界，因此徵象主義者大多也是承認自然具有巫術力的巫師。可是，不像史前巫術與普世宗教無關，文藝復興時期的徵象主義者大多相信基督教，也信仰上帝與《聖經》。《聖經》文本與宗教奇蹟都可以是一種徵象。然而，在中世紀教會眼中，巫術不只非正統，還是異端、邪惡、與魔鬼有所連結的。如果徵象主義者公開自己的巫師身分，很可能會招來危險。可是從科學史的角度來看，16 世紀的自然巫術是一種統一自然與宗教的新企圖。甚至，從徵象主義者與自然巫師的角度來看，教會的經院哲學才是「異端」，因為他們企圖透過異教徒亞里斯多德的作品來理解自然——上帝的創造物。然而，徵象主義者認為，自然的知識只能直接來自

上帝的啟示 —— 那些大自然中無所不在的徵象。

第三，徵象主義的世界與大自然是活生生的，因此研究大自然是在研究它們的「生理」，這個觀念是「自然生理學家」（physicians）一詞的源頭。[21]「自然生理學家」同時研究大宇宙的自然與小宇宙的人體。人體不只是一個小宇宙，也是大自然的一部分，所以自然世界（植物與礦物王國）中一定蘊藏一些藥物對應到宇宙與天體，使它們具有強大功效，甚至使人能像大宇宙般長生不老。這個與醫療的連結催生了 16 世紀的「醫療化學」（iatro-chemistry）。

第四，如果藥物不僅在醫療有用，也在理解自然的奧秘上扮演關鍵角色，那麼研究者的任務就是去發現那些關鍵藥物。問題是，要找出那些藥物，還是必須依賴於徵象。然而徵象不是被動地顯現，人們也可以主動透過物質的操弄（化合或轉化物質）來發現或創造徵象，分析其訊息並加以詮釋，這一點使徵象主義連結了煉金術；特別是文藝復興晚期時，他們對煉金術或化合術產生了高度興趣。徵象主義者相信，他們的新理論將引導研究者找出有用的醫療藥物，更重要的是，可以很快推翻亞里斯多德與加崙的學說，使人們獲得真正的自然知識。

第五，一些徵象主義者如約翰·狄與弗錄德也重視「數學」，因為數學中的數目或幾何形狀也是一種記號或徵象。但他們所理解的「數學」在科學史上自成一格，是一種「數學神秘主義」的思想。[22]數學的目的不是計算與量化，而是透過數目、記號與幾何形狀，顯示自然與宇宙整體的神性和諧。

占星學、巫術、煉金術都是教會官方學說所反對，在神權統治

的時代，公然宣揚牴觸教會的觀點會帶來不可預料的災禍，這使得徵象主義者保持行事上的隱秘，並寄身於從事救人的醫療事業來保護自己。當然，往醫療與生理方向發展也是徵象主義學說內在的特性，再加上「徵象主義」本身就帶有晦澀玄奧的色彩，這一切都使得徵象主義同時是一種神秘主義。問題是，神秘主義的取向可以是科學嗎？我們難道不能區分出徵象主義者那「較科學」的醫學一面與不科學的巫術、宗教一面？

　　從「思想整體論」的觀點來看，我們不該把徵象主義者思想與作品中的「科學」成分從「神秘」成分中區分出來，因為這樣做會扭曲這種學派的知識氣候。何況，所謂「神秘」乃相對於當時教會的官方學說與後來 17 世紀的「機械主義」觀點來看的。徵象主義者的自然哲學就是相信自然事物彼此間都互通聲息（或訊息），而這些聲息又透過某些符號（如占星術、煉金術的符號或徵象）來傳達或感應；教會的官方學說主張亞里斯多德的自然哲學與邏輯理性推論方法，17 世紀時的機械主義者則認為，自然是一台大機器，由許許多多零件合成，每個零件與零件之間的作用都可看得一清二楚，這是三種不同的自然哲學理論傳統。

帕拉塞瑟斯的徵象主義與化合哲學

　　帕拉塞瑟斯是瑞士人，是徵象主義與化合哲學的代表人物，他的原名是 Theophrastus von Hohenheim，但以拉丁化的 Paracelsus 而

著稱。他使用德文與拉丁文寫了大量著作，但是生前的作品出版很少，沒受到什麼矚目。在他死後，作品反而大量出版，引發了相當的爭議。[23] 在 20 世紀前半，英語世界對帕拉塞瑟斯所知不多，雖然如同前文所述，實證論史觀與自然哲學史觀的科學史家或多或少提到了帕拉塞瑟斯，卻沒有把他當成重要的自然哲學家來看待。不管如何，帕拉塞瑟斯是文藝復興徵象主義的先驅者，也是「醫療化學」的創始人，因此值得花費一節篇幅來引介他的思想，並例示徵象主義自然哲學的特色。[24]

帕拉塞瑟斯以《聖經・創世紀》的內容為根據來描述世界如何被創造。他說：「一開始，祂為世界做出一個身體（body），是由四元素所構成。祂把這原始身體創建在水銀、硫磺與鹽這三合一實體（on the trinity of mercury, sulphur, and salt）上，而這些實體構成了完美形體。」[25] 這幾句話不甚清楚，因為這裡的四元素是傳統的土、水、氣、火，然而下一句又提出水銀、硫磺與鹽構成完整形體的三種實體（元素）。[26] 究竟構成世界的最基本元素是什麼？在很多地方，帕拉塞瑟斯都不斷提及世界由土、水、氣、火四元素構成，但在另一個段落，他又說：「這世界體系是由兩部分構成的，一是可觸摸且可知覺的，另一個不可見也不可知覺的。……可觸摸的部分又是由三成分 —— 硫磺、水銀和鹽所組成的。」[27] 可以說，帕拉塞瑟斯混用了四元素與三元素。

「身體」這個概念的強調，明白顯示出帕拉塞瑟斯其實是以男人與男人體為核心，以之為類比基礎說明世界的構造。以人體來類比創造的例子，如「上帝直接從母體（the matrix）創造男人。……

然後，他給男人一個自己的母體——女人」。這裡的第一個「母體」
是指世界這個大宇宙，即上帝從大宇宙中創造出小宇宙。他進一步
描述上帝用三種母體創造世界：「第一個母體是水……它是天與地
被造出的母體子宮（maternal womb）。然後天與地又變成母體，在
其中亞當由上帝之手而被造出。然後女人從男人中被造出，她變成
所有人的母體子宮。」[28]（見圖9.3）這些說法混著生殖意象與工匠
神的創造神話，特別是帕拉塞瑟斯又以人類工匠有能力從材料中製
作各形各色物品（如陶匠製作出陶器、木雕匠製作木雕品等），來

類比地說明上帝當然有能力創
造天與地以及各種物體和生物，
強化了柏拉圖式的工匠神意味。

圖9.3：上帝從亞當身上創造夏娃。

　　人體與世界的類比強烈回
響著12世紀的大宇宙與小宇宙
觀念，對於大宇宙而言，帕拉
塞瑟斯特別強調「天」與「人」
的類比，他說：「天是人，
而且人是天；所有人一起是一
個天，而且天也只不過是一個
人。……我們每個人都有一個
天，它是豐碩與不可分割的，對應到我們每個人的特殊性上。因此，
每個人的生命有自己的過程，而且死亡與疾病不均等地分布，在每
個情況中都根據個人的天而作用。……只要一個孩子被孕育，它就
接收自己的天。……繁星穹窿把自己銘印在一個人內在天之上。一

個不平等的奇蹟！」[29] 這段話強烈地透露出占星學的泛音，然而，帕拉塞瑟斯在其他地方又警告說：「基督說瘟疫、水災、饑荒與地震會很快地接二連三來臨，而且它們不將（勿忘！）被行星事先宣告。我們必須更加注意基督所說的話而不是占星學。」[30] 這兩段話顯出帕拉塞瑟思想的不一致。

現在問題是，上述那些創造過程與自然的知識如何被獲得？帕拉塞瑟斯的答案當然是透過自然的徵象。他說：「自然標記了所有事物，使得人類可以發現它的本質。……因為沒有東西是如此秘密、隱匿到不能被揭露，每個東西的顯現，依賴於揭發被隱匿的部分。」[31] 所以，

圖 9.4：人與黃道

「自然擁有知識，而且使所有事物的意義可見。正是自然教導自然生理學家。」[32] 自然生理學家不只是透過徵象追求自然的知識，他也要對抗疾病（disease），因為疾病是「我們身體的敵人、健康的敵人、醫療的敵人、一切自然事物的敵人」[33]。如此一來，對抗疾病的自然生理學家也必須是一位醫生，他要使人體與自然恢復健康，就必須學習煉金術：「自然生理學家應該精熟哲學、自然學與煉金術的所有分支，要盡可能地透徹、盡可能地深入，他不應該缺乏所有這些領域的任何知識。」[34]

帕拉塞瑟斯把「煉金術」理解成一切物質形成的關鍵技藝（art），它是「使未被完成的某物被完成。……你應該把煉金術理解成只不過是透過火使不純物變成純物的技藝……它可以把有用物從無用物中分離出來，而且把它轉變成具有終極本質的最終實體。」[35] 因此，這不是把賤金屬變成

圖 9.5：病牀前的自然生理學家(醫生)

貴重金屬的那種傳統理解的煉金術，而是製作實體的技藝，例如他說：「要理解這項技藝，吾人特別必須知道上帝已創造了所有事物，而且祂從虛無中創造出某物。這某物是種子，它的用途與目的從一開始就內在於其中。因為所有事物是在未完成的狀態下被創造，然而煅冶匠（Vulcan）必須使所有未完成的事物完成。」[36] 既然如此，煉金術也是揭露自然隱藏面目的關鍵，「如果煉金術沒有揭開隱藏在大自然的特性並使它們可知可見，那麼自然隱藏的最大特性就絕不會被揭露。」[37]

既然煉金術是技藝，要使用煉金術必須透過實作而不是冥思，實作就帶來「經驗」與「實驗」的觀念。帕拉塞瑟斯說：「實作不應該基於思辨理論，理論應該從實作中導出。經驗是判官，如果一

件事經得起經驗的檢驗，它應該被接受；如果不能，它應該被拒絕。每個實驗就像武器，應該根據它的特別功能而被使用。……為了知道實驗以什麼形式才能應用得最好，在實驗中發現真正主動的力量非常重要。」[38]但帕拉塞瑟斯所謂的「實驗」與「經驗」，跟現代科學的「實驗」與「經

圖 9.6：煉金技藝

驗」的意義截然不同。現代科學實驗是培根式的控制自然；帕拉塞瑟斯的實驗是使用火來冶煉事物，同時觀察事物的混合與變化，尋求其中顯現的徵象。簡單地說，就是操作煉金術。

　　從上述的文本與解釋，我們可以看到帕拉塞瑟斯透過「相似性」（含「鄰近」、「類比」、「相仿」、「同情共感」）的聯想方法，把一切自然現象編織到一個相似性的大網絡內。但是，我們仍然可以看到「（男）人體」在這個大網絡之中，扮演一個最核心的相似性根源與類比基礎的角色，這一點也有其宗教上的理由：上帝以自己的形象創造了（男）人體。從近代科學與哲學要求的系統性及邏輯性角度來看，我們可能會覺得帕拉塞瑟斯的作品是個大雜燴，即使有個隱然的相似性大網絡，但在很多地方仍然有不一致與衝突。

儘管如此，這卻符合當時的某種思想傾向，也成功吸引很多人的追隨，而形成自然哲學史上的帕拉塞瑟斯主義或學派（Paracelsianism）。

　　帕拉塞瑟斯學派的自然哲學，其實是基督信仰與煉金術（包含神秘主義在內）的混血兒，他們把「醫學化學」視為理解自然的關鍵，因此德布斯把他們的自然哲學也稱為「化合哲學」。這種混合基督宗教與煉金術的化合哲學主張，因為上帝是以數目、重量與量測創造一切事物，而在種種職業當中，生理學家／醫生、化學家與醫藥學家最接近上帝的工作，因為這些人在工作過程中總是要不斷地秤重與測量。所以，透過化學哲學來理解自然 —— 上帝的創造物 —— 乃是再自然不過了。帕拉塞瑟斯也把上帝的創造活動類比於自然的化合展開過程化合（chemical unfolding of nature），後來的帕拉塞瑟斯學派把創造詮釋為只不過是「化學的萃取、分離、昇華與融合。」

　　化學宇宙的概念不只用在說明創造過程上，也被用來說明其他自然現象。如閃電和雷聲，就是空氣中的硫磺與硝石的組合後造成的現象，正如火藥裡的硫磺與硝石所造成的爆炸。除此之外，他們也用化學過程來說明火山、溫泉（溫泉區都有硫磺味）、山泉與金屬的成長。火山是地底之火透過地表的裂縫而噴出，山裡噴泉則是地底之水受地底之火的蒸餾而自地表裂縫噴出。山的作用就好像蒸餾瓶一般。溫泉則常出現在火山區。也有人建議溫泉是由於硫磺與地底的硝酸鹽作用而造成。至於金屬成長（金屬的結晶作用），乃是一種「發酵過程」—— 不需空氣就可以產生熱的反應。既然發酵可以產生熱，那麼不需要地底之火就可以說明火山和溫泉。[39]

在生理學方面，帕拉塞瑟斯學派也以類似的思路來說明人體器官的運作。他們相信人體器官如消化、呼吸等主要作用，就是把純淨的物質從廢棄物中分離出來，正如煉金術士在實驗室中企圖從粗質料中取得純粹的菁華。人體疾病的主因是外界因子——像種子一般的因子（seedlike factors）——隨著呼吸、飲食而進入人體內。這些種子似的因子著落在某個特別的器官中，然後成長，就像是金屬種子在地底造成金屬礦脈的成長，疾病的種子也在人體內成長，與特別器官的功能戰鬥，使它們無法有效分離廢棄物。[40] 雖然這個描述有點像近代細菌或毒物致病的觀點，但我們不能把它當成近代細菌學或毒理學的先驅，因為兩者背後所預設的整體思想脈絡十分不同。

總而言之，帕拉塞瑟斯學派的自然哲學之思想背景與特色，在於他們希望以基督教化的徵象哲學與神秘主義來取代亞里斯多德的理性學說，當然他們並沒有成功。他們相信真正的哲學家（煉金術家），只能在兩本書上發現真理：《聖經》（上帝啟示之書）與自然（上帝創造之書）。他們把自然看成是一本用徵象所寫的書，這些徵象可被表達成特殊記號，那些記號與自然這本「徵象之書」會互相呼應、同情共感。如此一來，帕拉塞瑟斯學派一方面著重在《聖經》經文的詮釋上；另方面也要求一個建立在觀察與實驗上的新自然哲學。此外，帕拉塞瑟斯學派復興了 12 世紀自然哲學的大宇宙與小宇宙觀念，因為上帝創造世界並以自身形象創造男人體，所以人類應該以男人體的結構來理解整個宇宙，而且男人體內也再現了宇宙的一切局部，兩者之間有神秘感應。但是，基於基督教的信仰，

帕拉塞瑟斯學派並不強調占星學那種星體運行對人類命運有所影響的主張，他們相信人類的命運是來自上帝的審判。由於這些觀念，帕拉塞瑟斯學派相信，理解人體的醫學與理解世界的化學有其神性起源，其地位應在其他科學之上。然而，儘管徵象主義這個自然哲學源自並整合了許多古老的觀念，對近代化學科學的形成有所貢獻，但由於 17 世紀新觀念的快速興起，它無法回應新時代的要求而逐漸沒落，像亞里斯多德主義一樣地被取代。

從中世紀到文藝復興的科學思想發展

　　文藝復興時期的徵象主義與化合哲學其實繼承了很多中世紀自然哲學的遺緒，恢復許多古老的思想，例如巫術、大宇宙與小宇宙的觀念、占星學與煉金術，而且以一種混雜的形式整合它們。可是，文藝復興也孕育了一些新思想，並在 17 世紀萌芽且成長 —— 這是下一章要討論的「思辨宇宙論」與「數學天文學」。不過，在進入新世代之前，讓我們先追蹤中世紀到文藝復興的科學思想發展。

　　首先，讓我們討論「觀察」與「實驗」的觀念。如同前章所論，中世紀晚期時，一些教會哲學家已開始倡議觀察與實驗，反對經院哲學對亞里斯多德式的詮釋（事實上，亞里斯多德本人其實也很重視觀察與經驗），但他們並無能力提出全新的自然哲學，來與亞里斯多德與亞氏學派那無所不包的思想對抗。文藝復興時期的學者（包括徵象主義者）對觀察越來越重視，而且把實驗理解成用來檢驗理

論的活動。諷刺的是，對觀察與實驗的重視所促成的反而是煉金術的再度興起。煉金術被視為通往理解自然的新路線，然而文藝復興的煉金術與中世紀的煉金術最大不同在於：中世紀的煉金術建立在亞里斯多德的四元素理論上，文藝復興的煉金術則結合基督宗教與神秘的徵象主義，使煉金家成為玄奧思想的代表人物。

其次，我們考察古典文獻的翻譯與傳布。西歐人從 15 世紀起，展開搜尋古希臘文獻的熱潮。有很多古希臘的文獻保存在東歐（希臘正教地區，包括希臘與今日土耳其西部，即愛琴海周遭。當時一直為東羅馬帝國所統轄），而不為西歐所知。西歐人對於許多古希臘的文獻（特別是亞里斯多德）並不陌生，但他們擁有的都是教會詮釋後的拉丁文翻譯。在崇尚希臘古典的風潮下，西歐人認為這些拉丁文獻也許會扭曲了希臘大師的想法。隨著東西方交流日趨頻繁，學者們發現東歐保存了許多希臘原文典籍。大約在搜尋純粹的古代文本的同時，印刷術也在此時走入西歐，[41] 加速了古代知識的播散。由於印刷術的普及，可產生大量標準文獻，使學者能以適當的代價取得。然而，大部分的早期印刷本，仍然是經院學者從阿拉伯文翻譯過來的古希臘經典，而不是新發現的古希臘原典。托勒密的《天文學大全》的第一個印刷版本出現於 1515 年，乃舊的中世紀翻譯；新的拉丁翻譯則出現於 1528 年，最後 1538 年則是希臘文原本的印刷本，只比哥白尼的《論天體運行》早五年。[42] 所以，一些文藝復興的學者們好像是求新而且反對古代；不過，他們反對的古代，乃是指中世紀學者的翻譯與詮釋，他們其實是崇尚更古老的古希臘經典，史稱這類學者為「人文主義者」（humanist）。

　　一般歷史教科學通常會告訴讀者：「人文主義」是文藝復興時的一般思想特色，相對於中世紀的「以神為主」，而轉為「以人為本」，並高倡古希臘的古典文化。人文主義教育家建立了新學校，要求學生從事運動與學習軍事技能。在教室中，學生學習修辭、音樂、地理與歷史，而且在三學科的基礎上學習道德原理與政治行動。可是就一般的情況來看，直到 18 世紀為止，大學仍然由亞氏學派的科學所統領。人文主義在中世紀晚期已經興趣，14 世紀著名的人文主義者佩脫拉克（Francesco Petrarca，1304-1374）就非常厭惡經院哲學傳統那種技術性、繁瑣性的學術，例如「針尖能容納多少個天使」這種問題。他想追求人的道德改進，而非傳統學術的邏輯爭論。這裡蘊涵了知識價值的轉移，也導致教育的新方向。然而，兩個世紀過去了，情況仍然沒有多少改變。16 世紀的人文主義者拉繆斯（Peter Ramus, 1515-1572）帶著失望回憶他的學術訓練：在當時那種學術訓練下，學生就是反覆研讀亞里斯多德的《工具論》——被中世紀大學採用為標準的邏輯教材。在經歷長時間的練習之後，他想檢視自己能得到什麼，結果什麼都沒有，只有徒勞與挫折。這裡也顯現人文主義者的矛盾心態：一方面崇尚希臘古典，卻又厭惡亞里斯多德的系統性思想。

　　弔詭的是，如同德布斯所指出：[43] 就科學而言，文藝復興的人文主義者卻呈現出某種反改革性。14 世紀時，有牛津與巴黎學派的科學家利用古代文獻發展了一些新的運動理論，對後來的運動理論有所貢獻（參看上一問）。然而，這些學者仍屬於經院傳統，因此受到一些人文主義者的批判。批判者的目的是消除經院學者對古典

文獻的詮釋與修正，認為它們汙損了古籍原貌。科學批判者的目標是文本的純淨，而非科學真理。從追求科學進步的角度來看，這種科學批判像是一種奇怪而復古的人文主義遊戲。

總而言之，文藝復興的思想與教育氣候是否對科學發展有所貢獻，是有爭議的。大學教育大部分很保守，而初級教育的改革又是反科學的；在自然哲學部分，又有神秘性十足的徵象主義與煉金術。相反地，中世紀晚期的自然律觀念、衝力運動理論與自然律數學化這些新觀念，反而是近代科學的前身，卻沒有在文藝復興時持續發展，直到兩百年後才重新興起。綜合這一切看來，文藝復興對於近代思想與科學究竟是貢獻或阻礙？這是個十分弔詭的歷史課題，也是我們今天有必要重估文藝復興的奇特性之處。

想想看

1. 你在過去從一般歷史教科書中得到的文藝復興形象是什麼？與本章傳達的文藝復興形象有什麼同異之處？

2. 為什麼「徵象主義」這種帶神秘感的自然哲學，也可以被納入「科學史」的寫作範圍內？理解這種自然哲學，對我們今天的意義何在？

3. 試比較文藝復興的大宇宙及小宇宙的思想與中國古代的天人感應思想。

【第十問】

宇宙的中心在哪裡？
文藝復興的新宇宙論與新天文學

　　哥白尼是文藝復興時期最具代表性的科學家。一提到這個名字，人們會馬上想到耳熟能詳的「哥白尼革命」——它有時被視為創造近代科學甚至近代世界的事件。可是，催生哥白尼革命的文獻《論天體運行》一書，是於哥白尼去世當年 1543 年出版，一般被歸於文藝復興的年代，而哥白尼的一生都落在這個時代內。可以說，文藝復興孕育了哥白尼革命。然而，如同第九問所論，如果文藝復興擁有一個透過神祕徵兆與訊息來理解宇宙的自然哲學觀，是個充滿巫術、煉金術與占星學的年代，為什麼能孕育出創造新時代的哥白尼革命？

　　這個科學歷史的問題有兩個不同方向的回應：第一，很多科學史家如夸黑與孔恩都已注意到：哥白尼的工作與太陽中心論或日心說（heliocentric theory）雖然導致日後的「哥白尼革命」，但哥白尼本人提出的世界系統卻相對保守，並沒有那麼具革命性，這一點表示即使「科學革命」的概念可行，也不表示科學革命家能夠完全超越時代。僅管革命性理論能夠橫空出世，某種思想或觀念的漸進性仍存在於革命性的轉換之中。[1] 第二，透過神祕徵象來理解宇宙的自然哲學觀，並不是文藝復興時期唯一主流、主導的自然哲學或科學知識型態。如同上一問所論，還有另外兩個思想風格與內容都十分不同自然哲學：「思辨宇宙論」（speculative cosmology）與「數學天文學」（mathematical astronomy），它們才是推動哥白尼革命的主力，這正是本章的重點。

　　思辨宇宙論與數學天文學關心相同的主題：**整個宇宙或世界究竟是什麼模樣？**前者的代表人物是生於 15 世紀第二年（1401 年）

的庫薩的尼可拉與死於 17 世紀第一年（1600 年）的布魯諾，後者的代表人物是生平年代介於前兩人之間的哥白尼。由於探討主題相同，思辨宇宙論與數學天文學互相影響，例如庫薩的尼可拉對於地球做為宇宙中心的質疑，打開了一個出口，讓哥白尼得以設想把地球從宇宙中心移開的可能性；哥白尼的工作也影響了布魯諾，使他相信地球與其他六大行星繞著太陽運行。可是，兩者探討這個問題的方式十分不同、理論內容也有巨大差異。

　　庫薩的尼可拉與布魯諾最關心宇宙究竟有多大、人類居住的世界在宇宙內的地位是什麼等問題；哥白尼則關心如何建立一個數學幾何理論來回答天體運行的問題，以便建立正確的曆法，把太陽放到世界中心的結構問題只是這個目標的附帶產物。為了回答他們各自關心的問題，庫薩的尼可拉與布魯諾使用思辨、推論的方法，企圖從理性與上帝的信仰中導出宇宙的不受限或無限；而哥白尼則必須使用幾何方法精確決定天體的位置，預測它們的軌道，以解決運行上的不規律問題，從而能推算出最正確的年曆。為了達成目的，哥白尼不認為思辨宇宙多大對他有什麼幫助，維持第八天球的觀念才能幫助他解決計算星體位置的問題。正因如此，我們不能把兩種自然哲學當成同一種主義來處理。

　　本章分成四節，第一節討論尼可拉「不受限定的宇宙」，第二節處理哥白尼發展他的數學天文學之問題背景，第三節討論哥白尼的太陽中心說的理論內容，第四節討論布魯諾的「無限宇宙」觀。

尼可拉的思辨宇宙論：不受限定的宇宙

對照教會異端的徵象主義與化合哲學從化學家／醫生角度來看待整個自然（較重視「地面世界」），教會內的科學思想家仍繼承亞氏主義與教會的天文學／宇宙論傳統，從「天上世界」的思辨來理解整個宇宙。亞氏主義的整個理論體系也在與基督神學調和這個目標下，不斷受到檢視與批判。例如奧坎批判亞氏的本性理論，而教會的牛津大學與巴黎大學學者則批判亞氏的運動理論。可是，亞氏的宇宙結構觀點（宇宙是個洋蔥狀的球體結構，地球位於宇宙中心）儘管一直有對手如原子論觀點，卻並未受到嚴格挑戰，因為它受到大天文學家托勒密的支持，而且符合基督教的需求。直到 15 世紀庫薩的尼可拉提出大膽的「不受限定宇宙」（indefinite universe）觀念，才炸開了封閉世界的第一道裂縫。這個觀念挑戰地球是宇宙中心的信念，也使得把地球從宇宙中心位置移開的想像變成可能，尼可拉因此變成 17 世紀科學革命後的「無限宇宙」（infinite universe）觀念的先驅者。

17 世紀的科學革命之所以令人印象深刻，而且成為一切知識革命的原型，正是因為天文學與宇宙論觀念的徹底轉變。第一步是相信地球是宇宙中心，轉變成相信太陽是宇宙中心，但這仍然蘊涵宇宙是個封閉球體的邏輯；第二步從宇宙是個封閉的球體結構，轉變成宇宙是個開放且無限的巨大空間，這一步同時取消了太陽是宇宙中心的觀念，但並未改變太陽是行星運行中心的觀念。

為何封閉世界會變成無限宇宙呢？其根源可追溯到尼可拉的

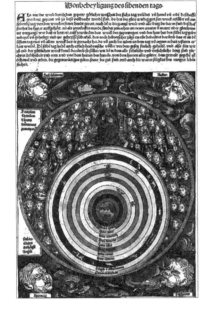

圖 10.1：1493年的宇宙想像雕版畫，非常鮮明地表達出中世紀的多殼層宇宙。在第八天球外是天堂，有些教會人士會說那是「第九天球」，天堂之外則是一片混沌(由四個人頭吹氣來代表)。

「不受限定的宇宙」觀念。而這又出自更早的教會學者對兩個問題的思考：第一個問題是上帝的能力與宇宙的大小：如果上帝的能力是無限的，為何祂只創造出一個有限大小的宇宙？第二個問題是宇宙結構與空間本質：亞里斯多德認為空間只是實體的屬性，有實體（有質料）的地方才有空間可言，可是當藝術家把宇宙的結構畫在紙上時（如圖 10.1），哲學家卻發現恆星天球之外還有「空間」！可是，按照定義「宇宙」應該指涉整個空間所在的整體，若是如此，宇宙的結構真的是亞里斯多德所想的那樣嗎？

　　要追溯 17 世紀宇宙觀如何從「封閉世界」變成「無限宇宙」，15 世紀庫薩的尼可拉的「不受限定的宇宙」是一個中介觀念。可是，

從「封閉世界」到「不受限定的宇宙」，14世紀的自然哲學家歐瑞姆的先驅性思辨也不能不提。回憶第八問，歐瑞姆已從相對運動的觀點來爭論「反對地球運動」的論證並不見得能成立，因此，亞里斯多德的「唯一地球」論證也不見得為真。

亞里斯多德論證地球只有一個，宇宙中不可能有兩個以上的地球。因為地球是由土元素所構成，土最重，必定聚集在宇宙的中心，如果有兩個地球，它們會由於土元素的本性而自動靠攏合併成一個地球，因此地球必定只有一個。歐瑞姆認為這個論證同樣預設了未能證明的「絕對運動」理論，亦即物體的運動是由它在空間中的絕對位置所決定的（土的絕對位置是宇宙的中心）。根據「相對運動理論」，物體的運動由其相對於其他物體的位置來決定。因此，由土元素構成的物體，不一定要朝向宇宙中心運動，如此地球也未必不能運動，同時也未必一定只有唯一一個。這個運動理論加上衝力理論，地球運動就十分有可能發生，只要地球被賦予一衝力，它就能相對宇宙其他物體而持續運動。而且，如果地球不是宇宙中唯一的，那麼其他地方存在地球也不是不可能。然而歐瑞姆並不是在支持「地球運動」，也不是支持「地球」不只一個，他只是想顯示人類無法根據理性決定性地得知地球靜止或運動，也無法決定地球是唯一。不管如何，歐瑞姆的論證可能啟發了後來布魯諾的無數地球主張；而且為哥白尼與伽利略的地球運動提供了有力的辯護工具。

亞里斯多德與中世紀的教會學者以三段演繹論證為主要的推論與思考工具，然而庫薩的尼可拉在他的著作《博學的無知》一書中，發展出一種「對立的統一」的學說，稱為「博學的無知」（learned ignorance）：主張對立的事物在會一個超越它們的絕對者之下統一，而能夠超越一切的絕對者就只有上帝。所以，宇宙內多樣差異的事物構成一個統一的宇宙，兩者都是絕對者上帝的展現。[2]

「博學的無知」這名稱本身就顯示出「對立的統一」，尼可拉企圖證明這並不是自相矛盾，反而是真理，出現在很多觀念的推演中；它的一般形式是：把有限對象加以「無限化」之後，就會顯示出「對立統一」。例如，在幾何學的推論中，「直線」與「曲線」是對立的，可是在無限大的圓之中，曲線的圓周等於圓周的切線，就是直線；所以，無限大的圓周曲線等於直線。在無限小的圓之中，曲線的圓周就等於直線的直徑。在兩種情況中，圓心均失去其獨一無二的位置 —— 在無限小的圓之中，圓心等於圓周；在無限大的圓中，圓心則無所不在（任何一點都可以是圓心）。同樣地，運動與靜止也會在無限中對立統一：在一個圓周上以無限快的速率運動的物體，總是在起點上，同時又在其他任何一點上，它無所不在。然而，因為無限快的速度總是在起點上，在同一點上就是靜止，所以絕對的無限快就是絕對的靜止。[3]

「無限」是一個絕對的屬性，除了上帝之外，宇宙中沒有任何實際存在的東西會是無限的，因此一切事物與一切特徵都不可能是絕對的，這就意味它們都是相對的。然而，整個宇宙本身是有限或無限的？尼可拉認為：宇宙既不是有限，也不是無限，因為宇宙是上帝的創造物，只有上帝才能是無限的。可是，宇宙也不可能是（時空）有限的（有限就意謂有周界），因為無限的上帝不會創造有限的宇宙。尼可拉小心地稱宇宙是「不受限定的」，而且地球既靜止

又運動也是對立的統一，他是這麼說的：

> ……世界不是無限的，然而它不能被認知為是有限的，因
> 為並沒有界限來限制它。因此，地球不是中心，不是完全
> 沒有運動；但是它以無限小的方式來運動是必然的……[4]

如果世界沒有界限來限制它，這意味它沒有周界，那麼世界就不會像亞氏與漫步學派所主張的那樣有一個封閉的恆星天球，這也意味著世界沒有一個中心。因為如果它有中心，就意味有周界；有周界，就有周界之外的事物和空間。如此一來，所謂的世界就不是真正的世界，因為在它之外還有空間。另一方面，如果世界有中心與周界，就意謂我們可以完全瞭解世界，瞭解世界意謂我們可以掌握上帝，但這是不可能的。因此，世界也不可能是有限的。但尼可拉也沒有立刻主張世界是無限的，因為「無限性」只能歸屬於上帝。如果世界不是有限的，又不是無限的，那麼世界是什麼？尼可拉認為，世界沒有周界就意謂著它是「無邊界的」，同時構成世界的基本成分也是無法終結的（無法抵達終點），但它又不能是無限的，所以世界只能被視為「不受限定的」。換言之，我們無法以任何一種特徵來定義它：

> ……世界的中心同樣也不在地球內部；因為地球與任何其
> 他天球都沒有中心；……博愛的上帝是世界的中心，祂是
> 地球與一切天球的中心，是世界上一切事物的中心，祂同

時也是一切的無限周界。[5]

　　夸黑評論說：「尼可拉發展的概念，其精確意義不是很清楚；我所引用的段落可用多種不同的方式來解釋。」[6] 他嘗試使用唯物論的方式來解釋尼可拉的說法：例如宇宙不是正圓球體而是橢球體，而且天球的中軸會不斷改變，所以才能說宇宙與天球的中心不是在地球內部。然而，如果宇宙是橢球體，那麼也會有邊界，如此似乎違反尼可拉對宇宙沒有邊界的刻畫。本文認為更好的解釋是，尼可拉主張上帝「既是宇宙的中心又是其周界」，意味著上帝（精神性的存在者）瀰漫在整個宇宙之中；宇宙在上帝之內，上帝決定了世界中心與周界。換言之，宇宙並沒有物質性的中心與周界。既然拒絕宇宙有物質中心與周界，自然也拒絕地球是宇宙的中心，並拒絕「天界優於地界的價值層級觀」。

　　亞里斯多德的宇宙是個層級結構，天上世界是不變的或變動較少的（等速圓周運動），塵世（月下）世界是變動不定的，因此要使用兩套截然不同的知識來理解兩個世界。中世紀的教會學者把這種層級結構染上道德價值的色彩：天上世界是道德完美或美好的，塵世世界則是道德不好甚至罪惡的世界，地獄在地心，是罪惡的淵藪。道德美好的天使或聖徒乃是天堂的居民；塵世的罪人則墮入地心的地獄，受永恆之苦。這個道德層級觀被應用到地球與天球，就變成地球是晦暗、汙濁而卑賤的，天體則是發光、清澈而高尚的。尼可拉同樣拒絕這種地球與天球的道德層級觀念，他認為地球本身有自己的光與熱，而天體也有其晦暗的內核。換言之，尼可拉也拒

絕亞氏的主張：天體乃圓盤狀的發光明鏡。他認為，天體與地球有相似的結構。地球由土、水、氣、火構成，天體如月亮、太陽和恆星也是。如果從月球看地球，只能看到地球最外層的火，所以地球相對於月球的居民而言，將是一顆明亮的天體。同樣地，太陽、月亮與恆星之所以發亮，正是因為我們在地球上只能看到它們最外圍的火。尼可拉說：

> 地球（土）的深暗顏色不能證明地球是卑賤的，因為對在太陽的觀察者而言，太陽並不像它對我們而言地那般明亮。可是，太陽的體內必有一個更中心的部分，一個「近似地球」（quasi-earth），周圍圍繞著一層近似熾烈的光芒，其中有近似水的雲與清新的氣，就好像地球有自己的元素一樣。因此，在火區域之外的某人，會把地球看成一顆明亮的恆星，正如我們在太陽的領域之外，太陽看起來非常明亮。[7]

換言之，尼可拉想像太陽也擁有像地球一樣的土、水、氣、火結構，那麼，太陽就不會只是鑲嵌在天球球殼上的圓盤，而是另一個「地球」，甚至也有它自己的居民：

> 不能這樣說：因為地球上的人、動物與植物，比起太陽及其他星球領域的居民更不完美，所以人、動物與植物所居住的世界所在（即地球）也比較不完美。……每個領域的居民有著不同的高貴本性，他們都源自上帝，因為諸天穹

與諸星球如此巨大的領域不該保持空洞。[8]

　　這段話顯示尼可拉認為其他天體（太陽、月亮、行星）等也有居民，而且其本性比人類在更高階的位置上。與後來的布魯諾不同的是，尼可拉所謂的「居民」似乎可被解釋為「天使」與「聖徒」。因此，儘管主張地球之外也有其他生命存在，尼可拉的說法並未觸怒教會。然而，尼可拉這種天體與地球有類似結構的觀點，影響了16世紀下半葉的布魯諾，後者把尼可拉的理論推得更深更遠，正式提出「無限宇宙」的觀點。

　　在尼可拉和布魯諾之間，哥白尼則延續數學天文學的傳統，針對行星運動與年曆的問題，提出他的太陽中心說，其中蘊涵的世界結構與地球運動的觀點，不僅影響了布魯諾的思辨宇宙論，也開啟了日後史家所謂的「哥白尼革命」。

為什麼哥白尼會提出日心説？歷史背景

　　哥白尼革命是西方近代科學的第一個、也是最令近代人印象深刻的科學革命，它一向被視為16、17世紀「大科學革命」（Scientific Revolution）的開場。哥白尼革命成為討論科學革命的「典範」，不僅因為出現最早，也因為它那「天翻地覆」的觀念變動程度：把宇宙中心從地球搬到太陽，並把「太陽繞地球」翻轉成「地球繞太陽」。

　　史家對哥白尼有兩種評估。一般科學家與傳統的科學史家均視

哥白尼為「革命性的科學家」，他的理論也是一個革命性的科學理論——使地球運動，天翻地覆地改變了歐洲人的世界與宇宙觀。因此，哥白尼革命是「哥白尼的革命」（Copernicus's Revolution）。科學史家夸黑與孔恩則提出另一種評估：哥白尼的理論或《論天體運行》一書的內容仍保有一個封閉的世界觀，也沿用了許多托勒密的天文學模型（如副輪，見下文討論），相較於在他之前不受限定的宇宙觀，以及在他之後的無限宇宙觀，並不像人們想像那般具革命性。孔恩認為《論天體運行》一書的重要性不在於它本身說了什麼，而在於它造成了什麼；它本身不是一本革命性的書，卻造成了一個革命性的天文學變遷。[9]

　　大致而言，哥白尼寫作《論天體運行》的目的是想解決行星問題，精確定位回歸年的長度，以便能為制定符合自然循環的年曆提供一個理論與計算的基礎。換言之，哥白尼主要繼承數學天文學的傳統，但這不表示哥白尼沒有處理宇宙結構的問題，他的天文學必定要預設一套太陽中心的宇宙觀，不同於亞氏主義的地球中心宇宙觀。但他沒有接受尼可拉那大膽的宇宙思辨，哥白尼仍然相信有第八恆星天球，儘管哥白尼曾讀過尼可拉的著作。[10]

　　可以說，希臘數學天文學與中世紀思辨宇宙論這兩個傳統，共同孕育了哥白尼的天文學：數學天文學提供了年曆與行星的問題，而思辨宇宙論提供了宇宙中心問題，再加上柏拉圖主義的影響，催生了哥白尼的太陽中心說。但是，這並不是說托勒密派的天文學家無法解決行星問題，事實上他們能。然而，哥白尼並不滿意現成的答案，他認為他們的解決方案不精確、彼此間不一致、不協調、違

反運動均勻性的首要原則等等。換言之，托勒密派的解決方案無法滿足哥白尼的認知評價。可是，哥白尼自己提出的解答卻引發更多經驗與評價問題，使得後來的天文學家在解決過程中推展了哥白尼革命。[11]

一、年曆的問題

　　不像希臘的自然哲學傳統以揭示真實或保全現象為天文學的主要目的，中世紀的天文學負有更多宗教與社會責任。希臘人強烈相信「命定論」（fatalism），因此發展占星學與天文學來預測個人或社會的命運，可算是希臘天文學的「社會任務」。可是，基督教會統領西方世界之後，由於基督教義主張自由意志，排斥命定的概念與揭示命運的占星學，因此中世紀天文學主要的「社會任務」變成年曆的制訂與說明宇宙的結構（主要為天堂、塵世與地獄的相對位置），以便透過理解上帝的創造物來景仰上帝。由於自然是上帝的創造物，人為訂定的年曆必須要能與自然的周期循環配合，才能彰顯上帝的旨意。

　　年曆有兩種制定方法、形成兩個大傳統：由太陽的運動來制定的年曆稱為太陽曆（solar calendar）；由月亮的盈虧周期來制定的是太陰曆（lunar calendar）。太陰曆大約十二個月亮周期循環為一年（每月小月二十九日、大月三十日，一陰曆年長度為三百五十四天）；太陽曆則以太陽繞行黃道一周的長度為一年（大約三百六十五天）。[12]黃道是太陽行經天球一圈的軌道，在黃道周圍地帶有十二個星座，成為占星學所謂的黃道十二宮（見本書第四問）。

西方社會以太陽曆為計年的主流。已知最早的古代太陽年曆以一年三百六十天計算，來自蘇美人的六十進位制。可是季節循環比三百六十天還多，羅馬時代制定的朱里安曆（Julian calendar，又譯「儒略曆」）設定一年三百六十五又四分之一日，每三年閏一次，即第四年是三百六十六天。一直到 15 世紀哥白尼時代產生了相當的誤差，春分點已從 3 月 21 日移前到 3 月 11 日，這顯示出人為訂定的年曆無法配合自然的周期循環（回歸年），使得基督教社會深感不安，因為那意謂人們將在不正確的時間慶祝復活節、耶誕節等等宗教節日，最嚴重的是誤判了最後審判日的來臨。教會強烈希望改革年曆，但是天文學仍然只有托勒密的系統可用。天文學家修修補補，始終無法找到徹底的解決辦法。

春分點的歲差問題，早在 13 世紀時已被認知，但是一直到 16 世紀才形成社會壓力，而且成為教會的官方計畫。哥白尼提出新天文學的動機就是為了改革年曆，因為他認為既存的天文理論（托勒密與托勒密派的改良版）都無法設計一個適當的年曆。他是這麼說的：「首先，因為數學家們不確定太陽與月亮的運動，所以他們無法說明一季節年的固定長度。」（《論天體運行》，序）他認為要改革年曆，要先改革天文學。在他的《論天體運行》一書的序文結尾，他建議他的天文系統使一個新的年曆成為可能。實際上，在 1582 年時，教皇葛瑞果利徵召一批天文學家制訂新年曆「葛瑞果曆」（Gregorian Calendar），正是建立在哥白尼計算的基礎上。

二、宇宙中心的問題

　　任何「革命」在發生之初，舊的主導思想通常會先受到批判，動搖支持者的信心，並引發新生代科學家尋求新思想的動機，這是一個一般性的背景。哥白尼之所以提出以太陽為中心的宇宙論，也被類似背景所驅動。第八問中已論及亞里斯多德的運動理論在說明拋射體的問題上無法令人滿意，14 世紀的科學家提出「衝力」的概念，並發展衝力理論來補充亞氏的運動理論。而衝力理論家對亞氏主義運動理論的批判，在天文學與宇宙論方面產生了三個理論效果。[13]

　　首先，使運動的地球與自由落體及垂直拋射體現象可以相容。如果我們垂直向上拋射一物，此物會落下回到它的起點。同樣地，從高塔自由落下一物，此物將掉落在塔邊並與其起點呈一垂直線。這兩個現象在經驗上均強烈支持地球是靜止的。因為如果地球在動（由西向東轉），則垂直拋射體與自由落體都掉到距起點的西邊一段距離處。可是，衝力理論則容許自由落體與垂直拋射體在尚未離手時，被地球的向東運動所帶動，所以被賦予一個向東的衝力，一但離手，此向東的衝力推著物體與地球同步運動，所以它們落在起點或塔邊。

　　其次，衝力理論破壞了亞氏對天上世界與地面世界的截然二分，並首度展現一個說明天體與地面物體運動的統一理論之可能性。地面物體如水平拋射體離開推動者之後仍持續運動，自由落體速率越來越快等現象，都可用物體被賦予一個內在衝力來說明。內在衝力可使物體持續運動。針對「天體為何能持續不斷地運動」的問題，亞里

斯多德主義主張：因為天體的「天性」，天體的勻速圓周運動是一種自然運動。然而，衝力理論家提出衝力的概念後，主張上帝在創造世界之後賦予天體一個衝力，使它們得以持續不斷地運動。[14]

第三，如同上文提到，歐瑞姆挑戰「地球不動」的論證，主張理性並無法完全證明「地球不動」或「地球運動」。衝力理論的提議者仍然是經院學派的學者，他們雖然批判亞里斯多德的理論，也設想其他另類的觀點，但他們自己卻受限於基督信仰，他們提出精巧論證的目的在於顯示理性可能違背啟示真理，因此不能完全依賴理性。但他們找不出能吻合《聖經》經文、又能全面替代亞里斯多德與托勒密天文學的新理論。因此，衝力理論本身無法構成一個運動理論的革命，但他們持續討論這些另類觀點，創造了一種知識氛圍，使得天文學家能夠想像一個運動的地球。

三、柏拉圖主義的影響

如果宇宙中心有可能不是地球，那麼**宇宙的中心在哪裡？**

通俗科學史常常把哥白尼的天文學理論稱為「地動說」，對抗中世紀的「天動說」。事實上，科學史學家更慣於把哥白尼建立的理論系統稱為「太陽中心系統」或「日心系統」（heliocentric system），而把亞里斯多德與托勒密的系統稱為「地心系統」（geocentric system），亦即哥白尼的天文學系統之核心精神其實在於太陽是宇宙的中心。為了把太陽安置宇宙的中心，又能說明我們所見的天文現象，哥白尼必須使地球運動，因此地球運動是太陽在宇宙中心的一個附帶結果。可是，為什麼哥白尼要使太陽位在宇宙中心呢？歷

史學家不能不聯想到文藝復興時流行的新柏拉圖主義與太陽崇拜的影響。

　　新柏拉圖主義者繼承柏拉圖的理型層級論，主張「最高善」（the highest good）是一切事物的最高理型，但他們問一個新問題：模仿或分享善理型的萬事萬物是怎麼產生的？回憶柏拉圖的理型論，只是提出一個靜態的理型層級結構，對於萬事萬物的生成則訴諸於工匠神的製作，亦即工匠神根據以理型世界的理型為模版，把現成的質料塑造成萬物。新柏拉圖主義者有自然主義傾向，認為工匠神的說法與神話無異，如此拒絕了萬事萬物自然自發的可能性。對他們來說，應該根據自然主義的精神來回答萬物的生成問題，因此他們提出「流衍說」或「發散說」（emanation theory），亦即善理型有一種生成力，能自動生成相似於自己的事物，此事物再生成相似的事物，如此層層發散，因而形成各式各樣差異極大的萬物——這個過程被稱作流衍或發散。這幅流衍或發散的圖像很像是太陽往四面八方放射光線。又者，太陽提供光與熱，地球上的一切生命才能生存。因此文藝復興時的新柏拉圖主義者想像太陽在宇宙中的角色，類似善理型在萬事萬物中的地位。

　　哥白尼並沒有明白宣稱自己是新柏拉圖主義者，但是他以這樣的陳述讚頌太陽在宇宙的中心位置：[15]

　　　除了〔宇宙中心〕的位置外，誰還能把這盞華麗殿堂中的明燈置放到一個更好的位置上，使之能同時照亮一切？事實上，有人把它稱為世界之燈、世界之心、世界之首，都

是很適切的。三倍偉大的赫密斯稱它為「可見之神」；索
福克里斯筆下的伊蕾珂卓（Sophocles' Electra）稱其為「洞
悉萬物者」。太陽就好像端坐在王位上，統領繞其而運行
的行星家族。[16]

除此之外，哥白尼也接受了畢達哥拉斯與柏拉圖主義的傳統，
對於把「數學」視為理解自然的工具，以及「簡潔性」與「和諧」
的價值判準。因此，科學史家與科學哲學家一致認為，哥白尼是復
興畢達哥拉斯－柏拉圖傳統的科學家。

哥白尼的太陽中心說

哥白尼生於 1473 年的波蘭，1491 年進入克拉考大學（University
of Cracow），四年後，決心前往義大利學習法律與醫學。他進入波
隆那大學（University of Bologna）學習法律與教會管理，在那兒遇
到數學天文學家諾瓦拉，向他學習數學與天文學，就此開啟了他對
天文學的興趣。1501 至 1505 年，他轉至帕杜亞大學（University of
Padua）學醫，學成後回到波蘭行醫，並擔任教區行政工作。但哥白
尼從未減低對天文學的興趣，他建了天文觀測台，並在 1514 年寫了
《天體運動理論簡評》（*Commentary on the Theories of the Motions
of Heavenly Objects from their Arrangements*），此為《天體運行論》
的前身。哥白尼不敢公開這本書，只是私下在朋友圈子中流傳。他

花了多年的時間不斷增補《簡評》，終於在 1530 年完成《論天體運行》一書。哥白尼仍然不敢出版它，直到他的學生雷蒂卡斯（Georg J. Rheticus）敦促他出版。於是他把手稿委託雷蒂卡斯，後來又轉手到奧西安德（Andreas Osiander）手中，最後在 1543 年印出，據說複印本在他臨終前才送到他手中。[17]

《論天體運行》的世界系統是以太陽為宇宙不動的中心，如此必須讓地球運動，以求得年曆與天體循環更好的配合。但是，這樣的設計引發一堆必須解答的問題，特別是希臘時代以來的天文學在傳統上必須回答的問題：

(1) 天上世界有幾千顆恆星，恆星間相對位置不會改變。

(2) 有七大行星在恆星間穿行。

(3) 太陽每日的升起落下。

(4) 太陽每日升起與落下的位置會逐步地改變，（在北緯地帶）春秋分時是正東、夏季偏北、冬季偏南。

(5) 太陽每天與每年（每個季節循環）在天空運行的固定軌道。

(6) 月亮每日的升起落下。

(7) 月亮每月的盈虧現象。

(8) 恆星每日的升起落下。

(9) 季節的循環與長度，每個季節看到的恆星天幕並不一樣。每個季節的長度也不相同。

(10) 七大行星在天球上的固定軌道與周期。

(11) 水星與金星總是出現在太陽附近，而且只有在清晨、黃昏

時才出現。

(12) 七大行星在天球上的距離與位置。

(13) 行星的逆行現象。

已知托勒密與托勒密派的天文學家能夠回答上述每個問題，如果哥白尼的理論不能回答它們，他的理論就不足以和托勒密派的天文學競爭。

一、《論天體運行》的內容

《論天體運行》一書共六冊，第一冊處理宇宙的結構、地球的運動，以及一些幾何定理與模型，乃哥白尼理論的基本原理。第二冊處理恆星，第三冊討論周年運動，第四冊討論月球的運動，第五冊及第六冊則說明行星的運動與現象。哥白尼革命的焦點──地球的運動與宇宙的結構，在第一冊第一到第十一章處理，我們有必要做個較詳細的討論。

第一章標題為「宇宙是球狀的」。這個命題繼承希臘以來的傳統看法，相較於庫薩的尼可拉之論述，明顯是保守的。第二章及第三章論證「地球也是球狀」與「大地與大地上的水形成球體」，哥白尼以人們看恆星的角度變化來說明這一點：我們越往北走，北天極會逐漸升高，這一現象與幾何學上沿著圓周運動看圓外一點一致。此外，大地的體積比水更大，水是存在於大地的凹陷處。第四章「天體的運動是均勻的（勻速的）、周圓的、永恆的，或者說由圓周運動組成的。」哥白尼認為，只有勻速圓周運動或者這種運動的組合，

才能說明天體的周期現象。到目前為止，這些命題都繼承希臘以來的天文學宇宙論傳統。

　　第五章開始討論地球的運動與地球的位置。哥白尼在此有一個重要論證如下：讓地球運動，首先是自轉，也可以說明日月星辰每日東升西降的現象。那麼為何要主張是天球在運動呢？他說，天穹包容與置放萬物、是宇宙所共有的，因此把運動歸給被包容者與被放置者（地球與行星），比把運動歸給包容者與場所（天球）更合理。從天球作為包容者來看，哥白尼的宇宙是有限的，恆星天球是宇宙的邊界。[18]

　　第六章哥白尼討論地球與天球的相對大小。他論證地球相較於天球只是一點。如圖 10.2，$\overline{AC}$ 與 $\overline{BD}$ 的交點是 E，代表地球。$\overline{AC}$ 與 $\overline{BD}$ 分別代表在地球不同位置往兩端地平線處看過去的天球直徑。如果 C 點處白羊座完全升起，我們在 A 點處就會看到處女座將要沒入地平線。B 點、D 點亦然，剛好都相隔六個星座。

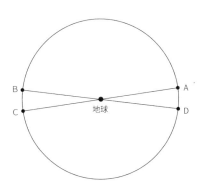

圖 10.2

如果地球直徑與天球直徑相較之下有一定的比例，我們就不會看到上述現象。如圖10.3。

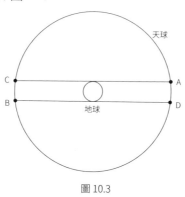

圖10.3

第七章討論「為何古代人認為地球靜止在宇宙的中心」，重述亞里斯多德的運動理論及托勒密關於地球靜止在宇宙中心的論證。第八章則反駁上述論證；為了反駁托勒密反對地球運動的論證（地球自轉速率極大，會使地球四分五裂），哥白尼反問：如果地球快速轉動會四分五裂，為何轉速更大的天球不會四分五裂？然而，托勒密又訴諸亞里斯多德的運動理論來論證地球不可能運動。哥白尼並沒有一個完整的替代理論足以與亞氏主義對抗，所以他訴諸於「自然運動」概念，即地球如同其他行星一樣，因其自然天性而做圓周運動。再來，要如何回應「地面上的物體會垂直升起落下，而不會被地球的運動拋在後方」這問題呢？哥白尼的答案是：因為它們靠近地球，自然會被地球帶動而跟隨地球同步運動。可是，哥白尼又承認高空的空氣會跟循天體運動，因為它們距地球遠而靠近天球，反而被天球帶動。也因此，該主張說明了在高空產生了像彗星與流

星一樣的現象（哥白尼也沒有主張彗星與流星是天體）。

　　第九章乃上述六、七、八章的肯定結論：地球在動，而且必須同時有幾種不同的運動，才能說明各種天文現象。既然地球運動，就不可能是宇宙的中心，太陽才是宇宙的中心。詳細的論證出現在下一問。第十章「天球的次序」將回答宇宙結構的問題。首先討論水星與金星的次序，以及它們為何總是出現在太陽附近。天文學家已經觀察到水星偏離太陽最大距離兩側與地球觀察者的夾角是二十四度（又稱為「角距」〔angular elongation〕），而金星的最大角距是四十五度，如圖 10.4。

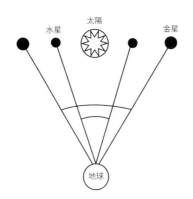

圖 10.4：水星與金星的角距

　　如何說明這種現象？托勒密的解決方案如圖 10.5，調整金星本輪直徑大小與其均輪直徑大小約 2:3 與 3:4 之間，而且本輪的圓心與太陽的連線跟隨太陽同步運動，如此不管何時，我們看到金星總是不會偏離太陽到超出四十五度的角距（也參看第七問）。

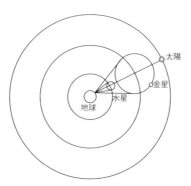

圖 10.5：托勒密說明水星金星的出現位置

　　哥白尼的解決方案很簡單。因為水星與金星繞太陽轉動，而且
軌道在地球內側，因此地球上看到兩星自然不會偏離太陽很遠。如
圖 10.6。

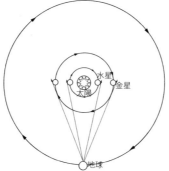

圖 10.6：哥白尼說明水星金星的出現位置

　　就水星與金星這個現象而言，托勒密的方案有一個很大的麻煩：
水星與金星跟太陽的周期不同，因此不可能「同步運動」。不過，
托勒密派的天文學家也不必主張水星與金星總是跟太陽同步（因此
有相同周期），他們只要論證我們看到水星與金星時，太陽剛好也

運行到水星與金星的附近即可。當然，這仍然會產生很多計算與預測上的問題，即為什麼我們看到水星與金星時，剛好太陽就會運動到附近？這顯然無法精確預測。反觀哥白尼的解決方案明顯比托勒密要簡單得多。

最後，哥白尼設定了一個宇宙的結構，即天球的次序如圖 10.7。[19]

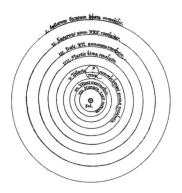

圖 10.7：哥白尼的宇宙結構圖

到目前為止，我們會發現哥白尼雖然給出了行星的次序，主張最外圍的恆星天球是靜止不動的，但他留下一個問題尚未回答：**究竟還存不存在行星天球殼層？天是由什麼構成的？**

第十一章起，哥白尼開始論證，為了說明不同的天文現象，必須主張地球有三種運動：第一，周日繞地軸旋轉（自轉，方向由西向東）說明日月星辰每日從東方升起西方落下。第二，周年軌道運動（公轉）說明太陽每年周而復始地繞黃道一圈的現象。第三，地球自轉軸圓錐運動（地球的自轉軸會繞著公轉平面的垂直線做圓周運動）說明了季節變動與星座位置的變動。這些說明都有必要進一

步論證。

　　首先，如果地球是移動的天體之一，那麼如何說明地球上所觀察到的天球現象？天幕諸星體每天由東向西運行，讓我們假設地球位於宇宙中心而且繞著自己的軸自轉，如此可說明天體每日向西運動。換言之，現在是地球上的觀察者每天轉動。但地球不是位於宇宙中心自旋，而是會離開宇宙的中心。如果地球偏離中心很遠，我們看到的天幕必定不是對稱的，但觀察結果卻非如此，故地球的移動必定在宇宙的中心附近。進一步來說，既然地球不是宇宙的中心，但又不能偏離中心太遠，所以地球可能環繞太陽旋轉，而太陽才是宇宙的中心。如此一來，必須處理為什麼我們會在地球上觀察到太陽運動。

　　我們在地球上觀察到太陽穿越天球的路徑是黃道，太陽約每三百六十五天運行黃道一圈，如何說明這種現象呢？過去的解釋是太陽穿過天幕，由西向東（或順時針方向）轉動，現在如果我們讓地球同樣由西向東順時針繞著太陽旋轉，則由地球上觀察一個靜止不動的太陽，就會把太陽投射到天球上，這樣看起來就好像太陽穿過天球運行一般，見圖 10.8。

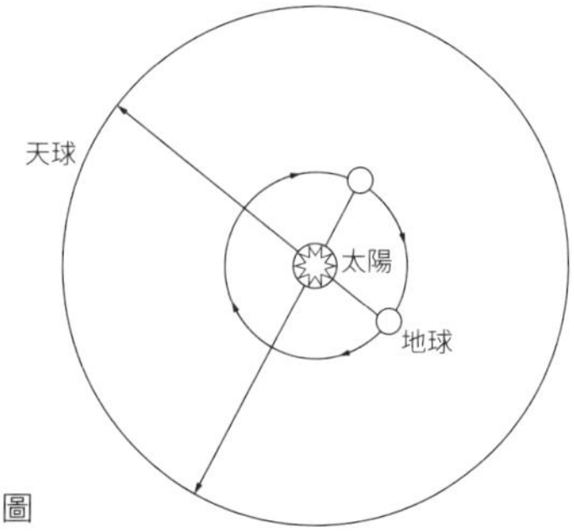

圖 10.8：地球繞太陽看到太陽周年運動的示意圖

　　我們在地球上觀察到的不同季節時太陽高度之改變，乃地球的第三種運動，由圖 10.9 來說明。亦即，地球自轉軸與其繞太陽公轉軌道面的垂直法線呈二十三點五度的夾角。如此一來，當地球公轉到軌道一端時，朝向上方的地軸線向太陽傾斜，使得太陽直射北緯二十三點五度處，導致北半球處在夏季；反之，南半球因太陽斜射，吸收的熱較少，因此溫度較低，所以處在冬季。當地球公轉到另一端時，情況則正好相反。如此很妥當地說明了地球上的季節差異與變化。

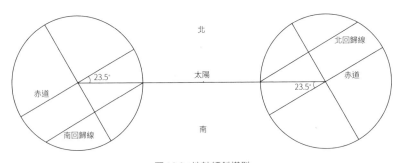

圖 10.9：地軸傾斜模型

　　可是，哥白尼再次留下一個問題尚未回答：地球變成行星，地球的運動仍然必須是勻速的，因為這是自然運動。可是，如果地球是勻速運動，為何季節的長度不一？

　　地球繞太陽公轉的另一個證據是恆星視差（star parallax），但這一直要到 19 世紀才能觀察出來。正因為 16、17 世紀當時最偉大的天文觀察家第谷無法觀察到恆星視差，使他不接受哥白尼的系統。我們之前談過，哥白尼之所以要提出新系統 —— 使地球運動、使太

陽成為宇宙中心——的主因，在於說明行星運動的問題。行星問題
主要為行星的運動與位置、行星的逆行，以及行星視運動（即「在
視覺上顯現的運動」）的不勻速現象。第一個問題在《論天體運行》
導論中已處理，其他兩個問題則在第五冊中處理。哥白尼建立兩個
一般性的模型，分別說明逆行與不勻速的視運動現象。在第五冊第
二章，哥白尼仍先討論古代人（托勒密）對逆行現象的處理，如圖
10.10- fig. (a) 所示。

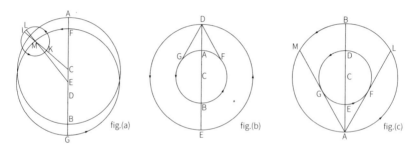

圖 10.10 fig.(a)為托勒密解決逆行現象的模型。fig.(b)與 fig.(c)為哥白尼解決逆行現象的模型。

　　現在哥白尼讓地球運動，他以地球運動速率與行星運動速率不
同導致我們觀察到逆行現象來加以說明。首先是外圍行星逆行的一
般模型（即火星、木星與土星），如圖 10.10- fig.(b) 所示。外圍行
星速率較慢，地球速率較快，假定地球 F 移動到 G 時，外圍行星停
留在 D 點，那麼我們便會看到逆行現象。至於內層行星即金星與水
星也有逆行現象，如圖 10.10-fig.(c) 所示。因為內層行星速率較地球
快，假定內層行星從 G 運行到 F 時，地球相對靜止在 A 點，以致從
地球上看來，內層行星在走到 $\overparen{GEF}$ 時開始逆行。進一步來看，我們

不必設定較慢的行星或地球靜止，只要設定適當的速率比，就能輕易使用幾何圖形來說明行星逆行的現象。

　　至於行星的視運動不勻速的現象，哥白尼以圖 10.11 的模型說明。這個模型仍然要應用托勒密的副輪系統，因此顯得相當複雜。在這個圖形中，假定行星位於副輪上的 F 點處，當副輪沿著以 C 為圓心的主輪不斷轉動，假定走了一半時，行星走到副輪的下方。哥白尼認為虛線約略描繪出一個正圓，其圓心為 M，如此符合勻速圓周運動的原則。但地球其實不是在 M 的位置上，而是繞太陽的軌道 PNSO，以 D 為圓心。由於地球速率比外圍行星快，在 PNSO 上每一點的位置觀察行星在虛線上的位置，就會看到不均速的現象。

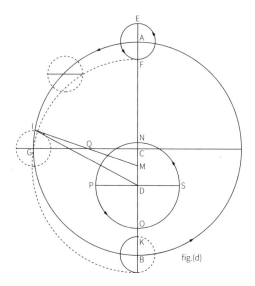

圖 10.11：哥白尼解決行星視運動不勻速現象的模型

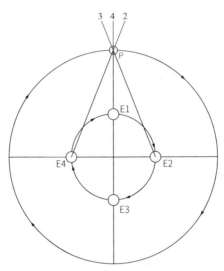

圖 10.12：後來的天文學家說明不勻速運動的模型

可以看到，哥白尼這個模型仍殘留托勒密理論的色彩，其後計算行星運動時，哥白尼仍不斷使用主輪－副輪模型，顯示出哥白尼理論的「保守面」。後來天文學家以如下更簡潔的方式來說明不勻速現象：某些行星沿黃道運行時，在某些時候運行速度較快，某些時候較慢，見圖 10.12。[20]

設地球從 E1、而行星從 P 點開始運動，且地球速率比行星快。假定當地球順時針走完一又四分之一圈時（此時在 E2 點），行星也回到 P 點，則此時地球上看行星的位置卻只在 3 點處；等於是行星速度變慢了。第二輪，行星回到 P 點時，地球在 E3 點的位置（地球從 E2 點開始，繞一圈又四分之一圈到達 E3 點），此時看行星則回到 4 點位置，但與最初的 1 點重合。接著第三輪，行星又回到 P 點，

地球則達到 E4 點，此時，看行星卻在 2 點位置，等於說行星的速度變快了。如果 E1 點時是春天，E2 點時是夏天，則有些年間我們會覺得夏天的行星速度變慢了（因為還不到 P 點）；E4 點則是冬天，則有些年間我們會覺得冬天的行星速度變快了（超過 P 點）。

　　至此，本章已介紹了哥白尼如何面對的重要天文學問題，並提出他的答案。哥白尼的行星運動模型在說明行星逆行、水星金星的位置及季節變化上，似乎優於托勒密派的答案；但其他現象如恆星每日的東升西降、季節長度不一、地球運動問題等等，則未必優於托勒密派的說明。但是不管如何，哥白尼的理論確實成功說服教會使用他的理論當成年曆的計算基礎，也引起優秀的自然哲學家（布魯諾、克普勒與伽利略）開始思考下列問題：一個更好的理論所預設或蘊涵的世界結構是否會更真實？如此推動了哥白尼太陽中心說的後續發展。

二、哥白尼理論的後續發展

　　上文已論述了哥白尼與希臘天文學共同面對的課題，以及必須說明的現象。如我們所見，哥白尼的理論版本有其革新之處，也有其保守之處。一些說明超越了托勒密，一些模型則沿用托勒密的模型；一些說明更簡潔，一些則更複雜。「地球運動」確實是哥白尼系統相對於托勒密的創新之處，但這個觀念其實來自於古希臘時代的天文學家亞里斯塔可士。哥白尼對宇宙結構的觀點，並沒有擺脫古希臘傳統觀點的窠臼，例如相信所有的行星都位於最外層的天球。哥白尼也沒有完全拋棄托勒密的主輪－副輪系統，甚至用它來解決

季節長度不一的現象，這種做法反而顯示出哥白尼理論拼裝修補的一面。

孔恩認為從純粹的實行效用上來判斷，哥白尼的新行星系統其實是個失敗；它既不比托勒密派更精確，也沒有更簡單。但就歷史來看，這個新系統卻取得很大的成功。《論天體運行》說服了一些後繼者，使他們深信太陽中心論乃是行星問題的關鍵。[21] 其他的科學史家或科學哲學家則有不同的看法，他們認為哥白尼的版本在說明水星、金星的角距與行星的逆行現象上，都比托勒密的版本更簡潔。[22] 但科學史家與科學家多公認，哥白尼所能說明的現象，托勒密都能說明；換言之，就「保全現象」的能力上，哥白尼的版本不見得比托勒密更強。更甚者，哥白尼仍然要依賴托勒密的主輪──副輪系統，而且在面對一些經驗現象（例如天空中的雲、鳥為什麼不會被地球拋在後方、高塔落石，以及觀察不到恆星視差等問題上），哥白尼答案的說服力顯得不夠強。

哥白尼處理的其實是老問題：為了更精確說明行星的運動，他設定讓地球運動；地球運動因而成為哥白尼理論的終點。然而，哥白尼的後繼者卻以地球運動為起點，他們面對是一組全新的問題：宇宙的組成、星體運動的原因，以及宇宙尺度大小的問題（或許宇宙要比古人認知的大得多，所以才觀察不到恆星視差）。孔恩認為，哥白尼提出的太陽中心論的問題，乃是一組他與他的先驅者都不曾面對過的新問題。[23] 哥白尼本人並沒有完成革命，而是其後繼者在解答這些問題時，才完成了「哥白尼式的革命」。追根究底，我們可以說這個「哥白尼式的革命」，一直要到牛頓手中才真正完成。

　　哥白尼留下的問題，最重要的是「天的組成是什麼？固體天球是否仍有其必要？恆星天球是否存在？宇宙的尺度有多大？行星究竟是什麼？維持地球與其他行星運動的力量是什麼？」雖然哥白尼已經論證宇宙極大，地球相較宇宙只是一點，但是他的宇宙仍是球狀、仍有邊界。原本為了說明日月星辰每日東升西落而引入天球的概念，現在既然由地球自轉便可說明，那麼行星與恆星天球還有必要嗎？恆星視差可以說是哥白尼系統的最大挑戰之一，對堅持哥白尼學說的人而言，這個問題的一個可能解答就是放大宇宙的尺度：宇宙一定比古人所想的還大得多。恆星層距離太陽系太遙遠了，所以才觀測不到視差。可是，宇宙有多大呢？有可能大到無限嗎？

　　英國天文學家的狄吉斯（Thomas Digges, 1543-1595）改寫《論天體運行》的第一冊，取消恆星固定在最外圍球體的觀念。他主張恆星存在於在天球體外四面八方無限伸展的空間裡，但仍然存在一個天球球體，見圖 10.13。

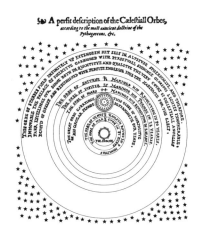

圖 10.13：狄吉斯的宇宙

夸黑告訴我們：「狄吉斯將繁星放入一個神學的天界中，而非一個天文學的天穹中。」[24] 因此，狄吉斯的宇宙仍然不算是近代意義、無限延伸空間的無限宇宙。

同樣是英國人的吉伯特（William Gilbet, 1540-1603）取消了外圍球體，而讓恆星散布在宇宙的無限空間中。在吉伯特的宇宙中，地球不是位在某個天球殼上，但其他行星仍在於天球殼層上，見圖10.14。

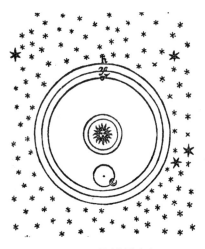

圖 10.13：狄吉斯的宇宙

哥白尼之後，歐洲最重要的天文學家是第谷（Tycho Brache, 1546-1601）、克卜勒（Johannes Kepler, 1571-1630）與伽利略（Galileo Galilei）。其中第谷反對哥白尼，提出一個折衷系統：月球與太陽仍然繞地球轉，但是其他五大行星水星、金星、火星、木星、土星則繞太陽運轉，被太陽帶著繞地球轉，如圖10.15。

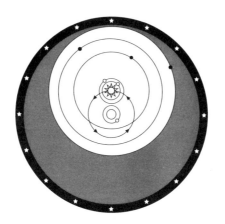

圖 10.15：第谷的宇宙結構圖

　　克普勒曾任第谷的助手，他運用第谷留下的資料，為哥白尼革命做出最大的貢獻。伽利略則在宣揚哥白尼，以實驗證據提供旁證方面，與克卜勒一併促成哥白尼革命 —— 這是一個需要另外詳論的故事了。

布魯諾的無限宇宙

　　哥白尼雖然被後世尊為天文學革命的發動者，但其實他的世界觀相對封閉保守。他仍然持有一個舊式的球狀世界，只是把宇宙的中心換成太陽。可是，既然他讓地球運動，就顛覆了舊世界觀固有的層級結構。同時，他的顛覆帶來一個重要後果 —— 我們不再需要恆星天球，因為恆星天球的存在目的是為了說明恆星的共同運動（自

東方升起、西方落下），既然地球自轉可以說明這個現象，那我們又何需第八天球？我們已經看到，哥白尼之後的天文學家取消了第八恆星天球的邊界，暗示無限延伸的空間，其中最大膽的想像當屬布魯諾。

吉奧丹諾・布魯諾在一般歷史上以「科學殉道者」的悲劇形象呈現，通俗歷史會說布魯諾因宣揚哥白尼的地動說而被教會送上火刑台。然而，隨著科學史家對於 16 世紀科學史的深入研究，今天我們知道哥白尼的日心說在當時並未受到教會的打壓，因此上述布魯諾的日心說殉道者形象開始受到質疑。又隨著科學史家對於布魯諾著作的研究，揭示布魯諾是「無限宇宙」、「無數世界」、「外星生命」的宣揚者；換言之，布魯諾是因為他的獨特的宇宙論加上其他宗教觀點（例如否認聖餐是耶穌的血肉轉變成的，宣稱摩西與耶穌都只是魔法師等等），與教會官方學說牴觸，因而被視為異端，受到宗教裁判所的審判。[25]

布魯諾雖然支持哥白尼的學說，但是他實在不是哥白尼的追隨著；相反地，他的宇宙論想像大膽而新奇，遠遠超前哥白尼。[26] 他應該被視為庫薩的尼可拉之正宗繼承人，不僅把「不受限定的宇宙」擴張成「無限宇宙」，還爭論存在「無數世界」及「無數世界」中的居住者。這種想像即使到今天仍然十分大膽。不管是從哲學思想內容或科學史的角色來看，布魯諾都是一位具爭議性的人物，下文我們先從他的思想內容談起，聚焦在他的宇宙論上。

布魯諾的宇宙論面對的問題是：**宇宙究竟有沒有邊界？**它是像士林學者想像中的球狀恆星天球，還是根本沒有邊界可言？布魯諾

主張後者的結果是必須面對一連串隨之而來的新問題：庫薩的尼可拉已論證宇宙沒有邊界，但他只推到宇宙的大小是「不受限定的」，他主張「無限性」只能歸給上帝；那麼，能不能把「無限性」這個屬性歸給宇宙？沒有恆星天球，那麼我們看到的恆星是什麼？整個宇宙又有多少恆星？

一、無限宇宙與無數世界的論證

　　布魯諾生前出版了不少著作，他的宇宙論主要呈現在《無限宇宙與無數世界》（*De l'ifinito universe e mondi*, 1584）[27] 這本對話錄與其他著作中。[28] 這個書名本身就宣告兩個核心論點：第一，布魯諾企圖爭論宇宙空間無限大，而且容納數不盡的世界（星系）；第二，「宇宙」與「世界」是兩個不一樣的概念。

　　亞氏學派的哲學家把「宇宙」與「世界」用為同義詞，布魯諾則明白區分兩者，認為宇宙與世界的區分是很多哲學家共同主張，只有亞氏主義者例外。他引用其他希臘哲學家的觀點：

> 斯多噶學派（The Stoics）區分世界與宇宙，因為世界是一切實心且穩固事物的總合；而宇宙不只包含世界，還包含世界之外的真空、空洞與空間，所以他們〔斯多噶派〕說世界是有限的，而宇宙是無限的。伊比鳩魯（Epicurus）同樣說整個宇宙由物體與空洞的混合所組成，這是世界的天性，是無限的……[29]

布魯諾相信有其中不存在任何東西的空間存在，且是無限的：

> 我們不該說真空（vacuum）只是虛無（nothing），真空不
> 是有形的，也不是一種感覺上的阻抗物，然而真空有維度，
> 它就是應該被稱作「真空」：如同人們通常理解它是沒有
> 任何物體，也沒有提供任何阻抗的性質。……在同樣的方
> 式上，我們說：一個無限是一個巨大的以太區域，其內有
> 無數像地球、月球與太陽（這些我們稱「諸世界」）組合
> 成固體和真空。[30]

可以這樣說，整個宇宙是一個無限大的空間，其中有無數的星
體（世界），星體與星體之間是沒有任何東西的真空，這整個稱為
「無限宇宙」。然而，如何證明宇宙是無限的？畢竟那是超越人類
感官經驗的觀念。布魯諾的論證是由回答「世界在哪裡？宇宙在哪
裡？」這兩個問題而展開。布魯諾是這麼說的：

> 如果世界是有限的，而且其外是空無（nothing），那麼我
> 必須問你：世界在哪裡？宇宙在哪裡？亞里斯多德回答說：
> 它容納它自己。第一天界的外凸表面是宇宙的位置，它是
> 原始容納者，不被它物所容納。因為位置是被容納物的表
> 面與範圍，結果沒容納者的話就沒有位置。那麼，當亞里
> 斯多德說「它容納它自己」時，意指什麼？你能從中得到
> 什麼結論？如果你說「其外無物」，那麼諸天界與地球都

不能存在於任何地方。[31]

　　也就是說，如果宇宙是如亞里斯多德所主張的那般世界即宇宙、世界的邊界即它的位置，那麼，談論世界的位置就要預設世界之外的空間（容納者）。但亞氏又主張世界（被容納者）之外沒有空間，這就會導出一個矛盾。因此，布魯諾相信宇宙不可能有邊界。但即使宇宙沒有邊界，也不代表它是無限的，如何證明宇宙是無限大的？上帝又為什麼要創造這無限大的宇宙？

　　對布魯諾來說，就算我們先假設一個有邊界的世界，但無法避免其邊界之外仍然是空間。因此，既然上帝創造了世界，他怎麼可能對界限之內與之外有差別待遇呢？所以，上帝所創造的必然是個無限空間的宇宙。為什麼上帝對不同的空間不會有差別待遇？布魯諾說：

> 如果在我們的空間什麼都沒有是一件壞事，而且所有其他空間都一樣，那麼在其他地方空無同樣是壞事。……因為在一個特別地方有物體存在是好的，在其他地方存在同樣是好的；如果在我們的空間有物體被視為完美又好的，那麼其他不可數的空間也一樣。何況，這個推理可以更強：如果一個有限的好是個有限的完美，那麼一個無限的好就是更好；如果一個有限的好合理又適當，那麼一個無限的好就變成絕對必要的。[32]

　　這段抽象的推論也蘊涵上帝不會對於地球所處的太陽系特別偏愛，如果上帝創造了無限大的空間，祂必定創造了無數類似於我們太陽系的世界，以便填滿這無限大空間。[33] 而且把「無限性」賦予受造物而不只是上帝，並不是對上帝的褻瀆；相反地，是對上帝的讚頌。布魯諾說：「讚美上帝的卓越，顯明祂偉大的國度；祂被頌讚，並非在一個而是在數不盡的太陽中，並非在單一個而是在成千個地球中，唉呀，是在無數個世界中。」[34]

　　布魯諾更進一步主張，在這無數世界（星體）中，必定有無數居民（inhabitants）與動物生存於其間，甚至這些居民寓居於其上的星體本身也是類似生物、有生命的東西。[35] 他說：

> 如果你是理性的觀察者，則想像這些無數世界沒有一樣多或更多像我們且與我們一樣偉大或更偉大的居民，是不合理的。……他們是這宇宙中無限、無數、首要的成員，〔與我們〕有相同的特性、面容、能力、品德與行為。[36]

　　正是這樣大膽的主張觸怒了教會。

　　夸黑認為布魯諾的宇宙論是基於三個基本原理：[37] 第一，豐富性原理（the principle of plenitude），主張整個宇宙展現出充滿各種不同種的存有物，而且會隨時間而增多，這是一個形上學原理。第二，充足理由原理（the principle of sufficient reason），主張任何事物的發生，必然可找到充足理由來說明它為什麼會發生（亦即「事出必有因」），這也是一個形上學原理。第三，理性思辨原理（the principle of rational speculation），[38] 主張我們應該使用理性而非感官經驗來理解事物的本質，這是一個知識論原理。這三個原理確實說明了布魯諾的思想特徵，不過，我認為應該增加第四個形上學原理——「無差異原理」（the principle of non-difference），這原理主張如果所有前提條件都一樣，那麼必可得到無差異的結果。這一原理被應用在推出無限空間、無數世界與無數居民上。

　　布魯諾的思想曾經受到徵象主義的影響，這一點明顯可從他的一些著作中看出。[39] 這種影響主要在於布魯諾那種近似萬物有靈論的世界觀與徵象主義的觀點相近，因此可推論它來自徵象主義，但不能因此就把布魯諾視為徵象主義者，[40] 因為一來，實踐煉金術對典型的徵象主義者來說是必要的，但布魯諾並沒有從事煉金術；二來，徵象主義者透過徵象與思想的神秘連結，很難找到邏輯思辨的特徵。然而如上文所論，邏輯思辨卻是布魯諾思想中的顯著特性，所以對布魯諾的自然哲學最恰當的定位，就是文藝復興時期的思辨宇宙論。

想想看：

1. 據說教會反對哥白尼的理論，所以在17世紀初打壓伽利略。可是，為什麼教會卻用哥白尼的計算來制訂年曆？教會如何解決它這種看似自相矛盾的行為？

2. 請分析帕拉塞瑟斯（代表徵象主義）、哥白尼與布魯諾這三位文藝復興自然哲學家的自然思想彼此間的關係。

3. 當你讀到這行文字時，恭喜你。你已經抵達一個漫長的思想旅程之終點（假定你確實閱讀了本書的大部分內容）。試著回想你的來時路，回想你在閱讀本書前，對於西方科學與哲學的印象。在經歷了閱讀本書的這趟旅程之後，你的印象與想法有什麼重大的改變？試著整理你的心得與收獲。

跋 ： 未 盡 的 旅 程

　　本書的西方自然哲學與科學史的旅程終結於 1600 年布魯諾被教會送上火刑台的那一年，而那一年也是 17 世紀的開端。布魯諾不是因為宣揚哥白尼革命而觸怒教會，而是因為他那無限宇宙、無數世界與其他神學異端的思想。哥白尼革命在此時並未完成，但已然展開。換言之，不是因為哥白尼出版了《天體運行論》即完成了哥白尼革命，相反地，那只是一個開端。而且透過科學（理論）工具論的觀點，教會得以一方面利用哥白尼的計算來重新制定年曆，另方面又堅持地球是宇宙中心。然而，在 16 世紀下半葉，已有不少科學家公然支持「地球繞行太陽」與「不存在恆星天球、而且宇宙沒有邊界」的天文學與宇宙論主張，其中包括英國的狄吉斯與吉伯特，以及義大利的布魯諾與伽利略，這些天文學家跟其他人一起推動了哥白尼革命，是為「大科學革命」的開端——這將是一段嶄新而漫長的旅程。

　　哥白尼革命與 17 世紀的大科學革命似乎耳熟能詳。在西方國家，有太多文獻與書籍貢獻於此，一再地反覆重談，似乎只是重彈英雄頌歌的老調，強化科學英雄敘事的史觀，令人疲乏。科學史應該開闢新的領域，深入大理論、大思想、大觀念底層或背後那錯綜複雜的社會文化脈絡；或者從湮埋的文獻堆裡挖掘各個時代不為人知的角色、文獻、觀念與思想，連結更廣大的文化面向，重建一個新的史觀——這似乎是 1980 年代後西方科學史的趨勢。台灣的

科學史家似乎也隱然追隨這股趨勢，甚至更為徹底，因為台灣的學術科學史研究幾乎全盤以中國科學史為主，以西方科學史為研究主體的專業科學史家極少，且偏重於生物與醫療史。在台灣以華文出版的近代科學思想與觀念的歷史研究，包括翻譯作品，都少到堪稱可憐。

我不清楚這是不是一個應該驚訝的現象，但是，讓我問幾個問題：我們對西方科學史很熟悉嗎？我們對那些「科學英雄的思想」都掌握得很清楚了嗎？我們對於「科學」真的夠理解了嗎？我們對於西方「科學史」這門研究領域的文獻、發展與演變都一定程度的掌握嗎？甚至，我們對於西方文化與它之所以呈現今日面貌的瞭解夠充分了嗎？如果我們對這幾個問題的答案有一些猶豫，就應該對台灣在西方科學史的華文研究上近乎一片空白感到驚懼——至少我自己是如此。至今，我學習西方哲學逾三十年，也廣泛涉獵西方文化史的各個相關題材，仍然感到所知僅是九牛一毛。為了稍微彌平內心的驚懼之感，我「跨界」寫了這本書。

我希望讀者可以看到這本書的獨特取向：它反映了我的「科學觀」、「哲學觀」與「科學史觀」，它們被整合成一個整體的理論，是我二十年研究科學哲學與科學史的心血結晶。這個理論強調「科學」與「自然哲學」的同一性，強調「科學」的認知與知識面，卻沒有忽略掉實作（實作的目的也是為了生產知識），也強調科學知識的動態演變，而且把科學知識鑲嵌到一個時代的思想脈絡下來探討，但又重視同時代的思想差異性。這些特色，相信讀者都可以從前十章的閱讀中看出。

　　讀者或許不能分辨本書與大量其他西方科學史書的差異，特別是科學思想史與觀念史，因為台灣在這方面的翻譯寥寥無幾。可是，應該可以看出本書與目前市面上已翻譯成華文的西方科學史書的不同。在 21 世紀之後，台灣對於西方科學史著的引入，偏重於「科學知識的社會學」取向，這種取向很難在有限篇幅內產生一本跨越長時期、知識內容豐富且連貫的通史著作。對於筆者的個人品味而言，我也很難理解那種偏重並強調社會原因的科學史對我們理解科學知識的發展演變有什麼助益。在有限的篇幅內，本書並不重視科學的社會背景，但也沒有完全省略，因為偏重點不同，這是不得不然，畢竟沒有一本科學史書能面面俱顧。事實上，1950 年代之前有許多大部頭、鉅細靡遺的科學史巨著，動輒上千頁，一般讀者也很難消化。本書盡力補足台灣在西方科學史的闕如，努力介紹我認為讀者該要認識、知道的西方科學史上的重要觀念、理論與思想，盡可能提供完整的思想背景，也努力在可讀性與學術性之間取得平衡。

　　我的計畫中還有第二本，暫訂書名為《大科學革命：近代西方科學世界觀形成》。誠如書名所言，它將探討 17、18 世紀的大科學革命，是本書的西方科學史旅程的後繼之旅，期待讀者能繼續與筆者一起動身上路。

各問注釋

第一問　對史前人類，大自然是什麼？人類文明的起源

1　本節綜合如下各書的相關知識，Bernal (1971/1954). *Science in History*. Vol. 1, Part II. The MIT Press. First Edition 1954，基辛著，張恭啟、于嘉雲譯(1991)，《人類學緒論》（當代文化人類學分編之一），譯自 Kessing, Roger M.(1976). *Cultural Anthropology: A Contemporary Perspective*；Leakey, Richard (1994). *The Origin of Humankind. Basic Books Press.*（中譯本，李基著，楊玉齡譯，《人類傳奇》，天下出版）。

2　李基，《人類傳奇》，頁 61。

3　李基，《人類傳奇》，頁 59-65。

4　Goudsblom, Johan (1992). *Fire and Civilization*. New York: Penguin Books.

5　例如希臘神話中普羅米修斯 (Prometheus) 盜火的故事，變成後來人類對於釋放科技力量可能遭到不幸命運的一個重要的隱喻和象徵。

6　本節的論述主要參考 J. D. Bernal (1965)，*Science in History*. Vol 1, Part II. Cambridge, Mass.: The MIT Press. 對於農業起源的探討，戴蒙 (Jared Diamond) 的名作（王道還、廖月娟譯，1998）《槍炮、病菌與鋼鐵：人類社會的命運》(Guns, Gems, and Steel)（時報出版，頁 93- 206）第二部分一百多頁篇幅有非常深入和細節性的討論；金觀濤、王軍銜合著的《悲壯的衰落：古埃及社會的興亡》（風雲時代）第一章古代文明的起源也討論古埃及尼羅河谷農業興起的環境與社會條件。近來談論長遠歷史的《人類大歷史》的作者哈拉瑞也用一部分四章篇幅談「農業革命」，語出驚人地說：「植物馴化了智人」。但本書毋需細究這些大同小異的說法。

7　母系社會不同於母權（matriarchy）社會。前者只是指家族的繼承，但「母權」意指家庭的權力掌控在女性家長手中。母權社會在人類社會中存不存在？這部分有所爭議。

8　參看金觀濤、王軍銜在《悲壯的衰落》一書中的討論。

9　這是馬克思主義（恩格斯）的觀點，至今仍是合理的主張。

10　佛教有時把巫術的力量稱為「神通」。據說佛菩薩可能有六種神通：天眼

通、天耳通、他心通、宿命通、神足通、漏盡通。當然，佛教本身對這六種神通有特別的定義，佛教徒可能不承認這些神通是巫術的力量，更不是「魔法」。可是，就設想的施行效果而言，「神通」效果與「魔法」效果是一樣的。正因此，佛菩薩不會輕易展現神通，濫用神通反而會墮入魔道。

11 古猶太人想像的 Golem（活人俑）巫術揭示了巫術行為的危險性。Golem 是使用泥土塑造而成的人俑，巫師可以念神秘咒語使它「活」起來，然後聽從命令去執行主人要求的任務，可是，一旦主人的力量無法控制 Golem 時，它會反過來殺害主人。

12 如上文討論，巫術被用來連結人類與超自然的神秘力量，所以有些學者直接定義「巫術是一種宗教現象」。確實我們可以看到在人類歷史上很多宗教（廣義上包含各民族的民間信仰）廣泛應用巫術。可是，由於巫術也被用來為宗教所禁止的目的服務，這種特性使得某些宗教如基督教將之視為異端而嚴加禁止。正因如此，某些西方宗教學者極力區分巫術和宗教的差異，認為它們是兩種不同的思想體系，佛雷澤認為在宗教誕生之前，人類先經過一個巫術時代，後來 宗教時代繼之，然後產生科學。巫術與宗教關係的討論，參看《宗教學通論》第四章「宗教的行為與活動」第一節「巫術」，頁 341-351。這個問題不是本書討論的目標，所以我們不予處理。

13 佛雷澤這樣解釋「禁忌」：「*事實上，絕大部分禁忌的原則似乎僅是交感巫術的相似律和接觸律這兩原則的特殊應用，儘管這些規則並未用文字規定下來，甚至也沒有被原始人抽象成條理，但巫者仍暗中相信他能自由地根據人類的意志使用它們，並左右自然的進程。他以為若他按照一定的方式行動，那麼根據那些規則將必然會得到一定的結果。而如果某種特定行為的後果對他是不愉快和不利的，他就自然要很小心地不要那麼行動，以免承受那種後果。*」（《金枝》，頁35）

14 希臘神話的神靈譜系，可參看赫希歐德的《神譜》。近來通俗小說家雷爾頓（Rick Riordan）的《波西傑克森》系列小說就以希臘諸神與背景，虛構了希臘天神在現代社會仍然存在並生下兒女，引起一連串遭遇，在小說娛樂之餘，也傳達了希臘諸神的家族關係。古埃及神話與古希臘神話有驚人的相似性，雖然偶而有性別差異和統治權威的差異。雷爾頓所著的《埃及守護神》系列亦有類似的效果。

15 糜文開譯，《印度三大聖典》。台北：文化大學出版部，「原人歌」，頁

41-44。

16 《千面英雄》，頁 305-309。

17 糜文開譯，《印度三大聖典》。台北：文化大學出版部，「創造之歌」，頁 33-34。其第一段描述十分類似《聖經》「創世紀」的第一段，歌詞如下：「當時非無也非有，沒有空界，沒有空界之上的天。覆蓋著什麼？蓋在哪裏？還是什麼給予庇護？有水嗎？有深不可測的水嗎？」這也稱作「無有歌」。

18 Plato(1961). *Timeus. The Collected Dialogues of Plato*. Ed. by Edith Hamilton and Huntington Cairns. Bolligen Foundation.

19 糜文開譯，《印度三大聖典》。台北：文化大學出版部，「造一切歌」，頁 37-39。它不同於先前所提的「創造歌」。

20 有中譯本，稱《伊利亞圍城記》，曹鴻昭譯，台北：聯經出版。

21 《摩訶婆羅達》是以梵文寫成的長篇詩歌，有十多萬節，每節有四行以上的押韻詩句，是印度史詩，參看卡里耶爾著，林懷民譯（1996），《摩訶婆羅達》「作者序」（台北：時報）頁 15。卡里耶爾用法文改編成劇本，再被譯成英文，林懷民再從英文譯成中文。《摩訶婆羅達》的一小部分《薄伽梵歌》深具哲學意味，有中譯本，為糜文開所譯。

22 另一種華夏族起源的神話是黃帝和炎帝的爭鬥，同樣由黃帝獲勝。因此有人把蚩尤與炎帝劃上等號。中國人自稱「炎黃子孫」，但卻只祭拜黃帝，這裡的政治與族群意義值得深入分析考察。《封神榜》則描寫周國與商國的鬥爭，只不過《封神榜》其實是明代小說，深具正統意識，以致站在紂王一邊的巫師術士都被描寫為壞人。

23 本書採納神話學家坎伯 (Joseph Campbell) 的神話理論，參看他的《神話》和《千面英雄》，朱侃如譯，台北：立緒出版。

24 關於古美索不達米亞和古埃及的文明，有很多中文論著或譯著可看，例如威爾．杜蘭 (Will Durant) 的《世界文明史：卷一埃及與近東》（台北：幼獅）；古埃及文明可看蒲慕州(2001)，《法老的國度：古埃及文化史》（台北：麥田）。

25 好萊塢根據這套傳說拍出《神鬼傳奇》(*The Mummy*) 這樣的電影。

26 Hall and Hall (1988). *A Brief History of Science*, p. 15。

27 Lindberg (1992), *The Beginnings of Western Science*, p. 28。

28 Comprehensive 的意思是「包羅廣泛的」，哲學家使用這個字來表達含蓋範圍最廣的知識—— 也就是形上根源的知識。「實踐知識」的希臘文是 phronesis，亞里斯多德又稱為「政治的技藝」(art of politics)，故有人譯作 practical wisdom。

29 Aristotle, *Nicomachean Ethics*, Book 6, in The Complete Works of Aristotle, ed. by Jonathan Barnes, Vol II.

30 sophia 這個希臘字的意義剛好和「智慧」這個中文譯詞的意思相反。sophia 一點都不實用，有些很有 sophia 的人，可能在日常生活的變動世界中卻是不懂 phronesis 的低能者。

31 Tansey, Ruchard and Fred S. Kleiner(1996). *Gardner's Art through the Ages*, 10th ed.(pp. 26-33). Harcourt Brace College Publishers. 中文方面可參考：E. H. Gombrich 著，雨云譯，《藝術的故 事》(聯經，1997 年三版)，頁 41-42。

32 參看加來道雄 (2000)，《穿梭超時空》。台北：商周。不過，加來道雄是一位有爭議性的理 論物理學家。

33 例如 Gombrich 一書第二十章討論荷蘭的繪畫，使用了「自然之鏡」為章名；科學與「自然 之鏡」的關聯，可看哲學家羅蒂 (Richard Rorty) 的《哲學與自然之鏡》(*Philosophy and theMirror of Nature*) 一書。

34 Marcus, M. (1991). *One Dimensional Man: Studies in the Ideology of the Advanced Industrial Society*. Beacon Press. First Edition 1964.

第二問　自然哲學與科學是什麼？本書的取向

1 Newton (1962). *Mathematical Principles of Natural Philosophy and His System of The World*. Tr. by Andrew Motte in 1729 and revised by Florian Cajori in 1920s. New York: Greenwood Press.

2 科學史家 Dampier 在 1929 年首版的一書序文中說：「對希臘人而言，哲學和科學是同一回事。在中世紀時，兩者都被神學束縛。研究自然的實驗方法，在文藝復興後開始發展，導向科學與哲學的分離。此後，自然哲學奠基在牛頓動力學上，然而康德和黑格爾的追隨者引領觀念 論哲學遠離同時代的科學，結果科學反而學會了忽略形上學。」(*A History of Science and Its Relations with Philosophy and Religion*, p. vii.)。

3 Positivism 這概念被公認為源自法國社會學家孔德 (Auguste Comte, 1798–1857)，孔德在其 *The Course in Positive Philosophy* (1830-1842) 一書中，

建立了一個科學進展的過程，從數學、天文學、物理學、化學、生物學，以至於社會科學，孔德明白地把科學從自然哲學中區分出來。他進而主張，人類社會的演變可分成三階段：神學階段、形上學階段和實證（科學）階段。

4　孔恩 (Thomas Kuhn, 1922-1996) 說：「新典範隱約為該一領域塑造出一個新的且更嚴格的定義，不願意或不能順應這個典範而調整其工作的人……在歷史上，這些人往往就待在哲學界，畢竟許多專門科學起初都孕育於哲學而終於獨立出來。」(Kuhn [1970]. *The Structure of Scientific Revolutions*, p. 19)

5　Grant (2007), *A History of Natural Philosophy: From Ancient World to the Nineteenth Century*, p. xii。

6　注意，有時我們會說「事物的天性」（the nature of things），其中「天性」這個字就是「自然」，亦即「事物之自然狀態」；因此「事物的天性」並沒有「事物的本性」（the essence of things）那種形上學的意味（在問「事物究竟、根本、終極是什麼？」）。科學家也常會說他們想探討「物質的天性」，亦即「物質的自然樣子」——他們的問題是「物質為什麼會變成這種自然樣子？」、「物質變成這種自然樣子是由於什麼原因？」關於 nature 和 essence 的譯法相當混亂，一般常把 essence 譯成「本質」，而把 nature 譯成「本性」；但兩個譯詞可能沒有基本差別，因為「性」可以用在非自然或超自然之上，例如我們會說人性、物性、社會性、神性等等，這些說詞都不限於「自然」，而比較偏向「形上學」用法。為了區分兩者，讓我們把 nature 譯成「天性」、而 essence 譯成「本性」或「本質」。有時人們想問「事物的根本狀態」或者「在事物表像背後的內在結構」時，他們也是在問「事物的本質」，這時他們偶而會將 nature 和 essence 混用，如果他們不想涉及形上學，就用 nature 來代替 essence，因為後者有形上學的意味。

7　以下出自 Aristotle, *Nicomachean Ethics*, Book 6。

8　實證主義崛起之後，「思辨」從「理論」中分離出來，「思辨」被視為是形上學的方法，缺乏經驗證據的支持；「理論」則是可以有經驗證據來判斷的系統性命題。

9　所謂「知性直觀」是希臘文 nous 的翻譯，意指人類的一種心智能力，又譯成「直觀理性」（intuitive reason）或者「統觀」（comprehension）。這種心智能力幫助人類去掌握形上學和第一原理的知識。而對理論知識

（*episteme*）的掌握就由「理論理性」來負擔。

10 「根源」在此指 principle。Principle（拉丁文 *principia*）一般被譯成「原理」，指掌握根源知識的抽象基本命題。這個拉丁文字對應於希臘文的 *arche*，即「根源」之意。*Arche* 並不限於抽象的命題，因為在希臘文和希臘思想家的論述中，語言與語言所代表的對象之區分並不明顯。*Arche* 常被用來指稱「原理」所代表的對象，即根源。

11 「哲學」的希臘文是 *philosophia*，就是「友愛」（*phileo-*）「智慧」（*sophia*）的結合，拉丁文直接承襲下來（德文則拼成 philosophie）。

12 亞里斯多德也有 *phronesis* 的觀念，一般譯成「實踐知識」（practical knowledge）或「道德知識」（moral knowledge），它的目標在於處理人生的實踐和道德問題，因為它總是面對特殊的事物或情境（particulars），所以和「統觀知識」相對立，當然它也不是 episteme。所以，在亞氏的知識體系中，*sophia* 本來是不包括實踐知識的。不過，也有人將 *phronesis* 譯成「實踐智慧」（practical wisdom），如此讓 *sophia* 似乎也包括了實踐的知識。

13 這裡參考 Weiheipl (1978), The Nature, Scope, and Classification of the Sciences, in Science in the Middle Age, Chart 2 (p. 468), Chart 3 (p. 471), Chart 5 (p. 474), Chart 6 (p. 480)，該文只列出與本書相關「理論知識」部分的分類，並使用希臘原文和拉丁原文，讀者想更詳細地理解 sciences 和 arts 的區分，可以參考該文。

14 本段相關英文與希臘文為：質料（matter, hyle）、形式（form, morph）、形質論（hylemorphic theory）和四因說（four causes theory）。四種類型的「原因」是質料因（material cause）、形式因（formal cause）、目的因（final cause）、動力因（efficient cause）。

15 這個德文字是以 wissen+schaft 來構形，wissen 在德文裡是動詞，即英文的 to know; 而 - schaft 在德文裡一般用來接在動詞之後而形成名詞。

16 參看陳瑞麟 (2010)，《科學哲學：理論與歷史》，第二章到第六章。

17 Lindberg (1992), *The Beginning of Western* Science, pp.1-2。

18 這個定義是從信念的特性而非從信念內容來定義科學，林伯格引證哲學家羅素（Bertrand Russell, 1872-1970）的說法：「不是科學界相信的內容(what)區分了科學和非科學，而是科學界如何且為什麼（how and what）相信這些內容。科學的信念是暫時的，不是獨斷的；它們建基在證據之上，而非權威或直觀之上」(Lindberg 1992, *The Beginning of Western Science*, p. 2)。

19 在這種流行的用法下，有人會認為我們既然沒有絕對的證據能否證鬼神、靈魂、外星人等等 一類的東西存在，就不該隨便排斥「通靈術」、「宗教真理」、「外星人學」等等「學問」，這才 是「科學的態度」。於是，當有人在斥責占星術、算命、超心理學、靈魂、外星人等等是偽科學時，喜歡這類事物的人會反過來宣稱那些斥責者太過獨斷，偏離了「科學精神」，而他們自己才真正是「科學的」。這種對科學的想法其實存在於很多人的心中。

20 這問題需要詳細研究，筆者的初步看法是牛頓的煉金術與神學，無法與他的天體力學和光學 整合。當然也有持不同見解的科學史家，如 Dobbs (1978), *The Foundations of Newton's Alchemy. Cambridge*: Cambridge University Press。

21 關於這個觀點，筆者曾在一篇網路文章有所表達。見陳瑞麟 (2017)，〈怎麼樣才算是科學？或者，一門學問的科學性程度有多高？〉，收於臉書專頁「陳瑞麟的科哲絮語」網誌中，並被很多網路媒體轉載，如香港的「立場新聞」、台灣的「風傳媒」、「想想論壇」等等。

22 中國科學之所以被視為「科學」，大概是出於這樣的相似性推理：首先，透過西方科學史家 的研究，承認古希臘亞里斯多德物性學或更早的自然哲學，由於被現代科學（原型科學）視為競爭對手，考量歷史的連續性而被納入科學史內，因此算是「科學」。其次，中國古代哲學對於物質世界、自然界也有一套系統性的觀點或理論，例如氣論與陰陽五行（五元素），雖然與古希臘科學相當不同，但透過它們與古希臘自然哲學的相似性，也可被視為自然哲學，再被納入「科學」之內，故稱「中國科學」。可是，很多西方近代原型科學的特徵（數學、實驗、可 否證性、排除虛構等）都是中國傳統自然理論所沒有的，因此與原型科學的相似程度低。

23 陳瑞麟 (2017)，〈占星學的巫術性與科學性〉一文中，對此有詳細討論，該文發表於網路， 見臉書「陳瑞麟的科哲絮語」網誌。

第三問　如何寫自然哲學與科學史？科學編史方法學的問題

1 參看我的另一篇長篇論文的討論，陳瑞麟 (2019)，〈科學編史方法學〉，《華文哲學百科》。其內容與本書第一問、第二問有重疊，但討論更完整。

2 在社會學裡，也有一門「知識社會學」或「科學社會學」，正是在研究科學體制內在的社會結構，以及它與其他社會結構之間的互動。因為「科

學」乃是生產知識的最大機制。參看 Hess (1997), *Science Studies: An Advanced Introduction*. Ch. 1.

3　夸黑的三本書英文書名和首版年分分別為 :*Galileo Studies* (1939)、*From the Closed World to the Infinite Universe* (1957)、*Newton Studies* (1965)。默頓著作的英文書名和出版年分則是 : *Science, Technology, and Society in Seventeenth Century England* (1938)。

4　關於 Merton 和 Koyré 作為內、外在的代表，參看 Shapin (1992), "Discipline and Bounding: The History and Sociology of Science as Seen through the Externalism-Internalism Debate." *History of Science*, pp. 333-369。謝 平 一文對此分界做了歷史性的考察，他提到這個觀點其實又來自 Rupert Hall (1952), *Ballistics in the Seventeenth Century* 一書。

5　主要的代表人物有英國愛丁堡大學的 Barry Barnes, David Bloor, Steven Shapin, Simon Shaffer 等人，他們幾個又被稱為愛丁堡學派（Edinburg School）；此外，還有巴斯大學（University of Bath）的 Harry Collins，有時被稱為「巴斯學派」。「強社會建構論」對比於「弱社會建構論」，後者主張社會文化因素會影響科學知識的內容與發展，但不能決定什麼知識應該被接受。「強社會建構論」相信知識內容與其發展，都是由社會因素所決定的。這個主張對一般文化評論界產生很大的影響，因為它蘊涵著將科學知識從客觀真理的地位拉下來，相當違反一般科學家對 自己從事的學術之觀點，因而引發不少爭議，甚至開啟社會學家與文化評論家之間的論戰。這方面的論戰筆者已談過非常多，不擬在此重述。讀者可參看陳瑞麟 (2010)《科學哲學 : 理論 與歷史》第八章的簡介，以及所附的相關文獻。

6　Shapin and Schaffer (1985), *Leviathan and the Air Pump: Hobbes, Boyle, and Experimental Life*. 國內對此書的批評，參看陳瑞麟 (2012),《認知與評價》第五章，對 SSK 與此書中預設的知 識論與方法論的批評，第六章則討論了 ANT。但那兩章沒有涉及歷史的問題 —— 也就是「內在 史」和「外在史」的分界問題。

7　Shapin and Schaffer (1985), *Leviathan and the Air Pump: Hobbes, Boyle, and Experimental Life*, pp. 332。

8　參看傅大為 (2014),〈孔恩 vs. STS 的興起 :《科學革命的結構》五十年驀然回首〉，頁 38- 39。

9　如 葛羅謝特 (Robert Grosseteste, 1175-1253) 與 羅傑培根 (Roger Bacon,

1219-1292)，兩人都是 13 世紀倡議經驗方法的科學/哲學家。關於他們的思想與工作，看 Crombie (1953), *Robert Grosseteste and the Origins of Experimental Science*, 1100-1700. Oxford: Clarendon Press.

10 不管是國內或國外，都有不少科學史家與科學哲學家關心孔恩和 SSK 的關係，但見解不同。傅大為 (2014)，〈孔恩 vs. STS 的興起：《科學革命的結構》五十年的驀然回首〉一文中雖然主張孔恩與 SSK 有競爭關係，但兩者差距實在不大（近親）；戴東源 (2014) 的〈孔恩、布洛爾與對稱原則〉，以及陳瑞麟 (2014) 的〈革命、演化與拼裝：從 HPS 到 STS，從歐美到台灣〉，則較偏向孔恩與 SSK 有相當的差距。他們的討論也都涉及國外的相關文獻，在此不重複舉出。筆者個人認為，孔恩後來看清了他自己的焦點主體在於知識的演變歷史，才會堅持他的工作是「內在史」，而反對 SSK 那種以社會行為作為焦點的科學史。

11 伯納主張「科學是一種制度」（science as an institution），「不強調把科學與技術進展的面向與社會成就的其他面向區分出來。」(Bernal, 1983/1954, *Science in History. The MIT Press*, p.42)，他也主張科學的主要功能是做為生產工具，「在過去和現在，科學都運作在每一種生產形式中」。(p.46)，也用一整節討論「科學與社會的互動」。

12 自然哲學與科學史的實作甚至可回溯到古希臘，亞里斯多德的自然哲學著作如《物性學》一書，保留了不少先蘇時期自然哲學家的觀點。不過，亞里斯多德記載那些自然哲學家的觀點是為了批判他們，以便凸顯自己立論的正確性，這種做法構成西方自然哲學的傳統。可是，也因此這並不能算是「純歷史」的著作。一個近代、更典型的科學史史著，是 18 世紀英國實驗科學家普里斯利 (Joseph Priestley, 1733-1804) 在 1767 年首版的《電學的歷史與現況》(*The History and Present State of Electricity*. New York: Johnson Reprint Corporation)，這本書分成上下兩冊，上冊主談歷史，下冊主談現況。上冊把直到 18 世紀中葉的電學實驗分成十期，鉅細靡遺地記錄了自古希臘的泰利斯（Thales）以來，直到 1766 年美國富蘭克林 (Benjamin Franklin, 1706-1790) 的各項電學實驗與發現。在上冊中，普里斯利完全沒談及任何科學家對於電的觀念與理論，而只涉及事實（fact）。在下冊中，他開宗明義地談到他有意如此，並告訴讀者應該區分「事實」與「理論」(Priestley, 1966, p. 2)，接著討論幾個現有的電學理論 (pp. 11-61)，再談如何進一步研究電學的問題。換言之，下冊已經不是歷史了，而是一本報告他自己的研究與實驗發現的專著。可是從上冊中，我們也

可以看到普里斯利對於「科學史」的觀點：應該只記載客觀的事實與發現。

13 Mach (1960), *The Science of Mechanics: A Critical and Historical Account of Its Development*, p. 151. Illinois: The Open Court Publishing。

14 Sir William C. Dampier (1966/1929), *A History of Science and Its Relations with Philosophy and Religion.* Cambridge, UK: Cambridge University Press; Abraham Wolf (1935-1938), *A History of Science, Technology, and Philosophy in the 16th, 17th and 18th Centuries.* Bristol, UK: Thoemmes Press.

15 Whittaker (1951), *A History of the Theories of Aether and Electricity*, p. 3, Dover Press。

16 Abetti (1952), *The History of Astronomy*, p. 9, Dover Press。

17 輝格歷史（whiggish history）是一種「進步主義」的史觀，認為歷史的發展總是不斷在進步，現在比過去好，未來也會比現在好。輝格史的史家會以現在的觀念為標準，來評價與貶抑過去的觀點與歷史事件。「反輝格史」的史觀則反對這種觀點，應用到科學史上則呈現出一種應該不偏頗地（公平地）看待過去與現在的科學理論。英國歷史學家巴特斐(Herbert Butterfield) 在 1931 年出版的 *The Whig Interpretation of History* 一書，借用 17 世紀英國輝格黨和托利黨鬥爭，而且「輝格黨」代表進步的歷史，鑄造了這個概念並加以批評。

18 Koyré (1978/1939), *Galileo Studies. Sussex*: The Harvester Press, pp. 4。

19 Koyré (1957), *From Closed World to the Infinite Universe*, Preface.

20 例如孔恩、葉慈（Frances Yates）、克隆比（A. C. Crombie）、霍爾（A. Rupert Hall）、柯亨（I. Bernard Cohen）、威斯特弗（Richard Westfall）、哈曼（P. M. Harman）、狄布斯（Allen G. Debus）、帕丁頓（J. R. Partington）、林伯格（David Lindberg）、威斯特曼（Robert Westman）、賈汀（Nicholas Jardine）等。

21 很多國際知名大學創建了「科學史與科學哲學系」（Department of History and Philosophy of Science），例如英國的劍橋大學、倫敦大學大學學院（UCL）、杜倫大學（Durham University）、美國的印第安納大學、匹茲堡大學、加州理工學院、波士頓大學等等。根據維基百科，目前全世界大約有二十三個國家有七十七個相關科系。不過，科學史與科學哲學發展到 20 世紀末時，產生了科學哲學與科學史各自為政的傾向，21 世紀開始有「整合的科學史與科學哲學」（integrated history and philosophy of science）的名目出現。

22 參看陳瑞麟 (2018)，〈科學革命與典範轉移〉，《華文線上哲學百科全書》。

23 看 Kuhn (1977[1968])，*History of Science. In The Essential Tension*, pp. 105-126。孔恩的討論已明顯被框架在「內在史」、「外在史」的二分法之下，本節的觀點與之不盡相同。

24 例如一篇針對十足的論文 Shapin (1982), "History of Science and Its Sociological Reconstructions." *History of Science*, 20: 157-211。謝平批評拉卡托斯的觀點，以及勞丹在 *Progress and Its Problems* 中宣稱的：「知識史學家應尋求透過行為者的推理歷程，來說明人類的信念」。謝平的說法有濃濃的歷史本位主義立場，例如他在反對拉卡托斯式的「理性（論）重建」中說：「像多數歷史學家，科學史家傾向支持因案例而定的方向。……說一位歷史學家過度投入理論常常是個批評，因為歷史學家常感到這種投入沒有適當地關注事實。」(p. 176) 可是，難道 SSK 本身不是一個（社會學、哲學）理論？這位歷史學家的雙重標準在此表露無遺：他自己在《利維坦和空氣泵浦》中努力證明自然科學家的「事實」是被修辭手法所建構，但自己處理的歷史材料難道就可以中立於理論的事實嗎？

25 Lakatos (1978[1971]). "History of science and its rational reconstruction". *In The Methodology of Scientific Research Programme, Philosophical Papers*, vol. 1. Cambridge: Cambridge University Press, pp. 102。

26 Hall (1963), *From Galileo to Newton*. New York: Dover Publications, pp. 132-154。

27 Crombie (1952), *Augustine to Galileo*. Cambridge, MA: Harvard University Press, pp. 51-79; pp.183-343。

28 如阿奎納 (St. Thomas Aquinas)、羅傑‧培根（Roger Bacon）、奧坎（William of Ockham），雖然只是提到，篇幅極短（見 Dugas (1951), *A History of Mechanics*, pp. 47-48），但中世紀晚期與近代之交的「衝力理論」（theory of impetus）占據了較多篇幅。

29 關於這個二分架構有很多不同的延伸討論，依賴於我們如何詮釋「發現」、「證成」、「心理學」、「邏輯」、「事實」及「價值」這些概念與它們之間的關係。筆者在許多中文科哲論著中都有相當的討論，如陳瑞麟 (2010)，《科學哲學：理論與歷史》，頁 7-31;(2012)，《認知與評價》，頁 34-37;(2014)，《科學哲學：假設的推理》，頁 156-160。如果我們把這二分架構做了太過僵硬的解釋，例如主張在理論與假說的發現

中都沒有推理與邏輯的成分，而在「證成的脈絡」中都沒有心理、社會的成分，這種過度僵硬的二分法當然很難成立。但如果這個二分架構只是一個歷程階段的區分、一個關注焦點與研究主題的區分，大致平行於「外在史、外在史」的區分，那麼這個二分架構基本上是成立的。

30 Derek de Solla Price (1975). *Science Since Babylon*, Enlarged Edition. New Haven: Yale University Press. First edition in 1961.

31 Margaret C. Jacob (2006). *The Radical Enlightenment: Pantheists, Freemasons, and Republicans*. Lafeyette: Cornerstone Book Publishers. First edition in 1981. 這裡值得簡單討論這本名著，它討論 18 世紀的基進啟蒙論者，他們是哲學的泛神論者、宗教的共濟會員與政治上的共和派。這些哲學、宗教與政治的立場與 17 世紀時的科學發展難分難解。所以，賈可布從基進啟蒙的科學與哲學起源開始，討論培根與笛卡兒、史賓諾莎與萊布尼茲，然後討論 17 世紀政治上的英國革命 (光榮革命) 等，其中波以爾、霍布斯、哈靈頓（Harrington）、洛克（John Locke）等人的政治思想與行動。第三章則討論牛頓主義者的啟蒙（Newtonian Enlightenment）——這是後來共濟會的主要源頭，然後進入第四章歐洲共濟會的起源。接下來來三章是共濟會員、18 世紀上半葉的社會世界、宗教泛神論與新科學等。這本書提供了 17 世紀到 18 世紀上半葉歐洲科學、宗教、政治交織的完整圖像。但它在討論波以爾與霍布斯的時段與《利維坦與空氣泵浦》的主 題重疊，但又不像後者般宣稱波以爾的政治觀點與結盟讓他的「科學政治政體」贏了霍布斯的「科學政治政體」。一個人只要詳讀《基進啟蒙》這本科學社會史著作 (當然它談了很多科學與哲學的「內在思想」)，就會發現《利維坦與空氣泵浦》提供的科學政治歷史圖像猶如簡化卡通版，因為事情遠遠複雜許多。

32 賈可布本人也批評了《利維坦和空氣泵浦》，見 Jacob (1998), Latour's Version of the Seventeenth Century. In Noretta Koertage (ed.). *A House Built on Sand: exposing Postmodernist Myths about Science* (pp. 240-254). Oxford: Oxford University Press。這篇文章針對拉圖的《我們從未現代過》(We Have Never Been Modern) 一書而寫，而該書其實是拉圖針對《利維坦和空氣泵浦》的延伸詮釋。賈可布在批評拉圖之餘，也回溯到它的基礎，相關部分見 pp. 249-252。

33 Lakatos (1978), "History of Science and Its Rational Reconstructions," in *The Methodology of Scientific Research Programme*, p. 102. Cambridge, UK: Cam-

bridge University Press.

34 看 Lakatos (1978), "History of Science and Its Rational Reconstructions" 一文。

35 然而，科學哲學的讀者也可能想到「觀察背負理論」這套學說 —— 亦即在自然科學中，科學家的觀察往往也預設了他們先存的理論信念或假設，甚至如果沒有先存的理論假設之引導，他們便很難設計出檢驗的方法。但這並不妨礙科學理論仍受到經驗檢驗的實際運作。因此，像孔恩、拉卡托斯與費耶阿本等人，都已提出回應這種循環論證的方式：例如，所謂的「經驗檢驗」其實是預設不同的理論，因此，以經驗來檢驗一個理論，其實預設以另一個理論（被經驗所預設）來檢驗它，關鍵在於哪一個理論能把經驗資料說明得更一致融貫。

36 「科學理性是什麼？究竟存不存在？」這些是另一個科學哲學問題，一個「科學理性理論」可以涉及一個科學發展與變遷的理論，但兩者仍然可以被分開看待。進而，「科學理性是什麼」與「科學是什麼」這兩個問題也應該被分開看待。見陳瑞麟 (2005)，〈論科學評價與其在科技政策中的涵意〉，《臺灣科技法律與政策論叢》第 2 卷第 4 期，頁 37-71。

37 針對「歷史定律」這個觀念最深刻的批評就是波柏，見他對「歷史定論主義」（historicism）的批評，在 Popper (1957), *The Poverty of Historicism*. London: Routledge Press。陳瑞麟則從理論做為模型的觀點為歷史定論主義辯護。見陳瑞麟 (2007)，〈狀態的限定：從模型觀點為歷史限定論辯護〉，《政治與社會哲學評論》第 23 期，頁 89-122。

38 一開始，理性論的科學哲學家如拉卡托斯、勞丹、吉爾瑞（Giere [1988], *Explaining Science*. Chicago: University of Chicago Press.）、達頓（Darden [1991], Theory Change in Science: Strategies from Mendelian Genetics. Oxford: Oxford University Press）等人，就發展不同的科學理論（變遷理論），來顯示孔恩理論不能配合科學史。接著，科學實在論者如基契爾（Kitcher [1993], The Advancement of Science.）也顯示出一個實在論史觀的演化論發展史。雖然科史哲的科學史可能會被認為過度背負理論；但生物學史家如麥爾 (Mayr [1982], *The Growth of Biological Thought*. Cambridge, Mass.: Harvard University Press.) 也使用演化論當成生物學變遷歷史的理論。所以，這些理論化的歷史都可被看成是強調且表徵完整的科學歷程的不同面向。換言之，多元的理論化歷史是合理的（見下文討論）。何況，也有使用孔恩架構的科學史著，如 Bowler, Peter J. (1989). The Mendelian

Revolution: *The Emergence of Hereditarian Concepts in Modern Science and Society.* Baltimore: The John Hopskins University.

39 有一個實際上的理由值得考慮。不管歷史學家再怎麼強調各種面向或因素的連結之變動，在寫作一本或一篇史著時必定有所篩選，沒有一本史著能把一切面向、因素、細節都納入。沒有一套理論或判準來判斷哪些面向、因素及細節在哪個脈絡下重要，就很難保證它們是恰當的。沒有明確的理論或標準時，歷史學家的觀點只能是一種品味，而不具客觀性。

第四問　天體規律是怎麼產生的？科學的萌芽

1 一些科學史書籍會從古代數學開始談起，但本書著重在「天地」與「物質」的主題上，不擬處理古代數學史。國內已有不少數學史書籍可供參考，例如林聰源編著 (1995)，《數學史 —— 古典篇》(新竹 : 凡異出版); 又如 Eves, Howard (1989), *An Introduction to History of Mathematics*, 6th ed。歐陽絳翻譯 (1997)，《數學史概論》(台北 : 曉園)。

2 「現象」的英文 phenomenon 來自希臘文，在希臘文中也有「規律」的意義，與日後哲學史上的「現象」意義不盡相同。

3 「回歸年」對古代人而言，應理解成太陽在東方升起的位置會在北上南下又北上後回到正東方向的位置，亦即一年前春分時升起的位置。

4 反過來說，六十進位制很可能是由於此年曆而來的。換言之，約莫三百六十次太陽的升起落下，會讓太陽升起的日子回到春分附近；較精確一些的日子是三百六十五又四分之一日。但為取倍數，故數三百六十日，為六十的六倍。

5 初次接觸形上學的讀者，在觸及「同一性」問題時，往往難以理解為何這是一個重要的問題。因為後來的形上學經常以「同一人格」為例來討論「如何指認同一個人」。一般人常覺得這是個很無趣的問題，畢竟如何指認同一個人再平常不過了（根據外表）。如果理解這個問題的歷史根源是天文學的星體指認，就不會覺得它是個無聊問題。

6 台灣熟悉的蓋式塔心理學被引入科學哲學和科學史，主要來自於孔恩。不過，孔恩其實是引用自另一位科學哲學家韓森（N.R. Hanson）在 1958 年的著作《發現的模式》（*Pattern of Discovery*）。韓森另有一本死後出版的著作《知覺與發現》（*Perception and Discovery*, 1969）有非常豐富的討論。

7 Sign 是記號的意思，語言文字都是記號。古代人很早就會使用記號，但

不見得有「記號」的意識。天體星座則是最早被意識到、最典型的一種記號。

8 今日天文學使用的黃道十三星座依序是：魔羯座（Capricorn）從 1 月 20 日至 2 月 16 日；水瓶座（Aquarius）從 2 月 16 日至 3 月 11 日；雙魚座（Pisces）從 3 月 11 日至 4 月 18 日；白羊座（Aries）從 4 月 18 日至 5 月 13 日；金牛座（Taurus）從 5 月 13 日至 6 月 21 日；雙子座（Gemini）從 6 月 21 至 7 月 20 日；巨蟹座（Cancer）從 7 月 20 日至 8 月 10 日；獅子座（Leo）從 8 月 10 日至 9 月 16 日；處女座（Virgo）從 9 月 16 日至 10 月 30 日；天秤座（Libra）從 10 月 30 日至 11 月 23 日；天蠍座（Scorpio）從 11 月 23 日至 11 月 29 日；蛇夫座（Ophiuchus）從 11 月 29 日至 12 月 17 日；射手座（Sagittarius）從 12 月 17 日至 1 月 20 日。這十三星座早在 1930 年代即由國際天文聯合會確認。但一直到 21 世紀，仍在新聞媒體上引發「蛇夫座」是不是占星星座之一的爭議，讀者可以使用 google 查詢「蛇夫座」，即可看到相關新聞。黃道十三星座的知識可以查詢網路或《觀念天文學》（台北：天下，2017）一書。

9 例如 wiki 百科的「黃道」此一條目 https://zh.wikipedia.org/wiki/ 黃道 。又如波柏的「可否證性」判準會判斷占星學的預測不可否證。

10 Ptolmey, *Tetrabiblos* [*Book One*]. Ed. and tr. by F. E. Robbins. Harvard University Press. Leob classical library. 詳看第六問。

11 天平座的位置在希臘時代稱為螯爪座，後來被「天平座」（另一種組合）取代。

12 占星學進一步將這些想像的星座代表生物，與人的身體部位與性格做聯結。例如雙子座在雙手，就聯想到雙子座的人「長袖善舞」、有交際手腕；巨蟹座在胸腔心臟部位，就象徵巨蟹的人充滿愛心，憐憫弱小；天蠍座象徵生殖器，就聯想到天蠍座的人性欲較強；射手座在大腿，就說射手座的人愛好自由、喜歡亂跑、不受拘束。

13 天球只是虛擬的球體，古代人又該如何定出天球赤道？仍要利用既定的恆星。古代中國人建立了二十八宿，作為經度的參考坐標系統。二十八宿是環天一周的二十八個星宿（由數目不等的幾顆星構成的），其名稱分別為：角、亢、氐、房、心、尾、箕、斗、牛、女、虛、危、室、壁、奎、婁、胃、昂、畢、觜、參、井、鬼、柳、星、張、翼、軫。它們的位置大約在天球赤道與黃道之間。有了二十八宿之後，對於天上的任一顆星星，就可以根據北天極和其弧線與二十八宿的交點，再考察該交點距離

二十八宿中的任何兩宿之弧度，來定位該星體的經度；北天極與該星的弧線，自然就是其緯度。注意，天球赤道並非地平面無限延伸的虛擬大圓，對於已建立「兩球宇宙」模型的希臘人而言，天球赤道與地球赤道是在同一平面。

14 這些問題以英文表達如下 :Why are there things? Why do things exist? Why are things as what they are? Why do things look as that we are seeing it?

第五問　世界根源和宇宙結構長什麼樣？希臘早期的自然哲學和宇宙論

1 這個故事見亞里斯多德的《政治學》一書所載，見 Aristotle (1984). *Politics* (Section 1259a). In *The Complete Works of Aristotle*. Princeton University Press, pp. 1997-1998. 中文可見威爾杜蘭 的《世界文明史 : 希臘的興起》（台北 : 幼獅出版），頁 194，其中把榨油工具譯成榨油工人。

2 Dreyer (1953), *A History of Astronomy from Thales to Kepler*, p. 20

3 可參看諾貝爾物理獎得主、量子色動力學開創者維爾澤克 (Frank Wilczek) 所著的《萬物皆數》一書。

4 有興趣的讀者可以參看 Dreyer (1953) 第二章 (pp. 35-52) 的詳細討論。

5 有另一種主張認為畢氏學派所謂的「對等地球」是一個半球，「地球」是另一個半球，兩者構成一個完整的球體。兩半球的分界線是「本初子午線」（meridian），即今天零度經度和一百八十度經度的大圓。但兩半球之間有一個狹窄空間，中心之火就位在此空間中 (Dreyer 1953, p.43)。不過，這樣的說法與亞里斯多德明確地報導畢氏學派相信地球是一個球體的觀念不合。

6 Alfred North Whitehead (1927), *Process and Reality* (Free Press, 1979), p. 39.

7 就像多數柏拉圖對話錄一般，《迪邁烏斯》以主要的對話者「迪邁烏斯」來命名，他是天文學家，透過他的口中，陳述了德米奧吉創造世界的過程。

8 本處所述載於 *Timeus* 篇 30a 段起到 40 段之間，在 Hamilton, Edith and Huntington Cairns (1961). *Plato: The Collected Dialogues*, pp. 1162-1169. John Clive Graves Rouse。

9 Popper (1979), *Objective Knowledge*. Revised Edition.

10 柏拉圖對於四元素的構成做了冗長論證，見 *Timaeus*,51d-57c, PTCD, pp. 1178-1183。其中，幾何立體與四元素的對應見 55d-56c。柏拉圖之所以主

張四元素由這四種幾何立體微粒構成，最主要原因是因為它們是最完美的幾何形狀。

11 柏拉圖對這四元素的轉換說明比起恩培多克利斯更精緻一點。他說，水凝縮變成土，蒸發變成氣；氣點燃變成火，火凝縮變成氣，氣凝縮產生雲與霧，再壓縮就成為水流，如此構成一個循環。見 *Timaeus*, 49c, PTCD, p. 1176。

12 柏拉圖在此小心翼翼地描寫：雖然在敘述上較晚，「宇宙魂」實際上比「宇宙體」更早被製作，所以把宇宙魂放入宇宙體中，前者就能支配、統領後者（*Timaeus*,34c）。至於為什麼較早誕生的才能統領支配較晚誕生的？柏拉圖沒有告訴我們。這是個奇怪的規則，卻被柏拉圖當成一條原則。

13 參看 *Timaeus*, 37d-40d, PTCD, pp. 1167-1169。

14 *Timaeus*, 36d-37c, PTCD, pp. 1166-1167。

第六問　萬物都有其目的？亞里斯多德的自然哲學體系

1 西方哲學史著與涉及古希臘的科學史著都會討論亞里斯多德。然而，由於史觀的不同，科學史著對亞氏理論的說明與評價也不盡相同。在早期實證史觀的影響下，亞里斯多德的理論被視為一個錯誤、甚至非科學的理論，已被現代科學所取代。在哲學史著方面，不管從什麼角度看，亞里斯多德都是不可忽視的大哲學家，因此哲學史著通常提供了完整詳盡的說明，但是會忽略亞氏在天文學與其他「科學」（如 *Physics, Meteorology, On the Heavens, On the Universe*）方面的論述。後來的自然哲學史觀對亞里斯多德的理論有比較公平完整的對待。除了亞里斯多德的原著英譯外，本章還參考 Dreyer(1953), Lloyd (1968), Lindberg (1992), Grant (2007) 等科學史著。從哲學角度分析亞里斯多德的自然哲學，在國內有許多中文著作和譯本可供參考，例如 Barnes 的著作（李日章譯，1983）、柯普斯登的著作（傅佩榮譯，1988），以及曾仰如的著作(1989)，但這些哲學著作通常沒有整合「科學」的部分。

2 本書第二問已對這些字的意義源流做了更詳細的說明。

3 Aristotle, *On the Heavens*. Book I, 1. 268a1. *The Complete Work of Aristotle* (CA), Vol. 1, p. 447。

4 在亞氏的著作中，通常以 form（希臘文 morph，中文通譯「形式」）來代替柏拉圖所用的「理型」（eidos）。可是，亞氏自己也對 form 有一個理論，即形式質料論，希臘文拼做 hylemorphism，其中 hyle 是「質料」、

而 morph 是「形式」的希臘文。這是說，在亞氏的著作中，form 有兩個不同的指稱，看亞氏原著時要依脈絡來辨識 form 表示什麼。

5　Aristotle, *Metaphysics*, Book I, ch. 9, CA, pp. 1565-1569。 也 參 看 Lloyd (1968), ch. 3, pp. 42-67 和 Lindberg (1992), pp. 48-50 的相關討論。

6　後來中世紀的唯名論者奧坎的威廉（William of Ockham）主張，我們不需要理型也可以說明兩個不同個體之間的相似性或共通性，對他來說，不同個體的共通性不過是由於我們把一個共通的名稱加諸它們之上，如此不需要理型學說，好像就是把「柏拉圖的鬍子」剃掉一般，故有「奧坎剃刀」（Ockham's razor）的比喻。

7　這會有個新問題：個體的「個體性」（individuality）如何產生？這是一個傳統的形上學問題。

8　*Metaphysics*, Book VIII (H), sec. 2. 1043a line 7-14; *The Complete Works of Aristotle* (CA), p. 1646。

9　*Topics*, Book I, sec. 5, 101b37; CA, p. 169.

10 *Metaphysics*, Book VII (Z); CA, pp. 1623-1644。

11 *Metaphysics*, Book VII (Z), section 4, 1029a1; CA, pp. 1626。

12 另 一 種 英 文 的 譯 詞 是 :substance, qualification, quantity, relative, where, when, being-in-a-position, having, doing, being-affected。

13 *Metaphysics*, Book IV (Γ), sec. 2; CA, p. 1584。

14 這句話原文不容易懂，它是指「由存有物的天性而衍生出來的性質」，例如「動物是有生命的」衍生出「動物會死」，其中「有生命的」是動物的天性，從這個天性衍生出「會死」的屬性。這裡的「天性」指最基本的本性或本質。

15 *Metaphysics*, Book IV (Γ), sec. 1; CA, p. 1584。

16 台灣慣於因為字典而把 ontology 譯成「本體論」，但「本體」這個詞來自中國哲學，它的意義與源於希臘文文法結構的 ontology 有很大的差異。參看陳瑞麟一篇網路文章〈為什麼 ontology 是存有學而不是本體論〉(https://www.academia.edu/24898953/)。

17 *Metaphysics*, Book IV (Γ), sec. 2, 1003b, line 23-29; CA, p. 1585。

18 *Metaphysics*, Book V (Δ), sec. 2; CA, p. 1600。

19 *Physics*, Book II. Sec. 3; CA, p. 332。

20 *Metaphysics*, Book V, sec. 1; CA, p. 1599。

21 *Physics*, Book V, sec. 1, 224a; CA, pp. 378-379。

22 *Physics*, Book V, sec. 1, 224b; CA, p. 379。

23 *Physics*, Book V, sec. 1, 225a; CA, p. 380。

24 *Physics*, Book V, sec. 1, 225b; CA, p. 381。

25 Lindberg (1992), pp. 60-61。

26 本節內容以 Lindberg (1992), pp. 54-58 的簡潔論述為框架，但補充許多亞氏原著內容。另英國希臘哲學與科學史家 Lloyd (1968) 亦值得參考。

27 亞里斯多德的《論天》一書，從他的整個哲學體系，對這些問題做了非常周詳的論證。他的論證目標是天只能有一個，而且是永恆的、無生滅變化、球體形的固體，並且規律循環的。在論證天必然是球體形時，最主要的理由是循環運動必定預設球形；而天必定規律循環，是因為如果它不規律，就會有快慢的現象，有快慢就會有推動者；但天是永恆的，沒有開端，所以就不需要推動者。參看 Aristotle, *On the Heavens*, Book I, Ch. 9-12 & Book II, Ch. 1-12, CA, pp. 461-482。

28 Aristotle, *On the Universe*, ch. 2, 392a1; CA, pp. 627。

29 Aristotle, *On the Heavens*, Book III-IV, CA, pp. 495-511。

30 Aristotle, *Meteorology*, Ch. 4; 342a1-6; CA, pp. 559-560。

31 Aristotle, *Meteorology*. CA, pp. 555-625。

32 Aristotle, *Meteorology*, Book I, Ch. 4, CA. 559; On the Universe, Ch. 4; CA, pp. 630。

33 Aristotle, *On the Heavens*, Book II, Ch. 13-14; CA, pp. 482-489。

34 Aristotle, *On the Heavens*, Book II, Ch. 14; CA, p. 489。英譯者腳注表明約一萬英哩（miles），合約一萬六千公里（1 英哩 =1.6 公理），約現今計算四萬公里的三分之一與二分之一之間。一些資料表明 1 stade = 180 meters，倘若如此，亞氏報導的數字約合七萬二千公里。

35 Aristotle, *On the Universe*, Ch. 3; CA, pp. 628-629。

36 Aristotle, *On the Universe*, Ch. 3, 393b 19-22; CA, p. 629。其中，stade 是希臘長度單位，利比亞代表非洲。今日的利比亞在埃及旁邊。

37 見他的《生成與消滅》一書。Aristotle, *On Generation and Corruption*, CA, pp. 512-554。

38 直到 20 世紀，仍有人堅持相信地球是平的。1956 年，英國還成立一個「地平說學會」，見維基百科「地平說學會」條目 https://zh.wikipedia.org/wiki/ 地平說學會。甚至 2017 年在美國還有「地球是平的」研討會召開，見 http://technews.tw/2017/11/18/why-do-people-still-think-the- earth-is-flat/。

39 本圖不是 15 世紀的畫作，而是法國 Flammarion 為 1880 年出版的《通俗天文學》而製作的拼貼畫，見《星空：諸神的花園》（台北：時報出版），頁 26 說明。然而，它常被誤以為是中世紀畫作，以 images of the cosmos in the middle age 搜尋 google，可找到大量圖片。本圖很鮮明地反映出「地平」的神話。

第七問　如何用幾何說明天象？希臘數學天文學和宇宙論的發展

1 愛因斯坦 (1998)，〈西方科學的基礎和中國古代的發明——1953 年給 J.E.Switzer 的信〉，引自《紀念愛因斯坦文集》第一卷，新竹：凡異出版社，頁 44。這個中譯本是中國學者譯本，最後兩句：「在我看來，中國賢哲沒走上這兩步是用不著驚奇的。令人驚奇的倒是這些發現（在中國）全都做出來了。」最後兩句原文是 In my opinion one need not be astonished that the Chinese sages did not make these steps. The astonishing thing is that these discoveries were made at all. (A. C. Crombie [1963] (ed.). *Scientific Change*, pp. 142. London: Heinemann.) 中譯的最後兩句值得商榷，因為愛因斯坦談的意思是「如果這些發現會在中國做出來，才是令人驚訝的事」。意思當然是指中國缺乏希臘文明的形式邏輯體系與西方的實驗思想。

2 由於國內已經有很好的中文數學史書籍，如林聰源的編著的《數學史》（新竹：凡異出版社，1995 年初版），本書不再多加介紹。

3 關於畢氏定理的證明，參看林聰源 (1995)。

4 參看中譯本《幾何原本》第一卷，頁 1-3。

5 由現代的天文學，我們知道行星與恆星每日的升起落下是地球自轉所致，而地球自轉的周期約二十四小時，也就是「一日」。我們仍沿用 diurnal motion 一詞來稱呼地球自轉。

6 行星逆行現象的現代天文學解釋。由於行星運動速度不一所造成的視差（parallax）現象，亦即行星相對於恆星背景的相對位置之「視覺落差」）。

7 *Aristotle, Metaphysics*, Book XII, Ch. 8; CA, p. 1696-1697。亞里斯多德描述歐多克斯的模型以及他所設定的球殼，又提到卡利帕斯在每個行星的球殼中插入一個，其目的是為了避免球殼的運動相互干擾。

8 Aristotle, *Metaphysics*, Book XII, Ch. 8; CA, p. 1697。

9 很多古代科學史著、數學史著與天文學史著，都有介紹他的事蹟與方法。

10 目前已有英文節譯本 *Ptolemy's Geography: An Annotated Translation of the*

Theoretical Chapters, tr. by Berggren and Jones。托勒密的《地理學》與今天所理解的「地理學」（人文地理與自然地理）不太相同，它其實是建立一個繪製地球地圖的方法論，所以英譯者也用另一個名 稱《繪製世界地圖指南》(Guide to Drawing a Map of the World) 來譯它，維基百科直譯成《地理學指南》不甚精確，宜做「地圖繪製學指南」。

11 Epicycle 傳統上被譯成「本輪」，deferent 被譯成「均輪」。不知為何如此翻譯？我在此把 epicycle 改譯成「副輪」，而 deferent 譯成「主輪」。

12 Ptolemy (1990), *The Almagest*, Book 3, ch. 3, p. 86。

13 托勒密在第九冊與第十冊分別處理水星及金星的軌道與異常運行問題。他的處理涉及到許多技術性細節，例如調整主輪與副輪的運轉速度去配合觀察數據。一個簡明的介紹可參看孔恩的《哥白尼革命》一書 (Kuhn 1957: 64-65 & fig. 21)。

14 英 文 方 面，參 看 Saliba, George (1994). *A History of Arabic Astronomy: Planetary Theories during the Golden of Age of Islam*，中文方面參看戴東源 (2007)。

15 Geography 和 cartography 的差異在於前者是針對整個地球，但後者可以只侷限在區域上。區域製圖可以直接使用平面圖，因為區域也許沒有大到受地球曲率的影響。Geography 既然針對全球地圖，又因為地球是圓的，所以必須考慮的幾何構形更為複雜。

16 以下討論主要參考 Taub (1993), pp. 129-133。

17 轉引自 Taub (1993), p. 130。

18 參看 Lindberg (1992), Ch. Six, pp. 111-131。

第八問　如何調和理性與信仰？中世紀的科學

1 本章關於中世紀科學（知識）的論述，本書「問題發展框架」提供了編史的骨架，而其內容血肉則由下列史著來提供 :Crombie (1979), *Augustine to Gallileo*, Vol. I Science in the Middle Age: 5th to 13th centuries; Vol. II *Science in the Later Middle Ages and Early Modern Times*. 本書於 1952 年初版，1961 年出修訂擴大版 ;1979 年哈佛大學再印。這是一套兩冊合集，總頁數超過七百頁，是目前討論中世紀科學知識內容最豐富的英語文獻。其它文獻有 Crombie (1953), Lindberg (ed.)(1978), Hall (1988), Lindberg (1992), Huff (1993)，以及中文翻譯的柯普斯登神父的 《西洋哲學史》 （黎明） 第二冊與第三冊。

2　Lindberg (1992), *The Beginning of Western Science* 以一章篇幅 (第八章) 討論伊斯蘭科學；Huff (1993), *The Rise of Early Modern Science: Islam, China, and the West* 以更多篇幅（第二和第 三章）討論伊斯蘭科學。

3　大自然或自然是「神造的」，所以針對神造事物的思辨知識，也就是「自然知識」、「自然哲 學」。

4　Lindberg (1992), *The Beginning of Western Science*, p. 208.

5　參看維基百科「博雅教育」一詞條目 (https://zh.wikipedia.org/wiki/ 博雅教育)。

6　他也是義大利的哲學家、中世紀哲學專家兼小說家。《玫瑰的名字》是一本以中世紀一座虛構的大修道院為背景的小說，描述教士因為追求「禁忌的知識」而被謀害。一位具敏銳思辨能力的教士應邀前該修道院偵察謀殺案件的凶手，結果揭發了許多駭人聽聞的內幕。這本小說生動地描繪中世紀修道院生活的狀況。

7　阿拉伯科學對於西歐科學的貢獻，可參看 Hall (1988), *A Brief History of Science*, chapter 5 的 簡潔描繪。以下譯出一些段落 (Hall 1988, pp. 63-65) 以供讀者瞭解西歐如何受益於阿拉伯學 術：「……伊斯蘭教創建於阿拉伯人（Arabia）之手，它的日曆始於公元 622 年，默罕默德與他的第一批學徒從麥加（Mecca）撤退到麥地那（Medina）那一年……阿拉伯人以驚人的速率變成世界上科學、學識與文學的最大承載者。……今天再發現的伊斯蘭生活所達到的廣大範圍，少數是優雅與開暇的希臘從不知道的，最頂峰時的羅馬則幾乎無法與之並駕其驅。」(p.63)「在知識上，伊斯蘭教像歐洲一樣是向希臘與羅馬尋求遺產。但情況相當不同！從首度征服起，伊斯蘭即有許多博學之士；古代的寶藏保存在希臘化的羅馬治下。況且，很多古代哲學與科學已被翻譯成敘利亞語與波斯語，一般穆斯林都可掌握這兩種語言。……兩位偉大的哈里發——伊斯蘭的政治與宗教領袖之名稱，慷慨地贊助書籍從敘利亞文、波斯文、希臘文甚至印度文翻譯成阿拉伯文。在他們的激勵下，巴格達變成世界上最具嚴格心靈的城市，並沒有多久，其他較次要的學術中心也紛紛興起而榮耀了伊斯蘭帝國。」(p.64)「……阿拉伯的科學是個國際性的企業，因為所有促成阿拉伯科學興起的並不全是阿拉伯人甚至穆斯林。最偉大的阿拉伯 科學家亞維塞納 (Avicenna, 980-1037) 是個波斯人，有時以母語寫作。最偉大的伊斯蘭哲學家亞維洛艾（Averroes, 1126-1198）生於西班牙的柯多瓦（Cordova），而且在此過了大半輩子。……伊斯蘭世界的每個民族與宗

教，都對科學的發展做了自己那部分的貢獻，最終對中世紀歐洲的知識生活做出了貢獻。伊斯蘭也引用了印度的數學與天文學知識，一個明顯的例子是借用印度數字，今天變成歐洲的『阿拉伯』數字。」(pp. 64-65) 其他文獻如 Lindberg (1992) 與 Huff (1993) 提供了更詳盡的介紹。

8 這位自然哲學家是 14 世紀的歐瑞姆 (Nicole Oresme)，Crombie (1979, pp. 89-95) 中有非常細詳盡的討論，參看下文。

9 參看 Crombie (1953), *Robert Grosseteste and the Origins of Experimental Science*, chs. 3-7。

10 參看柯普斯登著（1988），莊雅棠譯，《西洋哲學史：卷二，中世紀哲學》。黎明出版社，第 2-8 章。

11 Lindberg (1992), pp. 218-223; 也看柯普斯登著 (1988)，莊雅棠譯，《西洋哲學史：卷二， 中世紀哲學》。黎明出版社，第 42 章〈拉丁的亞維洛艾主義〉。

12 阿奎納哲學的一個完整討論可參看 Copleston, F., *A History of Philosophy*, vol.2: *Medieval Philosophy*，中譯本柯普斯登著，莊雅棠譯，《西洋哲學史：卷二，中世紀哲學》。黎明出版 社，第 31-41 章。

13 這是一種「外在目的論論證」，與亞里斯多德本身的「內在目的論」不一樣。

14 關於一般性的「主義」或「學派」的特徵，可參看 Chen (2018), Who are Cartesians in Science? *Korean Journal for the Philosophy of Science*, 21(1): 1-37。

15 中世紀很早就有所謂的「共相（性）之爭」（universal debate）：亦即在個體與種類的實在性之爭論。不同的個體為何會被歸為一類？乃是因為它們共有（分享）同一共相之故。實在論（如柏拉圖的理型論）主張共相獨立於個體而存在，是實在的，個體只是模仿共相；本質論或亞里斯多德的形式論（20 世紀的數學哲學爭論中的「直觀主義」對應了這一派），主張共相（本質）並不能獨立存在，而是存在於個體之中，即個體中的本質；唯名論則主張共相根本不存在，真正存在的只是個體，我們是根據相似原則把不同個體歸到一個名稱之下，讓它們好像是一類（數學哲學中的「形式主義」對應了這一派）。科學史家霍爾說「亞里斯多德主張共相 是概念，真實地存在於心靈中」("Aristotle taught that they (universals) were concepts, having a real existence only in the mind." Hall, 1980: 85) 這個說法不甚正確。事實上，亞里斯多德是主張形式、本質（共性）存在於

個體之中，而非如柏拉圖所想般的那種獨立分離於個體的「理型」。一些哲學史書籍也以概念論來代替本質論。所謂概念論是指共相是心中的概念；這是因為心中的理智直觀掌握了個體中的本質，而形成了普遍概念。因此，心中的概念是依據個體的本質這種客觀基礎而來的。然而，心中的概念才是共相並非亞氏的重點，因為心靈的「概念」與概念的「概念」是屬於近代哲學的產物。對亞氏來說，他比較在乎個體間的共同形式 —— 即本質。

16 漫步學派是由於亞氏在其所創建的學園中漫步遊走、傳授學徒而得名。

17 本節參考 Crombie (1979), Debus (1978), Lindberg (1992) 等書相關部分介紹。

18 Crombie (1979), p. 67。克隆比表達成 v = f-r。可是，這裡的等號其實是「成正比」的意思，不能理解成數量上的相等。

19 Crombie (1979, p. 71) 與 Hall (1988, p. 88) 都表為 $v \propto \log (f/r)$ 或 $v = \log (f/r)$ 可能有點問題，因為它沒有清楚標示底與積是哪一個。嚴格說來，這個運動定律應該表為 $nv=K(f/r)^n$，其中 K 是一個未知常數，所以使用對數表達，應該是 $n=\log_{(f/r)} nv/K$ 才對。當然，在 14 世紀時，對數運算與符號還沒有發明，所以其實也不適宜用對數符號來表達此公式。Lindberg(1992, pp.306-307) 的說明比較正確。

20 Hall (1988), *A Brief History of Science*, p.89;Lindberg (1992), p.300。

21 從菲羅波諾士的觀點到衝力理論，有一個漫長複雜的發展歷程，有許多自然哲學家與運動理論家參與概念爭辯，參看克隆比的詳細梳理 (Crombie 1979: 61-97)。本章只著重在問題的發展與最重要的自然哲學及他們對於問題的回答。

22 出於布里丹著 *Quæ stiones super Octo Libros Physicorum Aristotelis*(《亞里斯多德物性學第八 冊的問題》)，轉引自 Crombie (1979), p. 81。

23 同上，轉引自 Crombie (1979), p. 82。把上述兩段話合起來看，衝力似乎有點像近代科學的「動量」(由質量乘以速度來定義)，克隆比就直接說物體衝力的測量是物質量乘以其速度。不過，在我看來，這樣未免推得太快。在相關文本中，布里丹並沒有明確說到衝力的測量。換言之，在中世紀時，像「質量」、「速率」、「推力」這些「物理量」的量化概念都沒有很明確。

24 同上，轉引自 Crombie (1979), p. 83。

25 同上，轉引自 Crombie (1979), p. 84。

26 同上，轉引自 Crombie (1979), p. 85。

27 他的駁論預示了 17 世紀科學革命家伽利略的許多觀念與論證。

28 參看 Crombie (1979), pp. 91-96。

第九問　徵象能揭露自然嗎？文藝復興的徵象主義與化合哲學

1　注意，這種歷史分期是任意的，史家慣以「整數年代」來為歷史分期。然而，我們要注意歷史人物與事件，並非可用一個特定的年代來截然區分。另一種可能的歷史分期是把《論天體運行》視為「近代科學」的開端，之前才屬於文藝復興。可是，考慮到《論天體運行》仍有它保守的一面，以及「哥白尼革命」不是哥白尼一人的貢獻，其他重要貢獻者如克卜勒與伽利略，都在 17 世紀才發表他們的重要著作，所以本書採整數區隔法，把文藝復興時期界定到 1600 年止。

2　「徵象主義」又可音譯成「赫密斯主義」。其字根源自 Hermes，即希臘天神信使神，祂是「訊息」的使者。在赫密斯傳統看來，所謂的訊息隱藏在自然的徵象或徵兆中，必須透過某種特殊、神秘的方法來解讀詮釋它。故本書直接意譯成「徵象主義」。徵象主義者相信他們的源頭埃及神是 Hermes Trismegistus，即「三倍偉大的赫密斯」，據說他是許多神聖文本的作者。研究「赫密斯傳統」的先驅者是葉茲（Frances Yates），她在 1964 年出版的《布魯諾與徵象傳統》(*Giordano Bruno and the Hermetic Tradition*) 一書分析了徵象主義與布魯諾思想中徵象主義的一面。

3　「化合哲學」這個用詞來自科學史家德布斯（Allen G. Debus）的著作《化合哲學:16 與 17 世紀的帕拉塞瑟斯主義者與醫學》(*The Chemical Philosophy: Paracelsian and Medicine in the Sixteenth and Seventeenth Centuries*, 1977)，這是一本二合一、六百多頁的鉅著，詳盡地處理了文藝復興時期、對徵象主義與化合哲學有最大貢獻的自然哲學家帕拉塞瑟斯學派之發展與演變。

4　例如，丹皮爾只花了一頁篇幅談帕拉塞瑟斯 (Dampier , 1929: 115)，吳爾夫則不到一頁 (Wolf, 1935: 325)，他們在「醫學化學」（iatro-chemistry）的名目下簡論帕拉塞瑟斯的成果。50、60 年代的自然哲學史觀科學史家如 Dijksterhuis (1950: 279-281) 使用一小節兩頁多篇幅討論帕拉塞瑟斯，並論及「徵象傳統」。霍爾 (R. A. Hall) 用了更多篇幅，特別在「化學」部分。

5　Debus (2002), Preface to Dover Edition, *The Chemical Philosophy: Paracel-*

sian and Medicine in the Sixteenth and Seventeenth Centuries, p. ix。

6　Debus (1978), *Human and Nature in the Renaissance*, p. 2.

7　擁有牛頓煉金術手稿的 20 世紀經濟學家凱因斯（John Maynard Keynes）與一些科學史家如威斯特佛（Richard Westfall）及杜伯斯（Betty Jo Dobbs）就認為，牛頓其實可以稱為「最後的巫師」the last magician）。可是，牛頓的這些手稿所揭示的思想，與他的數學（微積分）、天文學、力學思想有什麼重要的關係呢？雖然牛頓煉金術專家杜伯斯 (Dobbs [1991], *The Janus Faces of Genius: The Role of Alchemy in Newton's Thought*) 極力強調兩者的關聯，然而在我看來，兩者之間的關係不大，這一點將在本書姐妹作《大科學革命》中討論。

8　Debus (1978), *Human and Nature in the Renaissance*, p. 11-15.

9　在這一點上，霍爾的看法相當具代表性，他認為帕拉塞瑟斯「不是任何意義上的現代心智」（Hall , 1954, *The Scientific Revolution*, p. 309），他是「別具一格的狂人，把他描繪成大科學革命的先鋒是徒勞無益的」。(Ibid, p. 73)。德布斯則提出針鋒相對的說法：「帕拉塞瑟斯可被視為大科學革命的先鋒。」(Debus, 1978: 15)

10　這個誤導可能源自孔恩的「典範」概念與傅柯 (Michel Foucault, 1926-1984) 在 1966 年出版、十分有影響力的《詞與物》（Michel Foucault, 1966, Les mots et les choses: *Une archéologie des sciences humaines*），英譯名稱為《事物的秩序》（*The Order of Things: An Archaeology of the Human Sciences*）。因為傅柯主張在不同的時代（如文藝復興、古典時代、19 世紀等等），分別有一個主導的「知識型」（episteme），即一個構成知識的特定原則，以及由此原則所構成的知識類型，例如文藝復興時代被認為構成知識的基本原則是透過徵象的類比。

11　帕拉塞瑟斯生前出版的作品很少，死後卻引發長期的爭辯，但主要發生在醫療領域。參看 Debus (2002/1977), *The Chemical Philosophy*, ch. 2 & ch.3。

12　Hall (1980), *A Brief History of Science*, p. 84。

13　參看 Lindberg (1992), *The Beginning of Western Science*, p. 287-290。

14　討論煉金術的科學史著並不多，而且多半很簡短，如 Hall (1980)、Lindberg (1992)、Levere (2001) 等。不過，早在 1967 年就有瑞士科學史家的相關專著，但 1997 年才被譯成英文，見 Titus Burckhardt (1997), *Alchemy: Science of the Cosmos, Science of the Soul*. Tr. by William Stoddart。2012 年

又有一本科學史專著，Lawrence Principle (2012), *The Secrets of Alchemy.* The University of Chicago Press.

15 注意，在現代化學中，糖水仍然是「混合物」，而不是「化合物」。現代化學的化合物的例子是氫氣與氧氣結合形成水。

16 西方煉金術一直與中國道教的煉丹術相提並論。很多觀念也很像中國道教的煉丹術。物質轉變的部分相當於道教的「外丹術」，精神性的轉變部分則類似道教的「內丹術」。

17 徵象最恰當的英文字應該是 symptom，為自然的徵候、徵兆的意思。不過，sign, symbol, signature, symptom 這些英文名稱常被混用，從現代眼光來看，我們可以建立一個更有系統的用法，精確界定這些英文詞的意義範圍，即 sign 指用來表達其他對象的事物，可以是自然的、也可以是人為的。symbol 則可視為人為的記號，參看陳瑞麟 (2005)，《邏輯與思考》第二章。不過，文藝復興時期並沒有這樣鮮明的區分。

18 Michel Foucault (1966), *Les mots et les choses: Une archéologie des sciences humaines*。英譯名稱為《事物的秩序》(*The Order of Things: An Archaeology of the Human Sciences*)。

19 以下諸點參看 Debus (1978, 2002);Vickers, Brian (1984)(ed.), *Occult and Scientific Mentalities in the Renaissance*. Cambridge: Cambridge University Press. Shea, William (1988)(ed.), *Revolutions in Science*. Science History Publications. 中關於帕拉塞瑟斯的幾篇論文。

20 關於「巫術」的討論，參看第一問。

21 「物理學家」（physicist）這個字則產生於大科學革命之後，在物質世界觀的觀念下，物理學家研究的「自然」（physis）不再是活生生的，而只是無生命的物質。

22 德布斯（Debus 1978, p. 15）認為文藝復興時的數學，一方面促成了理性數學的發展（使用數學來研究自然，以及數學本身的代數與幾何之發展）；另方面也造成了種種類似畢達哥拉斯的「數神秘主義」（number mysticism）。不過，我並不贊同它促成理性數學發展這種觀點，我的評估見下一問。

23 帕拉塞瑟斯死於 1541 年。目前已知他在 1537 年出版一部著作，其他十幾部著作出於 1565 年到 1618 年之間，超過二十部。見 Jacobi, Jolande (ed.), Guterman, Norbert (tr.), *Paracelsus: Selected Writings*. Princeton University Press, 1979), Bibliography, pp. 267-268。

24 本節所據的文本為普林斯頓大學出版社在 1979 年出版的帕拉塞瑟斯作品選集英文譯本，由 Jolande Jacobi 編輯、Norbert Guterman 翻譯的 *Paracelsus: Selected Writings*。這本選集從帕拉塞瑟斯的大量著作中擷取相關文字，依七大主題匯集成一本系統性的精簡著作，使讀者得以一窺他的奇特思想之全貌。這七大主題分別是「人（Man）與被創造的世界」、「人與他的身體」、「人與工作」、「人與倫理」、「人與精神」、「人與命運」、「上帝，永恆之光」。由於帕拉塞瑟斯的作品不具系統性，因此一個系統性的重建是有必要的，雖然重建本是編輯作品，多少反映了編輯者的詮釋與觀點，但是文本本身是帕拉塞瑟斯本人的，因此這種重建作品仍然可以反映他的思想特色。

25 *Paracelsus: Selected Writings*, p. 14。

26 這裡的鹽，並不是指食鹽 —— 氯化鈉。目前化學上的鹽類，泛指酸中可游離的氫離子，被金屬元素或相當的原子團所取代的化合物。鹽類一般是酸鹼中和後的產物。

27 Paracelsus: *Selected Writings*, p.18-19。第 19 頁同段，帕拉塞瑟斯甚至說天與地以及人體都是由硫磺、水銀與鹽這三種元素（英譯為 primordial substances）構成的。

28 *Paracelsus: Selected Writings*, p. 23。

29 *Paracelsus: Selected Writings*, p. 40。

30 *Paracelsus: Selected Writings*, p. 154。

31 *Paracelsus: Selected Writings*, p. 121-122。

32 *Paracelsus: Selected Writings*, p. 50。

33 *Paracelsus: Selected Writings*, p. 77

34 *Paracelsus: Selected Writings*, p. 60。

35 *Paracelsus: Selected Writings*, p. 141-143。

36 *Paracelsus: Selected Writings*, p. 144。

37 *Paracelsus: Selected Writings*, p. 144。

38 *Paracelsus: Selected Writings*, p. 52。

39 Debus (1978), *Human and Nature in the Renaissance*, pp. 24-25。

40 Debus (1978), pp. 26-27。

41 有時德國的古騰堡（Johannes Gutenberg, 1400-1468）被認為是西歐鉛版活字印刷術的發明人，年代大約在 1447-1455 之間。可是，要注意西歐的活字印刷紀錄其實在 14 世紀末就出現了。然而中國科學史紀錄顯示，

公元 1000 多年時，北宋的畢昇就發明了活版印刷。因此，有人認為活字印刷術或許不是古騰堡的發明，而是西歐人根據傳教士帶回中國的印刷術，經過一連串的改良，到了古騰堡的手中。古騰堡發明了金屬模，可以鑄造鉛字，再改良相關工具，組成方便的印刷機器，使得大量生產書本變得可能。古騰堡其實是活字印刷機的改良與推廣人。這個過程的一個簡短描述，參看 A. C. Crombie (1979/1952), *Augustine to Galileo*. Vol. 1 (Harvard University Press), pp. 208-209。

42 Debus (1978), pp. 4-6。

43 Debus (1878), p. 4。

第十問　宇宙的中心在哪裡？文藝復興的新宇宙論和新天文學

1　關於「科學革命」概念的起源與檢討，參看陳瑞麟 (2018)，〈科學革命與典範轉移〉，《華文百科全書》（王一奇主編）。也看本書姊妹作《大科學革命：近代西方科學世界觀的形成》。

2　本書有英譯本，由 Jasper Hopkins 譯出，*Learned Ignorance*. Minneapolis: The Arthur J. Banning Press. 可於網路上下載，見網址：http://jasper-hopkins.info/DI-I-12-2000.pdf。夸黑 (2018) 的《從封閉世界到無限宇宙》（中譯本）有非常詳盡的引證與討論。

3　Koyré (1957) 的中譯本，夸黑 (2018)，《從封閉世界到無限宇宙》，頁 46-47。

4　轉引自 Koyré (1957) 的中譯本，夸黑 (2018)，頁 46。

5　轉引自 Koyré (1957) 的中譯本，夸黑 (2018)，頁 47。

6　Koyré (1957) 的中譯本，夸黑 (2018)，頁 48。

7　轉引自 Koyré (1957) 的中譯本，夸黑 (2018)，頁 54。

8　轉引自 Koyré (1957) 的中譯本 (2018)，頁 56-57。

9　Kuhn (1985/1957), Ch. 1 & Ch. 7。

10　夸黑指出哥白尼知道尼可拉的作品，但似乎沒有受到他的影響。見夸黑 (2018)，頁 53。

11　這意謂著，科學家的認知評價是推動科學進展與變遷的核心因素，參看陳瑞麟 (2012)《認知與評價》一書的論證。

12　台灣、中國、華人文化區與許多亞洲國家仍然慶祝陰曆新年，又稱「春節」。不過，台灣目前使用的陰曆又稱「農曆」，其實是一種陰陽混合的年曆。所謂「陰陽混合」是指二十四節氣由太陽運動來定義，但一年

則仍根據月亮的盈虧周期來設定，這個年曆本身甚至也是在西方天文學家（耶穌會士如湯若望與南懷仁）的協助下建立的。參看祝平一 (2015)，〈農曆：文化混種〉，《歷史學柑仔店》(https://kam-a-tiam.typepad.com/blog/2015/04/農曆文化混種.html)。

13 除了理論效果外，對亞里斯多德理論的批判與另類理論的提議，衝擊了教會認證的知識權威，使得人們感到另類知識的可能性。這創造出一種知識的社會氛圍。其他社會需求因素還有航海與探險的要求。15、16 世紀是個航海探險時代，歐洲人紛紛航向大洋，尋找新土地與新航線。要想安全與成功的航海，需要更精確的地圖與航海技術（在大海中定位等），而這些技術又部分依賴於天文知識，因此這些需求也強化了尋求新天文學的動機。況且，航海家每次探險回來，就發現了新領地、新產品與新人種。這些新發現使得歐洲人很快地理解古代人、甚至身為地理學權威的托勒密對於世界的錯誤描述。托勒密在天文學與地理學兩方面都是權威，既然托勒密在地理學已犯了許多錯誤，他的天文學難道就不會出錯？

14 衝力理論家布里旦說：「當上帝創造世界時，他盡興地移動每個天體，把衝力加在天體上，以衝力移動天體，如此就不需要再持續推動它們。他施加在天體上的衝力既不減少，也不會被破壞，因為天體並沒有其他運動傾向，天上也沒有阻抗會抑制或破壞衝力。」歐瑞姆則說：「上帝將一定的衝力施加在天體上，正如他把重性施加在地面的每個物體上。……這就好像一個人造了一座鐘，然後使它開始運行。」（轉引自 Kuhn (1985/1957), pp. 121）也參看第七問。

15 新柏拉圖主義在哥白尼革命的發展與進行中也扮演著非常重要的角色，例如革命的關鍵人物之一克普勒（Johannes Kepler），就明顯透露出新柏拉圖主義與太陽崇拜的基調：「太陽是光的泉源，富含豐饒的熱，它最公平、清澈、對視覺而言最純粹、是視覺的來源……我們回到太陽是最正確的，藉著它的尊嚴與權力，它獨自顯現了適合它的責任，它值得變成上帝 —— 第一動者的家。」（轉引自 Kuhn (1985/1957), p. 131）

16 《論天體運行》，第一冊，第十章，英譯本，pp. 527-528。

17 關於哥白尼的生平，一本很有價值的文獻值得一提。17 世紀時由在大科學革命中扮演一個重要角色的法國自然哲學家加森迪（Pierre Gassendi）寫了一本《哥白尼的生平》，有英譯與評註本如 Gassendi (2002) 所示。這是一本十分早期的科學家傳記，中文方面則有金格瑞契 (2007) 的《追

蹤哥白尼》一書已被譯出。

18 也參看夸黑 (2018)，頁 69-70 的詳細論述。

19 此圖出自 *De Revolutionibus Orbium Caelestium* 原著。

20 亦可參看 Kuhn (1957, p. 168) 的說明。

21 Kuhn (1985/1957), pp. 1-4。

22 例如 Lakatos (1978), Why did Copernicus's research programme supersede Ptolemy's? In *The Methodology of Scientific Research Programmes*. Cambridge: Cambridge University Press.

23 Kuhn (1985/1957), Ch. 1。

24 夸黑 (2018)，頁 75。

25 早在 1929 年，Dampier 便主張布魯諾是「熱情的泛神論者，公開攻擊一切正統思想，被宗教裁判所譴責，並非因為他的科學，而是因為他的哲學與宗教改革命的熱誠。」(Dampier [1966/1929], p. 113)Hall 認為「布魯諾因為教授多元世界而被火刑；他還是一位宗教秩序的變節者。他相信在我們的宇宙外，我們還可以觀察到其他像我們一樣的宇宙，同樣有神的創造，有不朽的靈魂居住。……它（這種思辨）總是被視為神學上危險的。」(Hall [1954], p. 103) 根據 Blackwell, Lucca, and Ingegno (1998) 編製的年表，布魯諾是因為「否認聖餐是基督血肉、主張世界的無限性、宇宙的永恆性、聲稱摩西與基督不過是巫師甚至是騙子、相信亞當之前有人」等等八個命題，而被教會送上火刑台。不過，仍有科學社會史家葉慈提出異議：「因此，布魯諾是以哲學思想家身分被處死，因為他無數世界或地球運動的大膽論點而被焚燒的傳奇，不再能成立了。」(Yates [1964], p. 353)「因此，如果教會譴責布魯諾的異端包括他的哲學論點，教會完全有權利去做譴責，因為那些哲學論點與異端不可分離。」(Yates [1964], p. 356)。布魯諾的著作受到貝拉明主教 (Cardinal Ballarmine，他也是伽利略審判的審查者) 的審查，列出八條異端命題，雖然今天已無法找到原始報告，但是葉慈提到另一份文件，指出貝拉明可能列出的命題包括無限宇宙、人類靈魂創造的模式、地球的運動、其他星體的天使（居民或外星人）、地球有生命、有無數世界等 (Ibid., p. 354)。這些命題幾乎都是布魯諾的宇宙論，當然也是他的自然哲學。但是，葉慈卻又主張他的哲學論點與異端不可分離。這似乎自相矛盾。問題可能在於葉慈極力想證明布魯諾是個徵象主義者，他的思想與宇宙論完全被徵象主義滲透，是徵象主義成分觸怒了教會。言下之意是，徵象主義者應該行事隱秘，

但布魯諾卻公然宣揚，於是造成這椿悲劇。在我看來，儘管布魯諾的思想中有一些徵象主義成分，但很難把他看成像帕拉塞瑟斯那樣道地的徵象主義者，他們的思想差異性實在很大，這部分參看下文更多討論。我認為，布魯諾的宇宙論 —— 特別是在我們的世界外有無數世界，住著無數居民，十分冒犯教會 的信仰，加上布魯諾堅持自己的「真理」，不像其他人一樣以「假設」的思考模式來規避與教會正統的牴觸，這些應該都是導致他最後遭遇的因素。

26 布魯諾讚美哥白尼的工作，但認為他只是個數學家，無法理解自己發現的深層意義。當然，因為哥白尼並沒有發展出布魯諾的「無限宇宙」觀念。

27 De l'infinito universe e mondi 是義大利文，有兩種理解方法。第一種是把 infinito 理解成名詞，另一種是把它理解成形容詞。參看英譯者 Scott Gosnell 對標題的討論，見 Bruno (2014), *On the infinite, the universe and the worlds* (Huginn, Munnin & Co., Publishers), p. 6, fn. 1。Gosnell 取第一個理解，故譯成 *On the infinite, the universe and the worlds*，即「論無限、宇宙與諸世界」， 理由是布魯諾有討論 infinity，而不只是無限宇宙。本書取第二個理解，即 *The infinite university and worlds*，意指「無限宇宙與無數世界」，因為魯諾的討論重點在於無限的宇宙。但以下引文出自 Gosnell 的譯本，故參考文獻書名使用他的譯名。

28 如《聖灰星期三晚餐》(*La Cena de le Generi, The Ash Wednesday Supper*, 1584) 與《論起因、原理與統一》(*De la causa, principio et uno*, 1584)，英譯本 *On Cause, Principle, and Unity and Essay on Magic*, tr. and eds. by Richard J. Blackwell and Robert de Lucca (1998). Cambridge University Press.

29 Bruno (2014). *On the infinite, the Universe and the Worlds*, p. 65。

30 Bruno (2014). *On the infinite, the Universe and the Worlds*, p. 65。

31 Bruno (2014), p. 37-38。

32 Bruno (2014), p. 44。

33 布魯諾對於個別天體的想像繼承自庫薩的尼可拉，在《無限宇宙與無數世界》中也直接引用尼可拉的描述 (Bruno [2014], pp. 107-108)，可是，尼可拉想像的世界，是類似我們太陽系一樣的世界，其中有像我們太陽的星體、像月球的、像地球的等等 (Bruno[2014], pp. 116-117)。 也可參考夸黑 (2018) 頁 87-91 的討論。

34 夸黑 (2018)，頁 80。

35 布魯諾說：「如果這個天界、這個無限的氣以及無際，是無限宇宙的一部

分，那麼它不只是一個世界，也不是世界的一部分，而是所有世界都內在於這無限場域的庇護內。在其中，它們存在、移動、生活、成長而且被維繫，而且在宇宙中盛衰興亡，也在宇宙中生產孕育、生養維繫它們的居民與動物……是以這些世界的每一個都是一個中心，所有部分、每一個適性物都朝向著它。」(Bruno [2014], p. 132)

36 Bruno (2014), p. 132。

37 夸黑 (2018)，頁 79-82。

38 夸黑沒有使用這個詞。

39 例如 1582 年出版的《論觀念的陰影和記憶的藝術》(*De Umbris Idearum, On the Shadow of Ideas and The Art of Memory*, Tr. by Scott Gosnell [2013]) 與 1588 年出版的《論巫術》(De Magia, On Magic, tr. and ed. by Richard Blackwell [1998]. *Causality, Principle and Unity and Essays on Magic*)

40 科學社會史家葉茲力圖追溯布魯諾的生平學術旅程與人際互動，來證明布魯諾深受徵象傳統的影響，她結論說：「布魯諾是個十足的巫師（magician）、一個『埃及人』，以及一個最透徹的徵象主義者，對他而言，哥白尼的太陽中心性是巫術宗教回歸的先鋒……」又說：「布魯諾的世界觀，顯示世界的徵象脈動之擴張與強化可演化出什麼東西來。透過對哥白尼與拉克略修的徵象主義解釋，布魯諾達到他那驚人的見識：反映在自然中的神性無限延伸。」(Yates (1964), pp. 450-451.) 葉茲對布魯諾的解釋實在偏頗，她完全忽略了早期思想史家如樂夫裘與夸黑的解釋，也完全忽略了庫薩的尼可拉，她也沒去詮釋並分析布魯諾關於宇宙論方面的論著，如《無限宇宙和無數世界》等。

參考文獻

卡里耶爾著，林懷民譯（1996），《摩訶婆羅達》「作者序」。台北：時報
　　出版。

加來道雄著，蔡承志、潘恩典譯（2013），《穿梭超時空》。台北：商周。
　　譯自 Michio Kaku (1995), Hyperspace: *A Scientific Odyssey Through Par-
　　allel Universes, Time Warps, and the 10th Dimension.* Anchor Press.

呂大吉主編（1993），《宗教學通論》。台北：博遠出版社。特別第四章第
　　一節〈巫術〉部分。

弗雷澤著，汪培基譯（1991），《金枝：巫術與宗教之研究》。台北：桂冠。
　　譯自 J. G. Frazer (1922). *The Golden Bough.*

伊姆斯著，歐陽絳翻譯（1997），《數學史概論》。台北：曉園。譯自
　　Eves, Howard (1989). *An Introduction to History of Mathematics*, 6th ed.

夸黑著，陳瑞麟、張樂霖譯（2018），《從封閉世界到無限宇宙》第二
　　版。台北：商周。2005 年第一版。譯自 Koyré, Alexander (1968/1957).
　　From the Closed World to the Infinite Universe. Baltimore: The John Hop-
　　kins University.

坎伯著，朱侃如譯（1995），《神話》。台北：立緒。譯自 Joseph Campbell
　　and Bill Mayers (1988). Myth. Apostraphe S production, Inc.

坎伯著，朱侃如譯（1997），《千面英雄》。台北：立緒。譯自 Joseph
　　Campbell (1949). *The Hero with a Thousand Faces*. Princeton: Princeton
　　University Press.

李福清（B. Riftin）著（1998），《從神話到鬼話：台灣原住民神話故事比
　　較研究》。台中：晨星出版社。

林聰源編著（1995），《數學史 —— 古典篇》。新竹：凡異出版。

金觀濤、王軍銜合著（1989），《悲壯的衰落：古埃及社會的興亡》。台北：
　　風雲時代。

金格瑞契著（2007），賴盈滿譯，《追蹤哥白尼》。台北：遠流。譯自
　　Owen Gingerich (2004). *The Book Nobody Read: Chasing the Revolutions*

of Nicholaus Copernicus. Walker & Company.

哈拉瑞著，林俊宏譯（2014），《人類大歷史》。台北：天下。譯自 Harari, Yuval N. (2012). *Sapiens: A Brief History of Humankind*. Harper Perennial Press.

柯普斯登著（Copleston, Frederick）（1984），傅佩榮譯，《西洋哲學史：卷一，古希臘哲學》。台北：黎明出版社。

柯普斯登著（1988），莊雅棠譯，《西洋哲學史：卷二，中世紀哲學》。台北：黎明出版社。

柯普斯登著（1988），陳俊輝譯，《西洋哲學史三：中世紀哲學（奧坎到蘇亞雷）》。台北：黎明出版社。

威爾·杜蘭著，幼獅文化編譯（1995），《世界文明史：卷一埃及與近東》。台北：幼獅。1972 年初版。

威爾·杜蘭著，幼獅文化編譯（1995），《世界文明史：希臘的興起》。台北：幼獅。

宮布里奇著，雨云譯（1997），《藝術的故事》。台北：聯經。譯自 Gombrich, E. H. (1995), *The Story of Art*. Phaidon Press.

荷馬著，曹鴻昭譯（1985），《伊利亞圍城記》。台北：聯經。

祝平一（2015），〈農曆：文化混種〉，《歷史學柑仔店》。網址：https://kam-a-tiam.typepad.com/blog/2015/04/ 農曆文化混種 .html。2019 年 3 月 29 日檢索。

泰森、史特勞斯、戈特合著，蘇漢宗、高文芳、蔡承志譯（2017），《觀念天文學》。台北：天下出版。

基辛著，張恭啟、于嘉雲譯（1991），《人類學緒論》（當代文化人類學分編之一）。台北：巨流。譯自 Roger M. Kessing (1976). *Cultural Anthropology: A Contemporary Perspective*.

陳瑞麟（2007），〈狀態的限定：從模型觀點為歷史限定論辯護〉，《政治與社會哲學評論》第 23 期，頁 89-122。

陳瑞麟（2010），《科學哲學：理論與歷史》。台北：群學。

陳瑞麟（2012），《認知與評價》。台北：台大出版。

陳瑞麟（2014）的〈革命、演化與拼裝：從 HPS 到 STS，從歐美到台灣〉，《科技、醫療與社會》第十八期，頁 281-334。

陳瑞麟（2017），〈占星學的巫術性和科學性〉，見臉書「陳瑞麟的科哲絮語」網誌。網址：https://www.facebook.com/notes/ 占星學的巫術性與

科學性 /599478960232669/　2019 年 3 月 29 日檢索。

陳瑞麟（2017），〈怎麼樣才算是科學？或者，一門學問的科學性程度有多高？〉，見臉書「陳瑞麟的科哲絮語」網誌。網址：https://www.face-book.com/notes/ 怎麼樣才算是科學？或者，一門學問的科學性程度有多高？ /805726352941261/ 。2019 年 3 月 29 日檢索。

陳瑞麟（2018），〈科學革命與典範轉移〉，王一奇主編，《華語哲學百科》。網址：http://mephilosophy.ccu.edu.tw/entry.php?entry_name= 科學革命與典範轉移　。2019 年 3 月 29 日檢索。

陳瑞麟（2019），〈科學編史方法學〉，《華語哲學百科》。準備中。

傅大為（2014），〈孔恩 vs. STS 的興起：《科學革命的結構》五十年的驀然回首〉，《科技、醫療與社會》第十八期，頁 29-98。

曾仰如（1989），《亞里斯多德》。台北：東大圖書。

維爾澤克（Frank Wilczek），周念縈譯，《萬物皆數》。台北：貓頭鷹出版社。譯自 *A Beautiful Question: Finding Nature's Deep Design*。

歐幾里德著，藍紀正、朱恩寬譯（1992），《幾何原本》。台北：九章出版社。

蒲慕州（2001），《法老的國度：古埃及文化史》。台北：麥田。

戴東源（2007），〈克普勒之前的天文思想演變〉，《科技、醫療與社會》第五期，頁 111-182。

戴東源（2014），〈孔恩、布洛爾與對稱原則〉，《科技、醫療與社會》第十八期，頁 99-152。

戴蒙著，王道還、廖月娟譯（1998），《槍炮、病菌與鋼鐵：人類社會的命運》。台北：時報出版。譯自 Jared Diamond (1997), *Guns, Germs, and Steel: The Fate of Human Societies*. W. W. Norton & Company.

Abetti (1952), *The History of Astronomy*. New York: Dover Press。

Aristotle (1985). *On Generation and Corruption*. In *The Complete Works of Aristotle*, Vol. I. Ed. by Jonathon Barnes. New Jersey: Princeton University Press, pp. 512-554.

Aristotle (1985). *On the Heavens*. In *The Complete Works of Aristotle*, Vol. I. Ed. by Jonathon Barnes. New Jersey: Princeton University Press, pp. 447-511.

Aristotle (1985). *On the Universe*. In *The Complete Works of Aristotle*, Vol. I. Ed. by Jonathon Barnes. New Jersey: Princeton University Press, pp. 626-640.

Aristotle (1985). *Nicomachean Ethics*. In *The Complete Works of Aristotle*, Vol. II.

Ed. by Jonathon Barnes. New Jersey: Princeton University Press. pp. 1729-1865.

Aristotle (1985). *Meteorology*. In *The Complete Works of Aristotle*, Vol. I. Ed. by Jonathon Barnes. New Jersey: Princeton University Press, pp. 555-625.

Aristotle (1985). *Metaphysics*. In *The Complete Works of Aristotle*, Vol. II. Ed. by Jonathon Barnes. New Jersey: Princeton University Press, pp. 1552-1728.

Aristotle (1985). *Physics*. In *The Complete Works of Aristotle*, Vol. I. Ed. by Jonathon Barnes. New Jersey: Princeton University Press, pp. 315-446.

Aristotle (1985). *Politics*. In *The Complete Works of Aristotle*, Vol. II. Ed. by Jonathon Barnes. New Jersey: Princeton University Press, pp. 1986-2129.

Berggren, J. Leenart and Alexander Jones (2000). *Ptolemy's Geography: An Annotated Translation of the Theoretical Chapters*. Princeton and Oxford: Princeton University Press.

Bernal, J. D. (1971/1954). *Science in History*. Vol 1. Cambridge, Mass.: The MIT Press. First Ed. 1954.

Bowler, peter J. (1989). *The Mendelian Revolution: The Emergence of Hereditarian Concepts in Modern Science and Society*. Baltimore: The John Hopskins University.

Bruno, Giordano (1998). Tr. by Richard J. Blackwell and Robert de Lucca. *Cause, Principle and Unity and Essays on Magic*. Cambridge: Cambridge University Press.

Bruno, Giordano (2013). Tr. by Scott Gosnell. *On the Shadows of Ideas and The Art of Memory*. USA: Huginn, Munnin & Co.

Bruno, Giordano (2014). Tr. by Scott Gosnell. *On the Infinite, the Universe and the Worlds*. USA: Huginn, Munnin & Co.

Burckhardt (1997), *Alchemy: Science of the Cosmos, Science of the Soul*. Tr. by William Stoddart. Baltimore: Penguin Books Inc.

Chen, Ruey-Lin (2018). Who were Cartesian in Science? A Philosophical and Historical Consideration. *Korean Journal for the Philosophy of Science*, 21(1): 1-37.

Copernicus, Nicolaus (1990/1543), tr. by Charles G. Wallis, *On the Revolutions of the Heavenly Spheres*. Encyclopaedia Britannica, Inc. Great Books of the Western World. Chicago: University of Chicago Press. 中譯本，張卜天

譯，《天體運行論》。台北：大塊文化。

Crombie, A. C. (1953), *Robert Grosseteste and the Origins of Experimental Science*, 1100-1700. Oxford: Clarendon Press.

Crombie, A. C. (1979/1952), *Augustine to Galileo, Vol. 1: Science in the Middle Ages, 5th to 13th centuries & vol. 2: Science in the Later Middle Ages and Early Modern Times, 13th to 17th centuries*. Harvard University Press.

Dampier, Sir William C. (1966/1929). *A History of Science and Its Relations with Philosophy and Religion*. Cambridge, UK: Cambridge University Press.

Darden, Lindley (1991). *Theory Change in Science*: Strategies from Mendelian Genetics. Oxford: Oxford University Press

Debus, Allen G. (1978), *Man and Nature in the Renaissance*. Cambridge: Cambridge University Press.

Debus, Allen G. (2002/1977), *The Chemical Philosophy: Paracelsian and Medicine in the Sixteenth and Seventeenth Centuries*. Cambridge: Cambridge University Press.

Dobbs, Betty J. T. (1975). *The Foundations of Newton's Alchemy: The Hunting of the Greene Lyon*. Cambridge: Cambridge University Press.

Dobbs, Betty (1991). *The Janus Faces of Genius: The Role of Alchemy in Newton's Thought*. Cambridge:

Dreyer, J. L. E. (1953). *A History of Astronomy from Thales to Kepler, 2nd. Formerly titled History of The Planetary Systems from Thales to Kepler*. New York: Dover Publications.

Dugás, Rene (1988/1951), *A History of Mechanics*. New York: Dover Publications.

Foucault, Michel (1966), *Les mots et les choses: Une archéologie des sciences humaines*. Tr. by (1994). *The Order of Things: An Archaeology of the Human Sciences*. Vintage Press.

Gassendi, Pierre (2002). Note by Olivier Thill. *The Life of Copernicus (1473-1543): The Man Who Did Not Change the World*. Fairfax: Xulon Press.

Giere, Ronald (1988). *Explaining Science*. Chicago: University of Chicago Press.

Gilbert, William (1990). On the Loadstone and Magnetic Bodies. No. 26.

Grant, Edward (2007). *A History of Natural Philosophy: From Ancient World to the Nineteenth Century*. Cambridge, UK: Cambridge University Press.

Hall, A. Rupert (1954). *The Scientific Revolution, 1500-1800: The Formation of Modern Scientific Attitude*. Boston: The Beacon Press.

Hall, A. Rupert (1963). *From Galileo to Newton*. New York: Dover Publications, pp. 132-154

Hall, A. Rupert & Hall Marie Boas (1988), *A Brief History of Science*. Iowa: Iowa State University.

Hanson, Norwood R. (1965/1958). *Pattern of Discovery*. Cambridge: Cambridge University Press.

Hanson, Norwood R. (1969). *Perception and Discovery: An Introduction to Scientific Inquiry*. San Francisco: Freeman, Cooper & Company.

Hanson, Norwood R. (1973), *Constellations and Conjectures*. Dordrecht, Holland: D. Reidel.

Hess, David (1997). *Science Studies: An Advanced Introduction*. New York: New York University Press.

Huff, Toby E. (1993), *The Rise of Early Modern Science: Islam, China, and the West*. Cambridge: Cambridge University Press.

Jacob, Margaret (1998), Latour's Version of the Seventeenth Century. In Noretta Koertage (ed.). *A House Built on Sand: exposing Postmodernist Myths about Science* (pp. 240-254). Oxford: Oxford University Press

Jacob, Margaret C. (2006/1981). *The Radical Enlightenment: Pantheists, Freemasons, and Republicans*. Lafeyette: Cornerstone Book Publishers.

Kitcher, Philip (1993). *The Advancement of Science: Science without Legend, Objectivity without Illusions*. Oxford: Oxford University Press.

Koyré, Alexander (1978/1939). *Galileo Studies*. Sussex: The Harvester Press

Koyré, Alexander (1968/1957). *From the Closed World to the Infinite Universe*. Baltimore: The John Hopkins University.

Koyré, Alexander (1965). *Newton Studies*. Chicago: The University of Chicago Press.

Kuhn, Thomas (1970). *The Structure of Scientific Revolution*. Chicago: University of Chicago Press.

Kuhn (1977/1968), History of Science. In *The Essential Tension*, pp. 105-126

Kuhn, Thomas (1985/1957). The Copernican Revolution: Planetary Astronomy in the Development of Western Thought. Cambridge, Mass.: Harvard University Press.

Lakatos (1978/1971). "History of science and its rational reconstruction". In *The Methodology of Scientific Research Programme, Philosophical Papers*, vol. 1. Cambridge: Cambridge University Press, pp. 102.

Leakey, Richard (1994). *The Origin of Humankind*. Basic Books Press. 中譯本，李基著，楊玉齡譯（1996），《人類傳奇》。台北：天下出版。

Levere, Trevor H. (2001). *Transforming Matter: A History of Chemistry from Alchemy to the Buckyball*. Baltimore: The John Hopkins University Press.

Lindberg, David (1992), *The Beginning of Western Science: The Europen Scientific Tradition in Philosophical, Religious, and Institutional Context, 600 B.C. to A.D. 1450. Chicago*: The University of Chicago Press.

Lloyd, G. E. R. (1968). *Aristotle: The Growth and Structure of His Thought*. Cambridge: Cambridge University Press. 中譯本，郭實渝譯（1984），《亞里斯多德思想的成長與結構》。台北：聯經。

Mach, Ernst (1960), *The Science of Mechanics: A Critical and Historical Account of Its Development*. Illinois: The Open Court Publishing

Marcus, Herbert. (1991). *One Dimensional Man: Studies in the Ideology of the Advanced Industrial Society*. Beacon Press. First Edition 1964.

Mayr, Ernst (1982), *The Growth of Biological Thought*. Cambridge, Mass.: Harvard University Press.

Merton, Robert K. (1938). *Science, Technology, and Society in Seventeenth Century England* (1938)

Newton (1962). *Mathematical principles of Natural Philosophy and His System of The World*. Tr. by Andrew Motte in 1729 and revised by Florian Cajori in 1920s. New York: Greenwood Press.

Nicholas of Cusa (2000). Tr. by Jasper Hopkins. *Learned Ignorance*. Minneapolis: The Arthur J. Banning Press. Website: http://jasper-hopkins.info/DI-I-12-2000.pdf。2019 年 3 月 29 日檢索。

Paracelus (1979/1951). Ed. by Jolande Jacobi, tr. by Nobert Gyterman. *Paracelus: Selected Writings*. New Jersey: Princeton University Press.

Partington, J. R. (1989/1957). *A Short History of Chemistry*. New York: Dover Publications, Inc.

Plato (1961). *Timeus. The Collected Dialogues of Plato*. Ed. by Edith Hamilton and Huntington Cairns. Bolligen Foundation. 台灣馬陵出版社翻版，1985。

Popper, Karl (1957). *The Poverty of Historicism*. London: Routledge Press.

Popper, Karl (1979). *Objective Knowledge*. Revised Edition. London: Routledge Press.

Price, Derek de Solla (1975). *Science Since Babylon*, Enlarged Edition. New Haven: Yale University Press. First edition in 1961.

Priestley, Joseph (1966/1767). *The History and Present State of Electricity*. New York: Johnson Reprint Corporation.

Principle, Lawrence (2012), *The Secrets of Alchemy*. The University of Chicago Press.

Ptolemy, C. (1980). *Tetrabiblos [Book One]*. Ed. and tr. by F. E. Robbins. Harvard University Press. Leob classical library.

Ptolemy, C. (1990). *The Almagest*. Tr. by Taliaferro, R. Catesby. Encyclodedia Britannica. (The Great Books of Western Worlds, 15). Chicago: The University of Chicago.

Ptolemy, C. (2000), *Ptolemy's Geography: An Annotated Translation of the Theoretical Chapters*. Tr. by J. Lennart Berggren and Alexander Jones. Princeton: Princeton University Press.

Rorty, Richard (1979), *Philosophy and the Mirror of Nature*. New Jersey: Princeton University Press. 中譯，《哲學與自然之鏡》。台北：桂冠。

Saliba, George (1994). *A History of Arabic Astronomy: Planetary Theories during the Golden of Age of Islam*. New York: New York University Press.

Shapin, Steve and Simon Schaffer (1985), *Leviathan and Air Pump: Hobbes, Boyle, and Experimental Life*. Chicago: The University of Chicago Press.

Shapin (1982), History of Science and Its Sociological Reconstructions. *History of Science*, 20: 157-211

Shapin (1992), "Discipline and Bounding: The History and Sociology of Science as Seen through the Externalism-Internalism Debate." *History of Science*, pp. 333-369.

Shea, William (1988)(ed.), *Revolutions in Science*. USA: Science History Publications.

Tansey, Richard and Fred S. Kleiner (1996). *Gardner's Art through the Ages*, 10th ed. (pp. 26-33). Harcourt Brace College Publishers.

Taub, Liba Chaia (1993). *Ptolemy's Universe*. Chicago: Open Court Press.

Vickers, Brian (1984)(ed.), *Occult and Scientific Mentalities in the Renaissance*. Cambridge: Cambridge University Press.

Weiheipl, James A. (1978). The Nature, Scope, and Classification of the Sciences. In *Science in the Middle Age*, ed. by David C. Lindberg. Chicago: The University of Chicago.

Whitehead, Alfred North (1979/1927), *Process and Reality*. New York: Free Press.

Whittaker, Sir Edmond (1989/1951), *A History of the Theories of Aether and Electricity*. New York: Dover Press

Wolf, Abraham (1999/1935-1938), *A History of Science, Technology, and Philosophy in the 16th, 17th and 18th Centuries*. Bristol, UK: Thoemmes Press.

Yates Frances A. (1964). *Giordano Bruno and the Hermetic Tradition*. Chicago: The University of Chicago Press.

網路資料

維基百科，〈地平說學會〉。https://zh.wikipedia.org/wiki/ 地平說學會。2019 年 3 月 28 日檢索。

維基百科，〈黃道〉。https://zh.wikipedia.org/wiki/ 黃道。2019 年 3 月 28 日檢索。

維基百科，〈博雅教育〉。https://zh.wikipedia.org/wiki/ 博雅教育。2019 年 3 月 28 日檢索。

科技新報（2017），〈不要被科學家騙了？第一屆「地球是平的」研討會落幕〉http://technews.tw/2017/11/18/why-do-people-still-think-the-earth-is-flat/。2019 年 3 月 28 日檢索。

圖片來源說明

以下說明本書圖片來源。凡未說明來源的圖片，均為作者自繪（後由美編張
　　嘉芬小姐重新以電腦繪製）。

第一問

圖1.1：作者拍攝自台南市左鎮化石博物館石斧展品。

圖1.2：出自維基百科中文版「地母神」詞條附圖
　　　　https://zh.wikipedia.org/wiki/%E5%9C%B0%E6%AF%8D%E7%A5%9
　　　　E 。2020年1月24日檢索。

圖1.3：出自維基百科中文版「楔形文字」詞條附圖
　　　　https://zh.wikipedia.org/wiki/%E6%A5%94%E5%BD%A2%E6%96%87
　　　　%E5%AD%97 。2020年1月24日檢索。

圖1.4：出自維基百科「拉斯科洞窟壁畫」詞條附圖
　　　　https://zh.wikipedia.org/wiki/%E6%8B%89%E6%96%AF%E7%A7%91
　　　　%E6%B4%9E%E7%AA%9F%E5%A3%81%E7%94%BB 。2020年1月
　　　　24日檢索。

第四問

圖4.7：出自維基百科中文版「占星學」詞條附圖
　　　　https://zh.wikipedia.org/wiki/%E5%8D%A0%E6%98%9F%E6%9C%AF 。
　　　　2019年5月22日檢索。

圖4.9：此三圖引自 Kuhn(1957), *The Copernican Revolution*, p. 18-19 。

第六問

圖6.3：法國Flammarion為1880年出版的《通俗天文學》而製作的拼貼畫，
　　　　見《星空：諸神的花園》（台北：時報出版），頁26說明。本圖取自
　　　　網路圖庫，檢索 images of the cosmos in the middle age。

第七問

圖7.5：出自 Ptolemy (1990), *The Almagest*, p. 87。

圖7.6左：出自 Ptolemy (1990), *The Almagest*, p. 87。

圖7.10：轉引自戴東源（2007），〈克普勒之前的天文思想演變〉，《科技、醫療與社會》第五期，頁136。

圖7.11：Ptolemy (2000), *Ptolemy's Geography: An Annotated Translation of the Theoretical Chapters*, fig. 17, p.91。

圖7.12：出自 Ptolemy (2000), *Ptolemy's Geography: An Annotated Translation of the Theoretical Chapters*, Plate 2, p. 130。

第九問

圖9.1："Distillatio," scene in an alchemist laboratory。引自維基媒介公有圖庫 https://commons.wikimedia.org/wiki/File:%27Distillatio%27,_scene_in_an_alchemist_laboratory_Wellcome_M0018149.jpg 2020年1月24日檢索。

圖9.2：引自Paracelus (1979/1951). Ed. by Jolande Jacobi, tr. by Nobert Gyterman. *Paracelus: Selected Writings*. New Jersey: Princeton University Press, p. 11, Fig.6。

圖9.3：引自Paracelus (1979/1951). Ed. by Jolande Jacobi, tr. by Nobert Gyterman. *Paracelus: Selected Writings*. New Jersey: Princeton University Press, p. 24, Fig.14。

圖9.4：引自Paracelus (1979/1951). Ed. by Jolande Jacobi, tr. by Nobert Gyterman. *Paracelus: Selected Writings*. New Jersey: Princeton University Press, p. 40, Fig.23。

圖9.5：引自Paracelus (1979/1951). Ed. by Jolande Jacobi, tr. by Nobert Gyterman. *Paracelus: Selected Writings*. New Jersey: Princeton University Press, p. 72, Fig.41。

圖9.6：引自Paracelus (1979/1951). Ed. by Jolande Jacobi, tr. by Nobert Gyterman. *Paracelus: Selected Writings*. New Jersey: Princeton University Press, p. 114, Fig.68。

第十問

圖10.1：原圖出自Hartmann Schedel (1493), *Das Buch der Cronioken*, Nuremberg: Anton Koburger。本圖取自網路百科全書Luminarium

http://www.luminarium.org/encyclopedia/nuremberg.htm。2019年5月22
日檢索。

圖10.7：出自哥白尼，*De revolutionibus orbium coelestium*（《論天體運行》）
原圖。

圖10.9：出自《論天體運行》英譯本，Copernicus (1990), *On the Revolutions
of the Heavenly Spheres*, p. 531。

圖10.10：出自《論天體運行》英譯本，Copernicus (1990), *On the Revolutions
of the Heavenly Spheres*, p. 740-741。

圖10.11：出自《論天體運行》英譯本，Copernicus (1990), *On the Revolutions
of the Heavenly Spheres*, p. 742。

圖10.13：轉引自夸黑*From Closed World to Infinite Universe*中譯本（2018），
頁73。其他科學史著作也有此圖，如Debus (1978), p. 88。

圖10.14：出自Gilbert, *De mundo sublunary philosophia nova*（《月下世界新
哲學》），轉引自Debus (1978), *Man and Nature in the Renaissance*, p.
90。

圖10.15：出自維基百科英文詞條 Tycho Bracho 附圖
https://en.wikipedia.org/wiki/Tycho_Brahe。2019年5月22日檢索。

ALPHA 42

人類怎樣質問大自然——
西方自然哲學與科學史，從古代到文藝復興

作　　　者	陳瑞麟
總 編 輯	富　察
副總編輯	成怡夏
責任編輯	成怡夏
行銷企劃	蔡慧華
封面設計	莊謹銘
插圖重繪暨內頁排版	張嘉芬

社　　　長	郭重興
發行人暨出版總監	曾大福
出　　　版	八旗文化／遠足文化事業股份有限公司
發　　　行	遠足文化事業股份有限公司
地　　　址	231 新北市新店區民權路108之2號9樓

電　　　話	02-22181417
傳　　　真	02-86611891
客服專線	0800-221029

法律顧問	華洋法律事務所 蘇文生律師
印　　　刷	成陽印刷股份有限公司

初　　　版	2020年3月
定　　　價	520元

國家圖書館出版品預行編目(CIP)資料

人類怎樣質問大自然：西方自然哲學與科學史，
從古代到文藝復興 / 陳瑞麟著. -- 初版. -- 新
北市：八旗文化出版：遠足文化發行，2020.03
　面；　　公分. -- (Alpha；42)
ISBN 978-957-8654-98-3(平裝)

1.科學 2.歷史 3.自然哲學

309　　　　　　　　　　　109001809